T0216212

Geberlose Rotorlagebestimmung in elektrischen Maschinen

Timur Werner

Geberlose Rotorlage-bestimmung in elektrischen Maschinen

Spannungsbasierte Verfahren
für permanentmagneterregte
Synchronmotoren

Timur Werner
Erlangen, Deutschland

Dissertation Gottfried Wilhelm Leibniz Universität Hannover, 2018 u.d.T.: Timur Werner: „Spannungsbasierte Verfahren zur Bestimmung der Rotorlage in permanentmagneterregten Synchronmaschinen ohne Lagegeber."

1. Referent: Univ.-Prof. Dr.-Ing. Axel Mertens
2. Referent: Univ.-Prof. Dr.-Ing. Ralph Kennel
Tag der Promotion: 30. August 2017

ISBN 978-3-658-22270-3   ISBN 978-3-658-22271-0   (eBook)
https://doi.org/10.1007/978-3-658-22271-0

Die Deutsche Nationalbibliothek verzeichnet diese Publikation in der Deutschen Nationalbibliografie; detaillierte bibliografische Daten sind im Internet über http://dnb.d-nb.de abrufbar.

Vorwort

Die vorliegende Arbeit entstand während meiner Tätigkeit am Institut für Antriebssysteme und Leistungselektronik (IAL) der Gottfried Wilhelm Leibniz Universität Hannover.

Das von Herr Prof. Dr.-Ing. Axel Mertens entgegengebrachte Vertrauen erlaubte es mir, an dem spannenden Thema mit den dazu notwendigen Freiheiten forschen zu dürfen. Seine fortwährende fachliche Begleitung und die zahlreichen Diskussionen bildeten wichtige Impulse auf dem Weg zu wissenschaftlichen Erkenntnissen im Rahmen der Arbeit. Die Übernahme von universitären Lehraufträgen und die Möglichkeit, die Aktivitäten der Universität im Bereich Formula Student Electric zusammen mit engagierten Studenten etablieren zu dürfen bereicherten meinen fachlichen und persönlichen Horizont. Dafür danke ich Herrn Prof. Dr.-Ing. Axel Mertens aufrichtig.

Herrn Prof. Dr.-Ing. Ralph Kennel von der Technischen Universität München danke ich für das Interesse an der Arbeit und die Übernahme des Koreferats. Bei Herr Prof. Dr.-Ing. Bernd Ponick bedanke ich mich für die Übernahme des Vorsitzes der Prüfungskommission und die anregenden Diskussionen über elektrische Maschinen.

Bei den Mitarbeiterinnen und den Mitarbeitern des Instituts möchte ich mich für die freundschaftliche Atmosphäre und die konstruktive Zusammenarbeit bedanken. Für die Unterstützung bei der technischen Umsetzung der Versuche gilt mein besonderer Dank Clemens Lariviere und Carsten Selke. Auch danke ich den zahlreichen Studenten, die im Rahmen ihrer Abschlussarbeiten oder als Hilfswissenschaftler an dem Thema mitgewirkt haben, vor allem Tobias Krone, Florian Boseniuk, Bernhard Ullrich und Simon Weber.

Ganz besonders bedanke ich mich bei Dr.-Ing. Lennart Baruschka, Thies Köneke, Dr.-Ing. Karsten Wiedmann, Dr.-Ing. Sebastian Tegeler und Dennis Kaczorowski für den anregenden fachlichen Diskurs, den geschätzten Rat und die tollen Zeiten auch außerhalb des fachlichen Umfelds.

Mein größter Dank gilt den Frauen in meinem Leben. Allen voran meiner Großmutter Martha Werner und meiner Mutter Svetlana Werner für ihre unerschütterliche Unterstützung und ihren Beitrag zu meiner Weiterentwicklung. Meiner Frau Angelina Werner für die Liebe und das entgegengebrachte Vertrauen. Meiner Tochter Emely Werner für ihre Neugier und die Möglichkeit, die Welt mit den Augen eines Kindes wieder erkunden zu dürfen.

Hannover im August 2017   Timur Werner

Für Frauen und Mütter, die durch ihre Arbeit, Geduld und Liebe
stets zum Fortschritt mit beitragen

Inhaltsverzeichnis

Nomenklatur

Generelle Konvention

A, a	Konstante
$\mathbf{A}$	Matrix
A	Effektivwert
a	Variable
$\hat{a}, \hat{A}$	Amplitude
$\overline{a}, \overline{A}$	Mittelwert
$\tilde{a}, \tilde{A}$	Schätzwert bzw. Messwert
$\vec{a}, \vec{A}$	Vektor
$\underline{a}, \underline{A}$	Zeitzeiger, komplexe Darstellung einer Wechselgröße
$\underline{\vec{a}}, \underline{\vec{A}}$	Raumzeiger
$\lvert \ldots \rvert$	Betrag
$\Re\{\ldots\}$	Realteil einer komplexen Größe
$\Im\{\ldots\}$	Imaginärteil einer komplexen Größe

Lateinische Buchstaben

A	Verstärkungsfaktor
$\vec{B}$	magnetische Flussdichte
C	elektrische Kapazität
$\mathbf{E}$	Einheitsmatrix
$\vec{H}$	magnetische Feldstärke
J	Trägheitsmoment
L_{a}	Selbstinduktivität des Stranges a
M_{ab}	Gegeninduktivität zwischen den Strängen a und b
R	Widerstand
T	thermodynamische Temperatur
$\mathbf{T}$	Transformationsmatrix
T_{PWM}	Periodendauer der PWM

$\underline{Z}$	komplexe Impedanz
i	elektrischer Strom
idx	Ordnungszahl einer Oberschwingungsharmonischen bezogen auf die Grundschwingung
m	Drehmoment
m	Anzahl der Stränge
n	Drehzahl
p	Polpaarzahl
q	Lochzahl
u	elektrische Spannung
u_i	induzierte elektrische Spannung
u_n	Eine auf GND bezogene Potentialdifferenz des Sternmittelpunktes, die als Sternpunktspannung oder auch als Neutralleiterspannung bezeichnet wird
u_{zk}	Zwischenkreisspannung des Wechselrichters

Griechische Buchstaben

γ	Auslenkung der Leitwertwelle aus der ψ_{PM}-Achse
θ	Rotorflusswinkel im $\alpha\beta$-Koordinatensystem
δ	Absolutabweichung vom tatsächlichen Rotorflusswinkel
δ_{mess}	Relativabweichung der geberlosen Lageerfassung bezogen auf den Referenzgeberwert
ϵ	Fehler allgemein
χ	Winkel zwischen der d-Achse in dq0-Koordinaten und dem Winkel des resultierenden Luftspaltflusses
μ	magnetische Permeabilität
ν	Magnetisierungswinkel der Stränge bezogen auf den Strang a
η	Schrittweite bei Verwendung des Gradientenabstiegsverfahrens
ρ	Raumzeigerwinkel im dq-Koordinatensystem
φ	Raumzeigerwinkel im $\alpha\beta$-Koordinatensystem
ξ	Wicklungsfaktor
ψ	magnetischer Verkettungsfluss
ψ_{PM}	Permanentmagnetfluss
ω	Raumzeigerkreisfrequenz im $\alpha\beta$-Koordinatensystem, $\omega = \frac{d\varphi}{dt}$
ω_e	Rotorflusskreisfrequenz im $\alpha\beta$-Koordinatensystem, $\omega_e = \frac{d\theta}{dt}$

Indizes

tiefstehend

$1, 2, 0$	Mit-, Gegen- und Nullkomponente in Fortescue-Koordinaten
00	Nullkomponente des $\alpha\beta0$- oder dq0-Koordinatensystems
$\_100, \_010$ usw.	Variablenwert während des entsprechenden PWM-Schaltzustandes
$\_1o0$ usw.	Variablenwert während des entsprechenden PWM-Schaltzustandes und der entsprechend offenen Klemme (in diesem Fall wäre die Klemme „b" offen)
$\_x00$ usw.	Wert, der aus einem Schaltzustand gewonnen wurde, bei dem nur eine Phase des Umrichters mit u_{zk} verbunden ist. Der entsprechende Schaltzustand wird auch als Einfachschaltzustand bezeichnet.
$\_xx0$ usw.	Wert, der aus einem Schaltzustand gewonnen wurde, bei dem zwei Phasen des Umrichters mit u_{zk} verbunden ist. Der entsprechende Schaltzustand wird auch als Doppelschaltzustand bezeichnet.
N	Bemessungsgröße
anr	Anregungssignalgröße
$\_alt$	Variablenwert, der aus der Anregung mit der alternierenden Hochfrequenzinjektion resultiert
a, b, c	Eine auf GND bezogene Komponente des Drehstromsystems (Klemmengrößen)
$a1, b1, c1$	Eine Komponente der ersten Spule des Strangs a (Spulengröße)
an, bn, cn	Eine auf den Sternmittelpunkt bezogene Komponente des Drehstromsystems (Stranggrößen)
d, q	d, q-Komponente im rotorfesten Koordinatensystem
d'', q''	d'', q''-Komponente im kartesischen Koordinatensystem, das mit der Grundschwingungsfrequenz rotiert und an dem Minimum der Leitwertwelle ausgerichtet ist
$d(-2), q(-2)$	$d(-2), q(-2)$-Komponente im kartesischen Koordinatensystem, dass mit -2facher-Frequenz bezogen auf die Grundschwingungsfrequenz rotiert
err	Fehleranteil
HF	Anteil, der aus der HF-Injektion resultiert
f	fundamentale Komponente; Grundschwingungskomponente
I	Variable, die aus der Auswertung aller drei Schaltzustandsmessungen $100, 010$ und 001 resultiert
II	Variable, die aus der Auswertung aller drei Schaltzustandsmessungen $110, 101$ und 011 resultiert
$, h$	Oberfeld bzw. Oberschwingung der Ordnung h

harm	harmonischer Anteil
lin	linearer bzw. proportionaler Anteil
_trml	Variablenwert, der sich aus der Verwendung von Klemmengrößen ergibt
_mot	Variablenwert aus der Messung am Motor
_ph	Variablenwert, der sich aus der Verwendung von Stranggrößen ergibt
_ref	Variablenwert aus der Messung an der virtuellen, elektrisch symmetrischen Referenzmaschine
reg	Variablenwert, der sich aus dem Eingriff des Regelungssystems ergibt
res	Variablenwert, der aus dem Eingriff des Regelungssystems und des Anregungssignalgenerators resultiert
rslvr	Messwert, der aus der Auswertung des Referenzresolvers resultiert
regrssn	Messwert, der aus der Bildung einer Regressionsgeraden über den Referenzresolververlauf resultiert
_rot	Variablenwert, der aus der Anregung mit einem hochfrequent rotierenden Raumzeiger resultiert
, soll	Sollwert
α, β	α, β-Komponente im statorfesten Koordinatensystem
σ	Streu-
abc	im Drehstromsystem
dq0	im dq0-Koordinatensystem
$\alpha\beta 0$	im $\alpha\beta 0$-Koordinatensystem
dq(−2)	im kartesischen Koordinatensystem, dass mit −2facher-Frequenz bezogen auf die Grundschwingungsfrequenz rotiert
dq(4)	im kartesischen Koordinatensystem, dass mit 4facher-Frequenz bezogen auf die Grundschwingungsfrequenz rotiert

hochstehend

$*$	konjugiert komplexe Größe
'	die zweite Form der dq0-Transformation
δ	differentielle Größe

Operatoren

$\underline{a}$	Drehoperator $\hat{=} \mathrm{e}^{\mathrm{j}\frac{2}{3}\pi}$
s	Laplace-Operator

Akronyme

ASW	Applikationssoftware
DGL	Differentialgleichung
GND	Erdpotenzial
EMK	Elektromotorische Kraft
EMV	Elektromagnetische Verträglichkeit
HANN	Harmonic Activated Neural Network
HF	Hochfrequenz
IPM	Interior Permanentmagnet Synchronous Motor
KOS	Koordinatensystem
PMSM	permanentmagneterregte Synchronmaschine
IPMSM	permanentmagneterregte Synchronmaschine mit innen liegenden Magneten[1]
SPMSM	permanentmagneterregte Synchronmaschine mit außen liegenden Magneten[2]
PWM	Pulsweitenmodulation
SSOA	Save Sensorless Operation Area
SPM	Surface-Mounted Permanentmagnet Synchronous Motor
SS-MRAS	Self-Sensing Model Reference Adaptive System
rotHF	rotierende Hochfrequenzinjektion
altHF	alternierende Hochfrequenzinjektion
KR	Kriterium
SKR	Subkriterium
SNR	Signal-to-Noise-Ratio

---

[1] Interior Mounted Permanent Magnet Synchronous Motor
[2] Surface Mounted Permanent Magnet Synchronous Motor

Kurzfassung

Um der stets aktuellen Forderung nachkommen zu können, den Hardwareaufwand in Antriebssystemen und die Kosten für die Erhöhung der Zuverlässigkeit durch Messpfadredundanzen weiter zu senken, wird unter anderem angestrebt, neben dem mechanischen Rotorlagegeber auch die dedizierte Stromsensorik durch weniger aufwendige und somit kostengünstigere Lösungsansätze zu ersetzen. Vor allem bei kleineren Antrieben mit permanentmagneterregten Synchronmaschinen im Bereich von bis zu 10 kW wird dieses Streben immer deutlicher.

Die deutliche Reduktion des Strommessbedarfs für die positionsgeberlose Rotorlagebestimmung stellt hierbei einen wichtigen Schritt zur Erfüllung der geschilderten Anforderung dar. Im Drehzahlbereich von $n > 10\,\%\,n_N$ kann dazu auf die bereits etablierten und industriell erprobten Verfahren zurückgegriffen werden, die auf der elektromotorischen Kraft (EMK) basieren und weniger genaue bis keine zusätzliche Strommessung zur Bestimmung der Rotor- bzw. Rotorflusslage erfordern. Im darunterliegenden Drehzahlbereich bis einschließlich Stillstand basieren mit Abstand die meisten Verfahren auf der direkten Verwendung des Stroms oder seiner zeitlichen Ableitung entweder als gemessene Größe zur Auswertung der Anregung oder als Anregungssignal. Des Weiteren wird die Kenntnis des Strangstromverlaufs verwendet, um den negativen Einfluss der stromabhängigen Sättigungseffekte und damit die Lastabhängigkeit der anisotropiebasierten Verfahren zur Bestimmung der Rotorlage zu minimieren. Viele der bekannten Arbeiten fokussieren sich daher auf die Reduktion der Anzahl der noch erforderlichen Stromsensoren innerhalb der strombasierten Verfahren zur geberlosen Lagebestimmung.

Ein anderer Ansatz liegt in der Verwendung der Spannung als Medium sowohl für die Anregung als auch für die Erfassung des rotorlagemodulierten Signals. Ziel der vorliegenden Arbeit ist die Ermittlung und Evaluation der Möglichkeiten zur ausschließlich spannungsbasierten Rotorlageerfassung bei permanentmagneterregten Synchronmaschinen im Drehzahlbereich von $n < 10\,\%\,n_N$ und in der Bewertung der Lagebestimmungsgüte bei unterschiedlichen Lastzuständen. Des Weiteren werden dazu auch weiterführende Ansätze für Anregungs-, Aufbereitungs- und Auswertungsstrategien erarbeitet und kombiniert, um das spannungsbasierte Verfahren hinsichtlich Signalgüte, Messdynamik, Lastabhängigkeit und Störung der Antriebsregelung weiter zu optimieren.

Die dabei abgeleiteten und gegenübergestellten Anforderungen an das Maschinendesign sowohl für strom- als als auch für spannungsbasierte Verfahren bieten neue Einblicke in die fundamentalen Gemeinsamkeiten und Unterschiede der beiden Klassen geberloser Lageerfassung.

Schlagworte: sensorlose Regelung, geberlose Rotorlagebestimmung, Rotorwinkelermittlung nahe Stillstand, Nullspannung, permanentmagneterregte Synchronmaschine, Maschinendesign für geberlosen Betrieb, Symmetriezustände in elektrischen Antriebssystemen, Modaltransformation, HF Injektion

Abstract

In order to further reduce the hardware complexity of electrical powertrain systems and to minimize the costs for an increased reliability, which is based on measurement redundancy, not only the replacement of a dedicated position sensor but also of current sensors by cheaper solutions plays a major role. This trend is especially evident for permanent magnet synchronous machines with a rated power of up to 10 kW.

This requirement can be met with a considerable reduction of current sensing demand for position sensorless operation.

For speeds above $10\,\%n_{\mathrm{N}}$, a wide range of industrially proven methods based on the electromotive force can be used, which are able to provide the needed results with less current sensing quality. This picture changes for speeds below $10\,\%n_{\mathrm{N}}$. In this speed range by far most of the already existing sensorless position sensing methods rely on either a high bandwith current sensing signal or its derivative. Additionally, the current shape information is needed in order to compensate the negative influence of current-based saturation effects and the load dependency of the sensorless techniques, which are based on the anisotropy evaluation. Therefore, many of the actually known publications are focused on further reduction of current sensors and its costs for the current-based sensorless methods.

A completely different approach just uses voltage for signal injection as well as for evaluation in order to reduce the current sensing demand. This work focuses on investigation and evaluation of methods with solely voltage-based rotor position estimation in speed ranges below $10\,\%n_{\mathrm{N}}$. Furthermore, the performance of the method during different load profiles is analysed. Therefore, additional signal injection, conditioning and evaluation strategies are developed and combined, in order to improve the voltage-based approach with regard to signal quality, measurement dynamics, load dependency and distortion of the powertrain control.

The machine design requirements, which are developed and compared in this thesis for optimal position detection at low speed based on current or on voltage sensing provide new insights into the fundamental similarities and differences of the two classes of position sensorless rotor angle estimation.

Keywords: sensorless control, sensorless rotor position estimation, rotor angle estimation near standstill, zero-sequence voltage, permanent magnet synchronous machine, machine design for encoderless operation, symmetry states in electric drives, modal transformation, HF injection

1 Einleitung

Die vorliegende Arbeit hat die Online-Bestimmung der Rotorlage von permanentmagneter-regten Synchronmaschinen (PMSM) ohne einen dedizierten Rotorlagegeber vom Stillstand bis $n \approx n_\mathrm{N}/10$ zum Gegenstand. Die Besonderheit der angestellten Untersuchungen liegt in der zusätzlichen Randbedingung, dass für den genannten Zweck die Anwendung der Stromsensoren weitgehend vermieden werden soll.

Der betrachtete Zielanwendungsbereich beschränkt sich dabei auf permanentmagneterregte Synchronmaschinen mit Zahnspulenwicklung, die eine Sternschaltung der Stränge aufweisen und von einem zweistufigen Spannungszwischenkreisumrichter mit einer kaskadierten Strom- und Drehmomentregelung angesteuert werden. Die Stellgröße wird über eine Puls-weitenmodulation (PWM) am Ausgang des Umrichters umgesetzt. Die Validierung der erarbeiteten Lösungen zur geberlosen Bestimmung der Rotorlage erfolgt an einem Antriebs-system im Spannungszwischenkreisbereich von kleiner als 60 V und in einer Leistungsklasse von unter 10 kW, wobei eine Übertragung der vorgestellten Ansätze auch für Systeme mit höheren Spannungs- und Leistungsebenen denkbar ist.

Die Gründe für die geberlose Rotor- bzw. Rotorflusslageerfassung liegen in dem Wunsch nach Reduktion des mechanischen Aufwands, des Bauraumbedarfs, der Herstellungs- sowie Wartungskosten und der höheren Robustheit der elektrischen Antriebssysteme durch Wegfall der Lagesensorik [1], [2], [3]. Bei einigen Antriebssystemen wird aufgrund der Sicherheits- und/oder Verfügbarkeitsanforderungen eine Redundanz der Rotorlageerfassung gefordert, so dass in dem Fall die geberbasierten Verfahren durch die geberlosen ergänzt werden [4].

Die existierenden Ansätze zur geberlosen Lageerfassung können zunächst in Abhängigkeit von der Drehzahl in zwei Gruppen gegliedert werden: In Verfahren für den Drehzahlbereich oberhalb von $n_\mathrm{N}/10$ und in diejenigen vom Stillstand bis $n_\mathrm{N}/10$.

Im oberen Drehzahlbereich stützen sich die Ansätze hauptsächlich auf die Auswertung der Klemmenspannung, die durch die Rotation des permanentmagnetfeldbehafteten Läufers induziert wird und die auch als Gegeninduktionsspannung oder elektromotorische Kraft (EMK) bekannt ist. Allgemein können hier die Methoden zur Erfassung der Lage als weitgehend ausgereift aufgefasst werden und erfreuen sich daher einer breiten Verwendung [4], [5]. Um die Vielfalt der Lösungsansätze auf diesem Gebiet aufzuzeigen, wird auf die Übersicht im Bild 1.1 verwiesen, die sich aus den Arbeiten von [6], [7] und [8] ergibt.

Im Bereich bis $n_\mathrm{N}/10$ generieren die permanentmagneterregten Synchronmaschinen in der Regel eine geringe Gegeninduktionsspannung, so dass die Relation zwischen der erforder-lichen Mindestgenauigkeit der EMK-Messung und dem dazu notwendigen Messaufwand ungünstige Verhältnisse annimmt [8]. Im Stillstand entfällt die Gegeninduktionsspannung und somit auch die geschilderte Möglichkeit zur Bestimmung der Rotorlage gänzlich. Daher verlieren hier die passiven Verfahren, die im oberen Drehzahlbereich eingesetzt werden, an Bedeutung [9] und stattdessen versprechen hier aktive, also auf Einprägung von Anregungs-signalen basierende Methoden eine zwischen technischen und wirtschaftlichen Aspekten

© Springer Fachmedien Wiesbaden GmbH, ein Teil von Springer Nature 2018
T. Werner, *Geberlose Rotorlagebestimmung in elektrischen Maschinen*,
https://doi.org/10.1007/978-3-658-22271-0_1

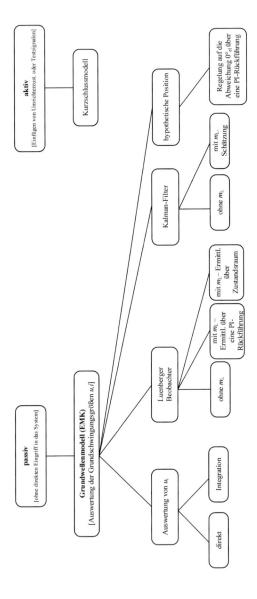

Bild 1.1: Überblick über die Verfahren zur sensorlosen Rotorlageerfassung bei $n > 10\,\%\ n_{\mathrm{N}}$.

ausgewogenere Lösung zu bieten. Dabei sind maßgeblich Verfahren vertreten, die auf der Auswertung der magnetischen Anisotropie fußen [10]. Die Bestimmung der Rotorlage in diesem Drehzahlbereich stellt aktuell immer noch eine Herausforderung hinsichtlich der Auswertbarkeit und Nutzbarkeit der rotorlageabhängigen Eigenschaften des jeweiligen Motors dar. Angesichts der zahlreichen Merkmale, die die entsprechenden Verfahren kennzeichnen, erscheint der Versuch, einen Überblick über die dazu bereits entwickelten Ansätze wie im Bild 1.1 zu geben weniger zielführend, so dass in dem Fall auf eine alleinige Übersicht der Merkmale zur Kennzeichnung des jeweiligen Lagebestimmungsverfahrens im unteren Drehzahlbereich verwiesen wird (s. Bild 1.2). Die Darstellung ist von außen nach innen zu lesen und die inneren Ebenen stellen dabei eine Untermenge der oberen dar, so dass auch die Reihenfolge der Fragen verdeutlicht werden soll, die beantwortet werden müssen, um ein bestimmtes Verfahren klassifizieren zu können.

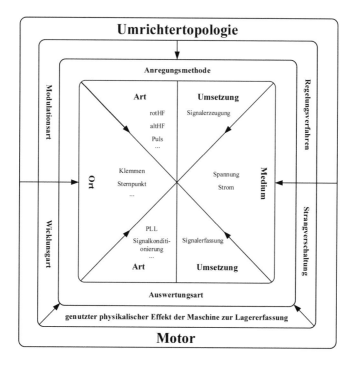

Bild 1.2: Überblick über die Merkmale, die zur eindeutigen Beschreibung und Bewertung von Verfahren zur geberlosen Rotorlagebestimmung bei $n \leq 10\,\% \; n_{\mathrm{N}}$ zu berücksichtigen sind. Die Pfeile sollen dabei verdeutlichen, das es sich bei der Beschreibung des jeweiligen Verfahrens empfiehlt, mit der höheren Systembeschreibungsebene zu beginnen und sich hin zur niedrigeren vorzuarbeiten.

Die bekanntesten Verfahren zur geberlosen Lagebestimmung im unteren Drehzahlbereich basieren auf der Einprägung von Spannungssignalen und der messtechnischen Erfassung mit anschließender Auswertung entweder des Strangstromes oder seiner zeitlichen Änderung. In der Literatur werden die Ansätze dabei weniger nach der Auswertung der Messsignale sondern mehr nach dem Anregungsansatz unterschieden. Dazu gehören die INFORM[3]-Methode [11], die rotierende [12], [13] und die alternierende [14] Hochfrequenzinjektion (kurz HF-Injektion), die alle erstmals in den 90er Jahren vorgestellt wurden [9]. In allen drei Fällen wird dabei dem zur Regelung des Antriebs notwendigen Grundschwingungsstrom noch ein in Relation dazu hochfrequenter Strom mit deutlich kleinerer Amplitude überlagert, der aus der Anregungsspannungseinprägung resultiert. Im weiteren Verlauf der Arbeit werden die Ansätze zur geberlosen Lagebestimmung, die sich durch die Einprägung von Spannungssignalen und die Auswertung der daraus resultierenden Strangströme oder deren zeitlichen Ableitung kennzeichnen, zusammenfassend als strombasierte Verfahren deklariert.

Um aus den erfassten Stromwerten die zur effektiven Lagebestimmung notwendige Information extrahieren zu können, muss das dafür herangezogene Strommessverfahren in der Regel eine hohe Bandbreite und eine hohe Genauigkeit im gesamten Messbereich aufweisen [9],[15]. Dadurch wird auch erkennbar, dass die Güte und die Funktionstüchtigkeit der genannten geberlosen Ansätze maßgeblich von dem Signal-Rausch und -Störabstand, der Bandbreite und der Robustheit des verwendeten Strommess- und Auswertungsverfahrens beeinflusst wird [16], so dass zumindest eine teilweise Verschiebung des Aufwands vom dedizierten Rotorlagegeber hin zur Stromsensorik festzustellen ist. Wie der Tabelle 1 entnommen werden kann, weisen die bekanntesten physikalischen Prinzipien zur Messung der Ströme neben eigenen vielfältigen Komplikationen auch einen Zusammenhang zwischen der erreichbaren Genauigkeit und dem Mess- oder Auswertungsaufwand auf.

Daher wurden im Verlauf der letzten Jahre diverse Abwandlungen der oben genannten drei Methoden vorgestellt, die sich vor allem auf die Reduktion der Anzahl der erforderlichen Stromsensoren (s. Tabelle 2), [17], die Analyse von alternativer Stromesstechnik [18], [19], die Optimierung der Messsignalabtastung und -auswertung [20], [21], [22], [23] sowie der darauf aufbauenden Rotorlageschätznachführungen fokussieren [8], [2]. Eine Übersicht dazu kann den Ausführungen von Briz [5] entnommen werden.

In Antriebssystemen der anfangs genannten Leistung ist der Kostenanteil der Stromsensorik an den Gesamtkosten nicht zu vernachlässigen und somit auch der Druck zur Reduktion der Stromsensoranzahl oder der Anforderungen an die Sensorgüte stärker ausgeprägt. In sicherheitsrelevanten Anwendungen ist oft auch eine Redundanz der Lagebestimmung erforderlich, die sich auf unterschiedliche physikalische Signalquellen stützt. In diesen Fällen erscheint es vorteilhaft zu sein, zusätzlich zur Strommessung die Spannung als Auswertungssignalquelle zu verwenden. Im weiteren Verlauf der Arbeit werden solche Ansätze als spannungsbasierte Methoden aufgefasst.

Entsprechend den Ausführungen von Briz [5], [24] erfahren die Methoden, die auf der ausschließlichen Nutzung der Spannung basieren als dem Medium zur Anregung und anschließenden Nutzsignalübertragung zur geberlosen Bestimmung der Rotorlage eine geringere Verbreitung in der wissenschaftlichen Literatur als die strombasierten Ansätze. Auf dem Gebiet der spannungsbasierten Verfahren sind vor allem die Arbeiten der Forschergruppen um Holtz [25], [1], [26], [15], Briz [27], [28], Consoli [29], [30], [31], [32], Moreira [33], Scaglione [34], [35], Iwaji [36], [37], [38], Thiemann [39] und Xu [40], [41] zu nennen.

---

[3]**Indirekte Flussermittlung durch Online Reaktanz-Messung**

In Anlehnung an die Strukturierung von Briz [5] bietet die Tabelle 1.1 eine erweiterte Übersicht der einzelnen bereits veröffentlichten spannungsbasierten Verfahren, die nach Anregungs- und Auswertungsmethoden sortiert sind. Die genannten Verfahren wurden sowohl an PM-Synchronmaschinen als auch an Käfigläufer-Induktionsmotoren erprobt. Aus der Tabelle 1.1 geht hervor, dass in der wissenschaftlichen Literatur die Umsetzung der spannungsbasierten Verfahren entweder unter Anwendung der Strangspannungen und/oder des Motorsternpunkts präsentiert wird aber keine weiteren Bereiche der Motorwicklung für die genannte Aufgabe beleuchtet werden. Daher wird in der vorliegenden Arbeit ein weiterer Sektor der Maschinenwicklung einer analytischen Untersuchung auf seine Eignung für eine rein spannungsbasierte geberlose Rotorlagebestimmung hin unterzogen und den anderen bereits in der Wissenschaft dazu verwendeten Maschinenbereichen gegenübergestellt.

Auch die Wahl des Anregungsverfahrens spielt eine entscheidende Rolle für das Verhalten der geberlosen Lageerfassung. Dazu können der Literatur zahlreiche Vergleiche der Anregungs-methoden im Zusammenhang mit den strombasierten Verfahren entnommen werden [8], [5], [3]. Während in den Ausführungen von Holtz [8] auch die sternpunktspannungsbasierte Methode mit in den Vergleich einbezogen wird, werden von Briz [5] auch die spannungsbasierten Ansätze mit rotierender HF-Injektion untersucht. Bei den Analysen von Xu [40], [41] erfolgt eine Gegenüberstellung der rotierenden und der alternierenden HF-Injektion bei Anwendung der Spannung am Sternpunkt und des Strangstromes, wobei die alternierende Injektion als die vorteilhaftere beschrieben wird. Ein zusammenhängender analytischer Vergleich und eine darauf aufbauende Bewertung der rotierenden, alternierenden und der gepulsten Injektion im Zusammenhang mit den strom- und sternspannungsbasierten Verfahren, vor allem im Hinblick auf Stör- und Nutzgrößen der zu messenden Signale bei Verwendung des zuvor genannten Maschinentyps, ist bisher nicht bekannt. Das wird in der vorliegenden Arbeit aufgegriffen, was einen weiteren wissenschaftlichen Beitrag darstellt.

Um aus dem gemessenen Spannungssignal die Rotorlage bestimmen zu können, ist zunächst eine Trennung zwischen dem Stör- und Nutzanteil notwendig. Dazu ist aus der wissen-schaftlichen Literatur eine vielzahl an Ansätzen bekannt [45], [46], [15], [47], [38]. Wenn die Spannung am Sternpunkt als das zur Rotorlagebestimmung ausgewertete Medium herangezogen wird, so besteht vor allem die Notwendigkeit, die Harmonische zweiter und vierter Ordnung[4] voneinander trennen zu müssen [46]. Zur Lösung der Aufgabe wird in der vorliegenden Arbeit die Anwendung des HANN[5]-Ansatzes [48] zur Extraktion der Nutzharmonischen aus dem Sternspannungsmesssignal untersucht, was in der Konstellation in der wissenschaftlicher Literatur bisher nicht präsentiert wurde. Die Implementierung des genannten Ansatzes ist vor allem in dem Ziel begründet, eine effektive Extraktion umzusetzen, in der rechenlastige Operationen vermieden werden. Das stellt den wesent-lichen Unterschied zu den bisher veröffentlichten Verfahren im Zusammenhang mit der sternspannungsbasierten Rotorlagebestimmung dar.

Einen weiteren Aspekt bei der Umsetzung einer geberlosen Rotorlageerfassung stellt der Aufbau der Motoren dar. Es existieren zahlreiche Modellierungsansätze, die die Einflüsse der Stator- und der Rotorauslegung auf die geberlosen Verfahren beleuchten. Vor allem die Forschergruppen um Bianchi [49], [50], [51], [52], [53], [54] und um Sul [55], [56], [57] befassten sich ausgiebig mit dem Thema. Die dabei angestellten Untersuchungen

---

[4] bezogen auf die Frequenz der Grundschwingung
[5] Harmonic Activated Neural Network

Tabelle 1.1: Überblick über die spannungsbasierten Verfahren zur Bestimmung der Rotorwinkellage im Stillstand.

Messgrößen		rotierende HF-Injektion (f_{HF} = 0,5 bis 3 kHz)	alternierende HF-Injektion (f_{HF} = 0,5 bis 3 kHz)	HF-Sinusinjektion (f_{HF} = 100 bis 500 kHz)	modifizierte PWM	Blockkommutierung
	drei Strangspannungen	Briz [28]			Holtz, Jiang [25], Hangwen [26], [15]	
	Potenzialdifferenz zwischen Motor- bzw. virt. Sternpunkt und $\frac{u_{zk}}{2}$	Consoli [29], [30], Štulrajter [42]	Testa, Consoli [32]			Moreira [33]
	Potenzialdifferenz zwischen Motor- und virt. Sternpunkt	Briz [28], Xu [40], [41]	Xu [40], [43]		Iwaji [38], Thiemann [39]	Moreira [33]
	Potenzialdifferenz zwischen offener Phasenklemme und Masse					Iwaji [37]
	Potenzialdifferenz zwischen offener Phasenklemme und Motor- oder virt. Sternpunkt			Persson [44]		Scaglione [34], [35]

wurden unter zwei unterschiedlichen Randbedingungen durchgeführt. Zum einen wurde der Strom als der Nutzsignalträger und zum anderen die Anwendung entweder von rotierender oder alternierender HF-Injektion vorausgesetzt. Da der Literatur keine entsprechenden Analysen entnommen werden konnten, die sich den Zusammenhängen zwischen dem Motordesign und den spannungsbasierten geberlosen Verfahren zur Lagererfassung bei Anwendung sowohl von HF- als auch pulsbasierten Anregungsverfahren widmen, erfolgen in der vorliegenden Arbeit entsprechende, analytisch geprägte Untersuchungen. Zusätzlich wird dabei auch beleuchtet, inwieweit es möglich erscheint, einen Motor zu kreieren, der sowohl für strombasierte als auch für spannungsbasierte Verfahren geeignet ist, und inwieweit ein entsprechender Parallelbetrieb mit beiden Verfahrensarten zu einer Verbesserung der geberlosen Rotorlageerfassung bei PMS-Maschinen[6] beitragen könnte. Dabei werden die Unterschiede in dem Einfluss der Maschinenanisotropie auf die Strangsströme und die Sternpunktspannung beleuchtet und darauf aufbauend aufgezeigt, wie unter gezielter Berücksichtigung der Unterschiede eine neue Klasse der Maschinen für den geberlosen Betrieb erschlossen werden kann, die dem bislang nicht zugänglich erschien.

Neben dem Motordesign stellt auch die Messtechnik, mit der die Nutzsignale erfasst werden, eine entscheidende Komponente in der geberlosen Lagererfassung dar. Dabei sind bisher keine Veröffentlichungen bekannt, die sich detailliert den Themen der technischen Implementierung der Sternpunktspannungsmessung widmen und eine fundierte Einschätzung erlauben, inwieweit die Messung des Sternpunktpotenzials zur geberlosen Bestimmung der Rotorlage zu einer Reduktion des Aufwands gegenüber der strombasierten Verfahren beitragen kann. Daher erfolgt in der vorliegenden Arbeit auch die Untersuchung der messtechnischen Implementierungsaspekte bei Verfahren, die sich auf die Auswertung des Sternpunktpotenzials einer Maschine stützen.

Um das aufgezeigte Verfahren industriell anwenden zu können, ist jedoch eine Erweiterung um eine initiale Rotorlageerfassung und eine EMK-basierte Rotorlagebestimmung im oberen Drehzahlbereich erforderlich. Diese Aspekte wurden jedoch umfangreich von diversen Autoren untersucht und veröffentlicht, so dass deren detaillierte Beschreibung hier nicht zusätzlich erfolgen wird.

Zur Behandlungen der erläuterten Themenbereiche ist die vorliegende Arbeit nach der Einleitung in neun Abschnitte gegliedert.

Vor der Durchführung tiefgreifender Analysen, werden in Kapitel 2 die dazu notwendig erscheinenden Grundlagen und Definitionen in Bezug auf die Drehstromsysteme eingeführt, um ein korrektes Verständnis und eine Vergleichbarkeit der nachfolgend dargestellten Berechnungen und Thesen mit den themenverwandten Publikationen zu gewährleisten. In Kapitel 3 wird daraufhin die mathematische Modellierung einer permanentmagneterregten Synchronmaschine vorgenommen, der sich in Kapitel 4 eine analytisch geprägte Vorevaluation und Bewertung von denkbaren Ansätzen zur rein spannungsbasierten Bestimmung der Rotorflusslage anschließt. Nach der dabei begründeten Festlegung auf das sternpunktbasierte Verfahren werden die dazu einsetzbaren Anregungsverfahren in Kapitel 5 einem Vergleich unterzogen und in Kapitel 6 ein Ansatz zur Auswertung des Signals bei Anwendung der Pulsspannungsinjektion beleuchtet. Aufbauend auf den genannten Vorarbeiten erfolgt in Kapitel 7 eine Herleitung von ersten Anforderungen an das Maschinendesign, die eine Rotorflusslageerfassung über die Sternpunktspannung begünstigen. Im Abschluss des

---

[6] permanent**m**agnet erregte **S**ynchronmaschine

Kapitels wird der sternspannungsbasierte Ansatz dem stromgestützen im Hinblick auf die Anforderungen an das Maschinendesign gegenübergestellt. Um die analytisch und numerisch erarbeiteten Thesen einer Validierung unterwerfen zu können, werden in Kapitel 8 die durchgeführten Maßnahmen zur Umsetzung des sternpunktbasierten Verfahrens aufgezeigt. Das erlaubt eine messtechnisch verifizierte Bewertung der Methode bei unterschiedlichen Betriebspunkten, die in Kapitel 9 vorgenommen wird. Abschließend findet in Kapitel 10 die Zusammenfassung der Arbeit mit einem Ausblick auf weitere Optimierungsansätze statt, die Raum für weitere Forschungen zu diesem Themenkomplex bieten.

2 Ausgewählte Grundlagen und Definitionen der elektrischen Energietechnik

Um im weiteren Verlauf der Arbeit die Zusammenhänge zwischen den Impedanzen eines permanentmagneterregten synchronen Drehstrommotors und seinen Strömen und Spannungen in Abhängigkeit vom Verhalten der angeschlossenen elektrischen Quellen beschreiben zu können, erfolgt in dem vorliegenden Kapitel ein Exkurs in die dafür notwendig erscheinenden Grundlagen und Definitionen aus der elektrischen Energietechnik. Dabei liegt der Fokus auf elektrischen Systemen mit drei Phasen. Entsprechend der Norm „DIN 40108:2003-06" werden Dreiphasensysteme mit sinusförmigen Leitergrößen gleicher Frequenz und unterschiedlichen Phasen als Drehstromsysteme aufgefasst [58]. Da auch nichtsinusförmige Leitergrößen möglich sind, stellen die Drehstromsysteme demnach eine Untermenge der Dreiphasensysteme dar. Daher wird im weiteren Verlauf der Arbeit zwischen Drehstrom- und Dreiphasensystemen entsprechend unterschieden.

Das Kapitel gliedert sich in zwei Abschnitte. Im ersten Teil wird der Begriff der Modaltransformation [59] erläutert und einige Formen davon aufgezeigt, die für die Analysen in der elektrischen Energie- und Antriebstechnik vorwiegend relevant sind. Im zweiten Teil werden die unterschiedlichen Symmetriezustände von Dreiphasennetzen beleuchtet und ihre Beschreibungen mit Hilfe der zuvor erläuterten Transformationen aufgezeigt.

2.1 Modaltransformation

Eine Transformation von jeweils drei Original-Leiter- oder Phasengrößen eines Dreiphasensystems wie zum Beispiel der Spannungen, der Ströme oder der magnetischen Flüsse in eine beliebige neue Darstellungsform mit drei neuen modalen Größen stellt allgemein eine modale Transformation dar [60]. In mathematischer Terminologie kann der Vorgang als eine Transformation der Abbildung im Originalraum in eine Abbildung im modalen Raum aufgefasst werden. Wie in [59] aufgezeigt, kann die allgemeine Modaltransformation entsprechend der Gl. (2.1) beschrieben werden. Die Transformationsindizes sind in der vorliegenden Arbeit in Anlehnung an die Norm „DIN EN 62428:2008" so gewählt, dass sie

© Springer Fachmedien Wiesbaden GmbH, ein Teil von Springer Nature 2018
T. Werner, *Geberlose Rotorlagebestimmung in elektrischen Maschinen*,
https://doi.org/10.1007/978-3-658-22271-0_2

eine Erkennung erlauben, aus welchem Raum die Transformation erfolgt.

$$
\underbrace{\begin{pmatrix} \underline{g}_a \\ \underline{g}_b \\ \underline{g}_c \end{pmatrix}}_{\vec{\underline{g}}_{abc}} = \underbrace{\begin{bmatrix} \underline{t}_{11} & \underline{t}_{12} & \underline{t}_{13} \\ \underline{t}_{21} & \underline{t}_{22} & \underline{t}_{23} \\ \underline{t}_{31} & \underline{t}_{32} & \underline{t}_{33} \end{bmatrix}}_{\mathbf{T}_m} \underbrace{\begin{pmatrix} \underline{g}_{m1} \\ \underline{g}_{m2} \\ \underline{g}_{m3} \end{pmatrix}}_{\vec{\underline{g}}_m}
\tag{2.1}
$$

Die Elemente $\underline{g}_n$, $\underline{t}_{kl}$ und $\underline{g}_{mi}$ können sowohl reelle als auch komplexe Größen darstellen. Die Transformationsmatrix muss regulär sein, um eine inverse Beziehung wie in Gl. (2.2) abbilden zu können.

$$
\vec{\underline{g}}_m = \mathbf{T}_m^{-1} \vec{\underline{g}}_{abc}
\tag{2.2}
$$

Daneben wird zwischen einer bezugsleiterinvarianten und leistungsinvarianten modalen Transformation unterschieden [60]. Die leistungsinvariante Transformation lässt sich anhand des Zusammenhangs in Gl. (2.3) erläutern, wie in [59] detailliert geschildert. Dabei stellen p die elektrische Leistung, die Werte u_a, u_b, u_c die Augenblickswerte der Originalspannungen zwischen dem Leiter und dem Sternpunkt[7] und die Werte i_a, i_b, i_c die Augenblickswerte der Originalströme eines Dreiphasensystems dar.

$$
\begin{aligned}
p &= u_a i_a + u_b i_b + u_c i_c \\
&= \vec{u}_{abc}^{\mathrm{T}} \vec{i}_{abc} \\
&= (\mathbf{T}_m \vec{u}_m)^{\mathrm{T}} \mathbf{T}_m \vec{i}_m \\
&= \vec{u}_m^{\mathrm{T}} \mathbf{T}_m^{\mathrm{T}} \mathbf{T}_m \vec{i}_m \\
&= \vec{u}_m^{\mathrm{T}} \vec{i}_m
\end{aligned}
\tag{2.3}
$$

Damit erfüllt eine reelle leistungsinvariante Transformation folgende Bedingung

$$
\mathbf{T}_m^{\mathrm{T}} \mathbf{T}_m = \mathbf{E}
\tag{2.4}
$$

und bei einer komplexen leistungsinvarianten Transformation führt dies zu

$$
\mathbf{T}_m^{\mathrm{T}} \mathbf{T}_m^* = \mathbf{E} \ ,
\tag{2.5}
$$

wobei $\mathbf{E}$ die Einheitsmatrix darstellt. Aufgrund des Zusammenhangs nach Gl. (2.5) ist eine leistungsinvariante Transformationsmatrix $\mathbf{T}_m$ auch eine unitäre Matrix [59]. Des Weiteren lässt sich die Bedingung für die Leistungsinvarianz auch entsprechend der Gl. (2.6) formulieren.

---

[7]Der gewählte Sternpunkt kann dabei real oder virtuell vorliegen

$$\left(\mathbf{T}_m^{-1}\right)^{\mathrm{T}}\mathbf{T}_m^{-1} = \mathbf{E}$$
$$\text{bzw.}$$
$$\left(\mathbf{T}_m^{-1}\right)^{\mathrm{T}}\left(\mathbf{T}_m^{-1}\right)^* = \mathbf{E}$$

$$(2.6)$$

Die als leistungsvariant oder auch als bezugsleiterinvariant bekannte Transformation hingegen stellt die Konformität zwischen dem Wert der ersten modalen Komponenten und der ersten Komponente der Originalgröße sicher [59]. Dabei werden symmetrische Zustände im Dreiphasensystem vorausgesetzt, die an anderer Stelle der Arbeit definiert werden. Die genannte Konformitätsanforderung führt zu der folgenden Beziehung.

$$\mathbf{T}_m^{\mathrm{T}}\mathbf{T}_m^{-1} = 3\mathbf{E}$$
$$\text{bzw.}$$
$$\mathbf{T}_m^{\mathrm{T}}\mathbf{T}_m^* = 3\mathbf{E}$$

$$(2.7)$$

Wie durch den Vergleich der Gl. (2.6) mit der Gl. (2.7) erkennbar, äußert sich der Unterschied zwischen der leistungs- und der bezugsleiterinvarianten Transformation in dem Skalierungsfaktor $\frac{1}{\sqrt{3}}$ der transformierten Größen. Im weiteren Verlauf der Arbeit wird stets die bezugsleiterinvariante Transformation herangezogen, da die leistungsbezogenen Untersuchungen für das behandelte Thema weniger relevant sind.

Nach der Definition der allgemeinen modalen Transformation können die in der elektrischen Antriebs- und Energietechnik wichtigsten Ausprägungen davon abgeleitet werden. Dazu gehören die Fortescue-, die Clarke- und die Park-Transformation, die nachfolgend beschrieben werden.

2.1.1 Fortescue-Transformation

Bei der Fortescue-Transformation werden die Drehstromgrößen in einem dreidimensionalen Raum abgebildet, dessen Achsen als Mit-, Gegen- und Nullsystem bezeichnet werden. Die in dem Raum dargestellten Komponenten werden als symmetrische Komponenten bezeichnet. Unter Verwendung des Drehoperators

$$\underline{a} = e^{j\frac{2}{3}\pi} = -\frac{1}{2} + j\frac{\sqrt{3}}{2}$$

$$(2.8)$$

mit der Eigenschaft

$$1 + \underline{a} + \underline{a}^2 = 0$$

$$(2.9)$$

und

$$\underline{a}^2 = \underline{a}^*$$

$$(2.10)$$

kann die Fortescue-Transformation wie folgt beschrieben werden.

$$
\underbrace{\begin{pmatrix} \underline{g}_a \\ \underline{g}_b \\ \underline{g}_c \end{pmatrix}}_{\vec{g}_{abc}} = \underbrace{\begin{bmatrix} 1 & 1 & 1 \\ \underline{a}^2 & \underline{a} & 1 \\ \underline{a} & \underline{a}^2 & 1 \end{bmatrix}}_{\mathbf{T}_{120}} \underbrace{\begin{pmatrix} \underline{g}_{(1)} \\ \underline{g}_{(2)} \\ \underline{g}_{00} \end{pmatrix}}_{\vec{g}_{120}}
\tag{2.11}
$$

$$
= \underbrace{\begin{pmatrix} \underline{g}_{(1)} \\ \underline{a}^2\underline{g}_{(1)} \\ \underline{a}\underline{g}_{(1)} \end{pmatrix}}_{Mit-} + \underbrace{\begin{pmatrix} \underline{g}_{(2)} \\ \underline{a}\underline{g}_{(2)} \\ \underline{a}^2\underline{g}_{(2)} \end{pmatrix}}_{Gegen-} + \underbrace{\begin{pmatrix} \underline{g}_{00} \\ \underline{g}_{00} \\ \underline{g}_{00} \end{pmatrix}}_{Nullsystem}
\tag{2.12}
$$

Die gewählte Notation für das Mit- und Gegensystem entspricht der Norm „DIN EN 62428" [59]. Entgegen der Norm erfolgt in der vorliegenden Arbeit die Indizierung der Nullkomponente mit 00 statt mit (0), um zum einen eine Verwechslung mit der Gleichanteil-Indizierung von Variablen und Parametern zu vermeiden und um zum anderen auf die Identität mit der Nullkomponente der in den folgenden Abschnitten erläuterten Transformationen hinzuweisen.

Die geschilderte Fortescue-Transformation eignet sich zur Beschreibung von stationären Unsymmetriezuständen in Drehstromsystemen [59]. Die Drehrichtung des in Gl. (2.12) gekennzeichneten Mitsystems entspricht der des ursprünglichen Drehstromsystems. Das Gegensystem rotiert dem entgegen und das Nullsystem bildet die ruhende Komponente, die in der Literatur auch als Gleichtakt- oder Homopolarkomponente [61] bekannt ist. In einem symmetrischen Drehstromsystem tritt nur das Mitsystem in Erscheinung [60].

2.1.2 Clarke-Transformation

Der Norm „DIN EC 62428:2008" entsprechend handelt es sich bei der Clarke-Transformation [62] um eine lineare und zeitinvariante Modaltransformation mit konstanten und reellen Matrixelementen, die die Augenblickswerte der Dreiphasensystemgrößen in dem Realteil „α" und Imaginärteil „β" eines ruhenden Koordinatensystems und in der reellen

Nullkomponente abbildet, wie der Gl. (2.14) entnommen werden kann.

$$
\underbrace{\begin{pmatrix} g_\alpha \\ g_\beta \\ g_{00} \end{pmatrix}}_{\vec{g}_{\alpha\beta0}} = \frac{2}{3} \underbrace{\begin{bmatrix} 1 & \Re\{\underline{a}\} & \Re\{\underline{a}^2\} \\ 0 & \Im\{\underline{a}\} & \Im\{\underline{a}^2\} \\ \frac{1}{2} & \frac{1}{2} & \frac{1}{2} \end{bmatrix}}_{\mathbf{T}_{\alpha\beta0}^{-1}} \underbrace{\begin{pmatrix} g_\mathrm{a} \\ g_\mathrm{b} \\ g_\mathrm{c} \end{pmatrix}}_{\vec{g}_{\mathrm{abc}}}
\tag{2.13}
$$

$$
= \frac{2}{3} \begin{bmatrix} 1 & -\frac{1}{2} & -\frac{1}{2} \\ 0 & \frac{\sqrt{3}}{2} & -\frac{\sqrt{3}}{2} \\ \frac{1}{2} & \frac{1}{2} & \frac{1}{2} \end{bmatrix} \begin{pmatrix} g_\mathrm{a} \\ g_\mathrm{b} \\ g_\mathrm{c} \end{pmatrix}
\tag{2.14}
$$

Der damit gewonnene Raumzeiger kann wie folgt beschrieben werden.

$$
\underline{\vec{g}}_{\alpha\beta} = g_\alpha + \mathrm{j} g_\beta
\tag{2.15}
$$

Ergänzend zu der Fortescue-Transformation bietet die αβ0-Transformation Vorteile bei der Analyse von transienten Unsymmetriezuständen in Drehstromsystemen [59] und in beliebigen Dreiphasensystemen. Der damit beschriebene Drehzeiger in der Raumzeigerebene (s. Bild 2.1) weist für symmetrische und sinusförmige Drehstromkomponenten im stationären Zustand eine konstante Länge und gleichförmige Rotation mit der Kreisfrequenz ω auf [63][8]. Die im Bild 2.1 nicht dargestellte Nullkomponente g_{00} stellt entsprechend der Gl. (2.16) den arithmetischen Mittelwert über die drei Eingangsgrößen dar und ist von αβ-Komponenten und somit auch von der αβ-Ebene entkoppelt.

$$
g_{00} = \frac{1}{3}\left(g_\mathrm{a} + g_\mathrm{b} + g_\mathrm{c}\right)
\tag{2.16}
$$

Es ist auch eine weitere Ausprägung der Transformation bekannt, in der die Drehstrom-systemgrößen als Zeitzeiger vorliegen und als Ergebnis der Transformation wiederum drei Zeiger entstehen (α-, β- und Nullzeiger).

Sowohl die Nullkomponente der Clarke-Transformation nach Gl. (2.14) als auch die Nullsys-temkomponente der Fortescue-Transformation nach Gl. (2.12) entfallen bei symmetrischen Drehstromverhältnissen, wie im Abschnitt 2.2.1 detaillierter erläutert wird.

---

[8]In dem Zusammenhang sei angemerkt, dass die geometrische Ausrichtung der Koordinatenachsen des Drehstromsystems nicht mit den Phasenwinkeln der elektrischen Zeiger verwechselt werden darf, die in Richtung der jeweiligen Koordinatenachse alternieren. Daher eilt der Phasenwinkel des Zeitzeigers des Stranges „b" dem des Stranges „a" um $\frac{2}{3}\pi$ nach und die geometrische Achse des Stranges „b" um $\frac{2}{3}\pi$ der des Stranges a aufgrund der mathematisch positiven Drehrichtung des Raumzeigers vor (s. Bild 2.1).

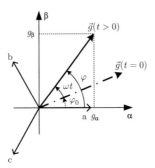

Bild 2.1: Raumzeiger-Abbildung in der αβ-Ebene.

2.1.3 Park-Transformation

Bei der Park-Transformation [64] handelt es sich um eine lineare und zeitvariante Modaltransformation, die die Augenblickswerte der Dreiphasensystemgrößen in dem Real- und Imaginärteil eines rotierenden kartesischen Koordinatensystems und in der reellen Nullkomponente abbildet [59], wie in der Gl. (2.17) dargestellt.

$$
\underbrace{\begin{pmatrix} g_\mathrm{d} \\ g_\mathrm{q} \\ g_{00} \end{pmatrix}}_{\vec{g}_\mathrm{dq0}} = \frac{2}{3} \underbrace{\begin{bmatrix} \cos\left(\theta\right) & \cos\left(\theta - \tfrac{2}{3}\pi\right) & \cos\left(\theta + \tfrac{2}{3}\pi\right) \\ -\sin\left(\theta\right) & -\sin\left(\theta - \tfrac{2}{3}\pi\right) & -\sin\left(\theta + \tfrac{2}{3}\pi\right) \\ \tfrac{1}{2} & \tfrac{1}{2} & \tfrac{1}{2} \end{bmatrix}}_{\mathbf{T}_\mathrm{dq0}^{-1}} \underbrace{\begin{pmatrix} g_\mathrm{a} \\ g_\mathrm{b} \\ g_\mathrm{c} \end{pmatrix}}_{\vec{g}_\mathrm{abc}} \tag{2.17}
$$

Die Beziehung zu der Clarke-Transformation kann dabei entsprechend der Gl. (2.18) mit Hilfe eines Drehoperators ausgedrückt werden

$$
g_\mathrm{d} + \mathrm{j}g_\mathrm{q} = \mathrm{e}^{-\mathrm{j}\theta}\left(g_\alpha + \mathrm{j}g_\beta\right), \tag{2.18}
$$

die in vektorieller Form wie folgt beschrieben werden kann

$$
\begin{pmatrix} g_\mathrm{d} \\ g_\mathrm{q} \end{pmatrix} = \begin{bmatrix} \cos\left(\theta\right) & \sin\left(\theta\right) \\ -\sin\left(\theta\right) & \cos\left(\theta\right) \end{bmatrix} \begin{pmatrix} g_\alpha \\ g_\beta \end{pmatrix} \tag{2.19}
$$

und sich entsprechend dem Bild 2.2 visualisieren lässt. Wie zu erkennen, handelt es sich bei der dq-Transformation in der αβ-Ebene um eine Drehmatrix, die bei θ = 0° zu einer Einheitsmatrix wird. Damit wird deutlich, dass die Clarke- und die Park-Transformation

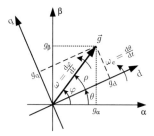

Bild 2.2: Beziehung zwischen dem dq- und dem αβ-Koordinatensystem.

bei $\theta = 0°$ identisch sind. Die Nullkomponente nimmt unabhängig vom Winkel θ in beiden Transformationen die gleiche Form an, wie aus dem Vergleich von Gl. (2.14) und Gl. (2.17) hervorgeht. Damit kann die Beziehung zwischen der Clarke- und der Park-Transformation wie folgt erweitert werden.

$$\begin{pmatrix} g_\mathrm{d} \\ g_\mathrm{q} \\ g_{00} \end{pmatrix} = \underbrace{\begin{bmatrix} \cos(\theta) & \sin(\theta) & 0 \\ -\sin(\theta) & \cos(\theta) & 0 \\ 0 & 0 & 1 \end{bmatrix}}_{\mathbf{T}_\mathrm{dq0}^{,-1}} \begin{pmatrix} g_\alpha \\ g_\beta \\ g_{00} \end{pmatrix} \tag{2.20}$$

Die Gl. (2.20) beschreibt eine weitere Form der Park-Transformation. Zum Zwecke der besseren Übersichtlichkeit der Analysen in der vorliegenden Arbeit wird die Form nach Gl. (2.20) verwendet und zur Abgrenzung vom Ausdruck in Gl. (2.17) mit einem hochstehenden Komma indiziert.

Bei Anwendung der Park-Transformation zur Beschreibung des Verhaltens von Synchronmaschinen stimmt in der vorliegenden Arbeit die Richtung der d-Achse mit der Richtung des Maximums des Rotorflusses überein, so dass das Koordinatensystem mit der Rotorflusskreisfrequenz $\omega_\mathrm{e} = \frac{\mathrm{d}\theta}{\mathrm{d}t}$ gegenüber dem statorfesten αβ-Koordinatensystem rotiert (s. Bild 2.2). Wenn es sich bei dem analysierten System um ein Drehstromsystem mit sinusförmigen und um 120° gegeneinander in der Phase verschobenen Stranggrößen mit konstanten und identischen Amplituden handelt und die mit einer Frequenz von ω_e schwingen, führt die Beschreibung der Größen in dem dq-Koordinatensystem zu einem ruhenden Zeiger konstanter Amplitude und Winkellage[9].

---

[9] Der Literatur können auch andere Orientierungen der dq-Koordinaten und der bezogenen Winkel entnommen werden, die in Abhängigkeit von der jeweiligen Fragestellung und des betrachteten Systems Vorteile versprechen aber im Rahmen der vorliegenden Arbeit nicht relevant sind.

2.2 Symmetriezustände von Dreiphasennetzen

In komplexer Schreibweise lässt sich ein Dreiphasensystem entsprechend dem Bild 2.3 darstellen, was unter Berücksichtigung der komplexen Impedanz

$$\underline{Z}_{ii} = R_i + \mathrm{j}\omega L_i \tag{2.21}$$

$$\underline{Z}_{ij} = \mathrm{j}\omega M_{ij} \tag{2.22}$$

mit

$$i,j \in \{\mathrm{a,b,c}\} \wedge i \neq j \tag{2.23}$$

zu einem Zusammenhang nach Gl. (2.24) führt.

$$\begin{pmatrix} \underline{u}_\mathrm{a} \\ \underline{u}_\mathrm{b} \\ \underline{u}_\mathrm{c} \end{pmatrix} = \begin{bmatrix} \underline{Z}_\mathrm{aa} & \underline{Z}_\mathrm{ab} & \underline{Z}_\mathrm{ac} \\ \underline{Z}_\mathrm{ba} & \underline{Z}_\mathrm{bb} & \underline{Z}_\mathrm{bc} \\ \underline{Z}_\mathrm{ca} & \underline{Z}_\mathrm{cb} & \underline{Z}_\mathrm{cc} \end{bmatrix} \begin{pmatrix} \underline{i}_\mathrm{a} \\ \underline{i}_\mathrm{b} \\ \underline{i}_\mathrm{c} \end{pmatrix} + \begin{pmatrix} \underline{u}_\mathrm{n} \\ \underline{u}_\mathrm{n} \\ \underline{u}_\mathrm{n} \end{pmatrix} \tag{2.24}$$

Das Verhalten der Quellenspannungen und der Aufbau der Impedanzmatrix beeinflussen die Symmetriezustände in den Dreiphasensystemen, die im Folgenden unter Anwendung der zuvor beschriebenen Modaltransformationen beleuchtet werden. Die dabei genannten Bedingungen und Zusammenhänge sind zur besseren Handhabung in komplexer Form unter Annahme von stationären Zuständen mit sinusförmigen Werten beschrieben. Eine sinngemäße Darstellung in reeller Form zur Beschreibung von transienten Zuständen kann [59] und [60] entnommen werden.

Zur Durchführung der Analysen wird im weiteren Verlauf die folgende Konvention herangezogen.

- Quellenstrangspannungen: $\underline{u}_\mathrm{am}$, $\underline{u}_\mathrm{bm}$, $\underline{u}_\mathrm{cm}$

- Quellensternpunkt- oder Quellenneutralleiterspannung: $\underline{u}_\mathrm{m}$

- Klemmenspannungen: $\underline{u}_\mathrm{a}$, $\underline{u}_\mathrm{b}$, $\underline{u}_\mathrm{c}$

- Verkettete oder Leiter-Leiter-Spannungen: $\underline{u}_\mathrm{ab}$, $\underline{u}_\mathrm{bc}$, $\underline{u}_\mathrm{ca}$

- Laststrangspannungen: $\underline{u}_\mathrm{an}$, $\underline{u}_\mathrm{bn}$, $\underline{u}_\mathrm{cn}$

- Laststernpunkt- oder Lastneutralleiterspannung: $\underline{u}_\mathrm{n}$

Zur Unterscheidung der Größen, die sich aus den Klemmenwerten ergeben von denjenigen, die aus den Strangwerten resultieren, erfolgt die nachstehende Indizierung.

- Für Variablenwerte, die den Klemmengrößen entstammen: _trml

- Für Variablenwerte, die aus den Stranggrößen der Quelle hervorgehen: _src

• Für Variablenwerte, die sich aus den Stranggrößen der Last bilden: _ld

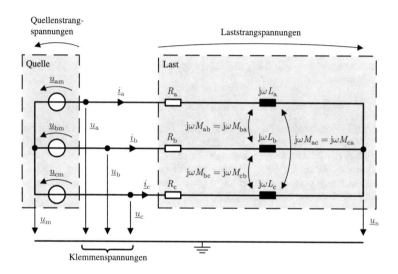

Bild 2.3: Allgemeines Dreiphasensystem in Sternschaltung beschrieben in komplexer Form
und im Verbraucherzählpfeilsystem der Last [59].

2.2.1 Symmetrisches Dreiphasensystem

Ein symmetrisches Dreiphasensystem zeichnet sich zum einen durch eine symmetrische
Dreiphasenquelle entsprechend der Gl. (2.25)

$$\underline{u}_{am} = \underline{a}\underline{u}_{bm} = \underline{a}^2\underline{u}_{cm} \qquad (2.25)$$

und zum anderen durch eine Impedanzmatrix aus, mit der das System nach Gl. (2.24) mit
Quellen nach Gl. (2.25) und mit Neutralleiterspannungen[10] von

$$\underline{u}_n = \underline{u}_m \qquad (2.26)$$

durch symmetrische Ströme nach Gl. (2.27) beschrieben werden kann [65].

$$\underline{i}_a + \underline{i}_b + \underline{i}_c = 0 \qquad (2.27)$$

---

[10]In der Literatur auch als Sternpunktspannung bekannt.

Bei Berücksichtigung der symmetrischen Dreiphasenquelle nach Gl. (2.25) und der Bedingung nach Gl. (2.26) in der Systembeschreibung entsprechend der Gl. (2.24) ergibt sich folgender Zusammenhang.

$$0 = \underline{u}_{am} + \underline{u}_{bm} + \underline{u}_{cm}$$
$$= (\underline{Z}_{aa} + \underline{Z}_{ba} + \underline{Z}_{ca})\underline{i}_a + (\underline{Z}_{ab} + \underline{Z}_{bb} + \underline{Z}_{cb})\underline{i}_b + (\underline{Z}_{ac} + \underline{Z}_{cb} + \underline{Z}_{cc})\underline{i}_c \qquad (2.28)$$

Die Bedingungen nach Gl. (2.27) und Gl. (2.28) erfordern eine Beziehung entsprechend der Gl. (2.29).

$$(\underline{Z}_{aa} + \underline{Z}_{ba} + \underline{Z}_{ca}) = (\underline{Z}_{ab} + \underline{Z}_{bb} + \underline{Z}_{cb}) = (\underline{Z}_{ac} + \underline{Z}_{cb} + \underline{Z}_{cc}) \qquad (2.29)$$

Damit wird erkennbar, dass ein symmetrisches Dreiphasensystem eine Impedanzmatrix aufweist, deren Komponenten die Bedingung nach Gl. (2.29) erfüllen, so dass die Spaltensummen aus den Matrixkomponenten der Gl. (2.24) identisch sind. Aus mathematischer Sicht sind viele Konstellationen denkbar, die die gestellte Anforderung erfüllen. In der elektrischen Energie- und Antriebstechnik sind jedoch nur zwei Fälle von symmetrischen Impedanzmatrizen von Bedeutung [65].

Im ersten Fall weist die Impedanzmatrix eine diagonal-zyklische Symmetrie auf [59], die wie folgt definiert ist.

$$\underline{Z}_s = \underline{Z}_{aa} = \underline{Z}_{bb} = \underline{Z}_{cc}$$
$$\underline{Z}_g = \underline{Z}_{ab} = \underline{Z}_{ac} = \underline{Z}_{ba} = \underline{Z}_{bc} = \underline{Z}_{ca} = \underline{Z}_{cb} \qquad (2.30)$$

$$\begin{pmatrix} \underline{u}_{am} \\ \underline{u}_{bm} \\ \underline{u}_{cm} \end{pmatrix} = \begin{pmatrix} \underline{u}_{an} \\ \underline{u}_{bn} \\ \underline{u}_{cn} \end{pmatrix} = \begin{bmatrix} \underline{Z}_s & \underline{Z}_g & \underline{Z}_g \\ \underline{Z}_g & \underline{Z}_s & \underline{Z}_g \\ \underline{Z}_g & \underline{Z}_g & \underline{Z}_s \end{bmatrix} \begin{pmatrix} \underline{i}_a \\ \underline{i}_b \\ \underline{i}_c \end{pmatrix} \qquad (2.31)$$

Dabei entspricht $\underline{Z}_s$ der Selbstimpedanz und $\underline{Z}_g$ der Gegenimpedanz [60]. Der Nulleiterspannungsvektor wird aufgrund der Bedingung nach Gl. (2.26) vernachlässigt.

Die einfachste Form der diagonal-zyklischen Impedanzmatrix ist die Diagonalmatrix mit gleichen Elementen in der Hauptdiagonalen und mit fehlenden Gegenimpedanzen, wie in der Gl. (2.32) beschrieben.

$$\begin{pmatrix} \underline{u}_{am} \\ \underline{u}_{bm} \\ \underline{u}_{cm} \end{pmatrix} = \begin{pmatrix} \underline{u}_{an} \\ \underline{u}_{bn} \\ \underline{u}_{cn} \end{pmatrix} = \begin{bmatrix} \underline{Z}_s & 0 & 0 \\ 0 & \underline{Z}_s & 0 \\ 0 & 0 & \underline{Z}_s \end{bmatrix} \begin{pmatrix} \underline{i}_a \\ \underline{i}_b \\ \underline{i}_c \end{pmatrix} \qquad (2.32)$$

Neben dem Fall der diagonal-zyklischen Symmetrie erfüllt auch die zyklische Symmetrie der Impedanzmatrix entsprechend der Gl. (2.34) [59] die Bedingung nach Gl. (2.29). Sie stellt die zweite Form der in Antriebstechnik üblichen Impedanzmatrix in symmetrischen

Dreiphasensystemen dar [65].

$$\underline{Z}_{\mathrm{s}} = \underline{Z}_{\mathrm{aa}} = \underline{Z}_{\mathrm{bb}} = \underline{Z}_{\mathrm{cc}}$$
$$\underline{Z}_{\mathrm{g1}} = \underline{Z}_{\mathrm{ab}} = \underline{Z}_{\mathrm{bc}} = \underline{Z}_{\mathrm{ca}}$$
$$\underline{Z}_{\mathrm{g2}} = \underline{Z}_{\mathrm{ac}} = \underline{Z}_{\mathrm{ba}} = \underline{Z}_{\mathrm{cb}} \tag{2.33}$$

$$\begin{pmatrix} \underline{u}_{\mathrm{am}} \\ \underline{u}_{\mathrm{bm}} \\ \underline{u}_{\mathrm{cm}} \end{pmatrix} = \begin{pmatrix} \underline{u}_{\mathrm{an}} \\ \underline{u}_{\mathrm{bn}} \\ \underline{u}_{\mathrm{cn}} \end{pmatrix} = \begin{bmatrix} \underline{Z}_{\mathrm{s}} & \underline{Z}_{\mathrm{g1}} & \underline{Z}_{\mathrm{g2}} \\ \underline{Z}_{\mathrm{g2}} & \underline{Z}_{\mathrm{s}} & \underline{Z}_{\mathrm{g1}} \\ \underline{Z}_{\mathrm{g1}} & \underline{Z}_{\mathrm{g2}} & \underline{Z}_{\mathrm{s}} \end{bmatrix} \begin{pmatrix} \underline{i}_{\mathrm{a}} \\ \underline{i}_{\mathrm{b}} \\ \underline{i}_{\mathrm{c}} \end{pmatrix} \tag{2.34}$$

Auffällig ist in beiden Fällen eine Identität sowohl der Spalten- als auch der Zeilensummen.

Beschreibung mit symmetrischen Komponenten

Nach [60] weist ein symmetrisches Dreiphasensystem nur die Mitsystemkomponente auf, die sich nach der Fortescue-Transformation ergibt. Das führt zur folgenden Vorschrift für eine symmetrische Quelle bei Annahme eines stationären Zustandes mit sinusförmigen Größen.

$$\underbrace{\begin{pmatrix} \underline{u}_{\mathrm{am}} \\ \underline{u}_{\mathrm{bm}} \\ \underline{u}_{\mathrm{cm}} \end{pmatrix}}_{\vec{u}_{\mathrm{abc}}} = \underbrace{\begin{pmatrix} \underline{u}_{\mathrm{an}} \\ \underline{u}_{\mathrm{bn}} \\ \underline{u}_{\mathrm{cn}} \end{pmatrix}}_{\vec{u}_{\mathrm{abc\_n}}} = \underbrace{\begin{pmatrix} \underline{u}_{(1)} \\ \underline{a}^2 \underline{u}_{(1)} \\ \underline{a}\,\underline{u}_{(1)} \end{pmatrix}}_{Mit-} = \begin{pmatrix} \underline{u}_{\mathrm{a}} \\ \underline{a}^2 \underline{u}_{\mathrm{a}} \\ \underline{a}\,\underline{u}_{\mathrm{a}} \end{pmatrix} \tag{2.35}$$

Die diagonal-zyklisch symmetrische Impedanzmatrix nach Gl. (2.30) ergibt folgende Darstellung in symmetrischen Komponenten [59].

$$\mathbf{Z}_{120} = \mathbf{T}_{120}^{-1}\,\mathbf{Z}_{\mathrm{abc}}\mathbf{T}_{120}$$
$$= \begin{bmatrix} \underline{Z}_{\mathrm{s}} - \underline{Z}_{\mathrm{g}} & 0 & 0 \\ 0 & \underline{Z}_{\mathrm{s}} - \underline{Z}_{\mathrm{g}} & 0 \\ 0 & 0 & \underline{Z}_{\mathrm{s}} + 2\underline{Z}_{\mathrm{g}} \end{bmatrix} \tag{2.36}$$

Bei einer diagonal symmetrischen Impedanzmatrix nach Gl. (2.33) führt die Fortescue-Transformation zur folgenden Form [59].

$$\mathbf{Z}_{120} = \mathbf{T}_{120}^{-1}\,\mathbf{Z}_{\mathrm{abc}}\mathbf{T}_{120}$$
$$= \begin{bmatrix} \underline{Z}_{\mathrm{s}} + \underline{a}^2 \underline{Z}_{\mathrm{g1}} + \underline{a}\underline{Z}_{\mathrm{g2}} & 0 & 0 \\ 0 & \underline{Z}_{\mathrm{s}} + \underline{a}\underline{Z}_{\mathrm{g1}} + \underline{a}^2 \underline{Z}_{\mathrm{g2}} & 0 \\ 0 & 0 & \underline{Z}_{\mathrm{s}} + \underline{Z}_{\mathrm{g1}} + \underline{Z}_{\mathrm{g2}} \end{bmatrix} \tag{2.37}$$

Aus der Analyse der Ergebnisse nach Gl. (2.36) und Gl. (2.37) geht hervor, dass sich ein symmetrisches Dreiphasensystem durch Impedanzmatrizen auszeichnet, die in der

Fortescue-Darstellung eine Diagonalform annehmen und somit eine Entkopplung der Mit-, Gegen- und Nullsystemkomponenten aufweisen.

Beschreibung mit Raumzeigerkomponenten im ruhenden kartesischen Koordinatensystem

Unter Berücksichtigung der Vorschrift nach Gl. (2.25) führt die Transformation nach Clarke (s. Bild 2.1) bei einer symmetrischen Dreiphasenquelle zum folgenden Ergebnis.

$$\begin{pmatrix} u_{\alpha\_\text{src}} \\ u_{\beta\_\text{src}} \\ u_{00\_\text{src}} \end{pmatrix} = \frac{2}{3} \begin{bmatrix} u_{\text{am}} - \frac{1}{2}\left(u_{\text{bm}} + u_{\text{cm}}\right) \\ \frac{\sqrt{3}}{2}\left(u_{\text{bm}} - u_{\text{cm}}\right) \\ 0 \end{bmatrix} \tag{2.38}$$

Die Gl. (2.38) verdeutlicht, dass eine symmetrische Dreiphasenquelle sich durch eine fehlende Nullkomponente im ruhenden kartesischen Koordinatensystem nach Clarke auszeichnet. Bei einem stationären Betrieb mit sinusförmigen Größen weist der resultierende Raumzeiger der Quelle eine konstante Länge und Rotationsfrequenz auf.

Die diagonal-zyklisch symmetrische Impedanzmatrix entsprechend der Gl. (2.31) nimmt nach der Clarke-Transformation folgende Form an.

$$\begin{aligned} \mathbf{Z}_{\alpha\beta 0} &= \mathbf{T}_{\alpha\beta 0}^{-1}\ \mathbf{Z}_{\text{abc}}\mathbf{T}_{\alpha\beta 0} \\ &= \begin{bmatrix} \underline{Z}_\text{s} - \underline{Z}_\text{g} & 0 & 0 \\ 0 & \underline{Z}_\text{s} - \underline{Z}_\text{g} & 0 \\ 0 & 0 & \underline{Z}_\text{s} + 2\underline{Z}_\text{g} \end{bmatrix} \end{aligned} \tag{2.39}$$

Dabei wird erkennbar, dass das Ergebnis mit dem nach der Fortescue-Transformation identisch ist. Auch in dem Fall ist eine vollständige Entkopplung der drei Komponenten gewährleistet. Bei einer zyklisch symmetrischen Impedanzmatrix nach Gl. (2.34) ergibt sich bei der Transformation nach Clarke dagegen eine Matrix mit Querkopplungsanteilen zwischen den α- und β-Komponenten wie in Gl. (2.40) dargestellt.

$$\begin{aligned} \mathbf{Z}_{\alpha\beta 0} &= \mathbf{T}_{\alpha\beta 0}^{-1}\ \mathbf{Z}_{\text{abc}}\mathbf{T}_{\alpha\beta 0} \\ &= \begin{bmatrix} \underline{Z}_\text{s} - \frac{1}{2}\left(\underline{Z}_{\text{g1}} + \underline{Z}_{\text{g2}}\right) & -\frac{\sqrt{3}}{2}\left(\underline{Z}_{\text{g2}} - \underline{Z}_{\text{g1}}\right) & 0 \\ \frac{\sqrt{3}}{2}\left(\underline{Z}_{\text{g2}} - \underline{Z}_{\text{g1}}\right) & \underline{Z}_\text{s} - \frac{1}{2}\left(\underline{Z}_{\text{g1}} + \underline{Z}_{\text{g2}}\right) & 0 \\ 0 & 0 & \underline{Z}_\text{s} + \underline{Z}_{\text{g1}} + \underline{Z}_{\text{g2}} \end{bmatrix} \end{aligned} \tag{2.40}$$

Trotz der Kopplung führt ein Netzwerk, das sich durch die genannte Impedanzmatrix charakterisieren lässt, bei Vorliegen von symmetrischen Quellen ebenfalls zu symmetrischen Strömen, die im stationären Zustand in der Raumzeigerebene ebenfalls einen Zeiger mit konstanter Länge und Winkelgeschwindigkeit ergeben.

Beschreibung mit Raumzeigerkomponenten im rotierenden kartesischen Koordinatensystem

Bei symmetrischen Dreiphasenquellen entsprechend der Vorschrift nach Gl. (2.25) führt die Transformation nach Park zur folgenden Form.

$$
\begin{pmatrix} u_{\text{d\_src}} \\ \\ u_{\text{q\_src}} \\ \\ u_{\text{00\_src}} \end{pmatrix} = \begin{bmatrix} \frac{\sin(\theta)}{\sqrt{3}} \left(u_{\text{bm}} - u_{\text{cm}} \right) + u_{\text{am}} \cos(\theta) \\ \\ \frac{\cos(\theta)}{\sqrt{3}} \left(u_{\text{bm}} - u_{\text{cm}} \right) - u_{\text{am}} \sin(\theta) \\ \\ 0 \end{bmatrix}
\tag{2.41}
$$

Wie bei der Clarke-Transformation resultiert auch im vorliegenden Fall ein nullkomponentenfreies Ergebnis. Aus der Park-Transformation der diagonal-zyklisch und der zyklisch symmetrischen Impedanzmatrizen resultieren die gleichen Zusammenhänge, wie bei der Clarke-Transformation entsprechend der Gl. (2.39) und der Gl. (2.40).

Zusammenfassung

Aus der Untersuchung der modalen Transformationen der symmetrischen Dreiphasensysteme geht hervor, dass die symmetrischen Dreiphasenquellen, die entsprechend der Definition die Gl. (2.25) und Gl. (2.26) erfüllen, keine Nullkomponenten nach der Clarke- und nach der Park-Transformation aufweisen. Bei einer Darstellung in symmetrischen Komponenten zeichnen sich die symmetrischen Dreiphasenquellen durch das Fehlen der Gegen- und der Nullkomponente aus.

Die diagonal-zyklisch und die zyklisch symmetrischen Impedanzmatrizen der symmetrischen Dreiphasensysteme nehmen nach der Fortescue-Transformation die Gestalt von Diagonalmatrizen an, die eine Entkopplung der einzelnen Phasenkomponenten aufzeigen. Bei Anwendung der Clarke- und der Park-Transformation ergeben sich bei diagonal-zyklisch symmetrischen Dreiphasen-Impedanzmatrizen ebenfalls Diagonalmatrizen und bei zyklisch symmetrischen Ausgangsmatrizen tritt eine Kopplung zwischen der ersten und der zweiten Komponente auf. In allen betrachteten Fällen bleibt die Nullkomponente stets entkoppelt von den restlichen Komponenten. Damit kann zusammenfassend festgehalten werden, dass sich symmetrische Dreiphasensysteme zum einen durch nullkomponentenfreie Dreiphasenquellen und zum anderen durch eine vollständige Entkopplung der Nullkomponente von den restlichen Komponenten bei Anwendung der genannten Modaltransformationen kennzeichnen.

2.2.2 Unsymmetrisches Dreiphasensystem

Nachdem die symmetrischen Zustände eines Dreiphasensystems beleuchtet worden sind, erfolgt in dem vorliegenden Abschnitt die Beschreibung der Unsymmetrie von Dreiphasensystemen. Sie kann sich bereits entweder allein durch die Unsymmetrie der Dreiphasenquelle oder allein durch die Unsymmetrie der Impedanzmatrix äußern. Die nachfolgenden Erläuterungen gliedern sich daher in drei Teile. Im ersten erfolgt die Beschreibung der Auswirkung allein der unsymmetrischen Quelle, im zweiten der Auswirkung allein der unsymmetrischen

Impedanzmatrix und im letzten die Darstellung bei unsymmetrischen Verhältnissen sowohl in der Quelle als auch in der Impedanzmatrix.

Unsymmetrische Dreiphasenquelle und symmetrische Impedanzmatrix

Als unsymmetrisch kann eine Dreiphasenquelle aufgefasst werden, wenn Sie die Symmetriebedingungen nach Gl. (2.25) nicht erfüllt, so dass dann folgender Zusammenhang gilt.

$$\underline{u}_{am} + \underline{u}_{bm} + \underline{u}_{cm} \neq 0 \tag{2.42}$$

Ausgedrückt in symmetrischen Komponenten führt das zu

$$\begin{pmatrix} \underline{u}_{am} \\ \underline{u}_{bm} \\ \underline{u}_{cm} \end{pmatrix} = \underbrace{\begin{pmatrix} \underline{u}_{(1)\_src} \\ \underline{a}^2\underline{u}_{(1)\_src} \\ \underline{a}\,\underline{u}_{(1)\_src} \end{pmatrix}}_{Mit-} + \underbrace{\begin{pmatrix} \underline{u}_{(2)\_src} \\ \underline{a}\,\underline{u}_{(2)\_src} \\ \underline{a}^2\underline{u}_{(2)\_src} \end{pmatrix}}_{Gegen-} + \underbrace{\begin{pmatrix} \underline{u}_{00\_src} \\ \underline{u}_{00\_src} \\ \underline{u}_{00\_src} \end{pmatrix}}_{Nullsystem}, \tag{2.43}$$

so dass nicht nur das Mitsystem existent ist.

Im Clarke- und Park-Koordinatensystem äußert sich die Unsymmetrie in dem Auftreten der Nullkomponente, die nach Gl. (2.14) und Gl. (2.17) wie folgt definiert ist

$$u_{00\_src} = \frac{1}{3}\left(u_{am} + u_{bm} + u_{cm}\right) \neq 0. \tag{2.44}$$

Der Zusammenhang zwischen der Nullkomponente nach Gl. (2.44) und der Neutralleiterspannung u_m der Quelle lässt sich wie folgt beschreiben.

$$u_a + u_b + u_c = \underbrace{\left(u_{am} + u_{bm} + u_{cm}\right)}_{3u_{00\_src}} + 3u_m = 3u_{00\_trml} \tag{2.45}$$

Wenn die Sternpunkte u_m und u_n des Systems entsprechend dem Bild 2.3 nicht miteinander verbunden sind, so dass die Summe der Ströme nach Gl. (2.27) Null ergibt, dann lässt sich zwischen der Nullkomponente u_{00_trml} nach Gl. (2.45) und der Neutralleiterspannung der Last u_n der folgende Zusammenhang in komplexer Form erstellen.

$$\underline{u}_a + \underline{u}_b + \underline{u}_c = 3\underline{u}_{00\_trml} = \underbrace{(\underline{Z}_{aa}\underline{i}_a + \underline{Z}_{ab}\underline{i}_b + \underline{Z}_{ac}\underline{i}_c)}_{\underline{u}_{an}} + ...$$

$$\underbrace{(\underline{Z}_{ba}\underline{i}_a + \underline{Z}_{bb}\underline{i}_b + \underline{Z}_{bc}\underline{i}_c)}_{\underline{u}_{bn}} + ... \tag{2.46}$$

$$\underbrace{(\underline{Z}_{ca}\underline{i}_a + \underline{Z}_{cb}\underline{i}_b + \underline{Z}_{cc}\underline{i}_c)}_{\underline{u}_{cn}} + 3\underline{u}_n$$

Eine Umsortierung der Gl. (2.46) führt zu

$$3\underline{u}_{00\_\text{trml}} = (\underline{Z}_{\text{aa}} + \underline{Z}_{\text{ba}} + \underline{Z}_{\text{ca}})\underline{i}_{\text{a}} + (\underline{Z}_{\text{ab}} + \underline{Z}_{\text{bb}} + \underline{Z}_{\text{cb}})\underline{i}_{\text{b}} + (\underline{Z}_{\text{ac}} + \underline{Z}_{\text{cb}} + \underline{Z}_{\text{cc}})\underline{i}_{\text{c}} + 3\underline{u}_{\text{n}}. \quad (2.47)$$

Unter Berücksichtigung der Symmetrie der Impedanzmatrix entsprechend der Definition nach Gl. (2.29) und unter Verwendung des Zusammenhangs nach Gl. (2.45) lässt sich die Gl. (2.47) vereinfachen zu

$$
\begin{aligned}
\underline{u}_{\text{a}} + \underline{u}_{\text{b}} + \underline{u}_{\text{c}} &= 3\underline{u}_{00\_\text{trml}} \\
&= 3\underline{u}_{00\_\text{src}} + 3\underline{u}_{\text{m}} \\
&= (\underline{Z}_{\text{aa}} + \underline{Z}_{\text{ba}} + \underline{Z}_{\text{ca}})\underbrace{(\underline{i}_{\text{a}} + \underline{i}_{\text{b}} + \underline{i}_{\text{c}})}_{=0} + 3\underline{u}_{\text{n}} \\
&= 3\underline{u}_{\text{n}}.
\end{aligned}
\quad (2.48)
$$

Daraus geht hervor, dass unter den erläuterten Randbedingungen bei Vorliegen einer symmetrischen Impedanzmatrix die Summe der Laststrangspannungen unabhängig von dem Symmetriezustand der Dreiphasenquelle stets Null ergibt, so dass die folgende Beziehung gilt.

$$\underline{u}_{\text{n}} = \underline{u}_{00\_\text{trml}} \quad (2.49)$$

Der in Gl. (2.49) gewonnene Neutralleiterspannungswert der Last wird im weiteren Verlauf der Arbeit als $\underline{u}_{\text{n\_ref}}$ bezeichnet, um ihn von den Neutralleiterspannungen der Last unterscheiden zu können, die unter anderen und im Folgenden geschilderten Rahmenbedingungen hervorgerufen werden.

Bei Vorliegen einer diagonal-zyklisch symmetrischen Impedanzmatrix ergibt sich im gegebenen Fall folgender Zusammenhang in αβ0-Koordinaten.

$$
\begin{pmatrix} \underline{u}_{\alpha\_\text{trml}} \\ \underline{u}_{\beta\_\text{trml}} \\ \underline{u}_{00\_\text{trml}} \end{pmatrix} = \begin{bmatrix} \underline{Z}_{\text{s}} - \underline{Z}_{\text{g}} & 0 & 0 \\ 0 & \underline{Z}_{\text{s}} - \underline{Z}_{\text{g}} & 0 \\ 0 & 0 & \underline{Z}_{\text{s}} + 2\underline{Z}_{\text{g}} \end{bmatrix} \begin{pmatrix} \underline{i}_{\alpha} \\ \underline{i}_{\beta} \\ 0 \end{pmatrix} + \begin{pmatrix} 0 \\ 0 \\ \underline{u}_{\text{n\_ref}} \end{pmatrix} \quad (2.50)
$$

Die Anwendung einer zyklisch-symmetrischen Impedanzmatrix führt dabei zu

$$
\begin{pmatrix} \underline{u}_{\alpha\_\text{trml}} \\ \underline{u}_{\beta\_\text{trml}} \\ \underline{u}_{00\_\text{trml}} \end{pmatrix} = \begin{bmatrix} \underline{Z}_{\text{s}} - \frac{1}{2}\left(\underline{Z}_{\text{g1}} + \underline{Z}_{\text{g2}}\right) & -\frac{\sqrt{3}}{2}\left(\underline{Z}_{\text{g2}} - \underline{Z}_{\text{g1}}\right) & 0 \\ \frac{\sqrt{3}}{2}\left(\underline{Z}_{\text{g2}} - \underline{Z}_{\text{g1}}\right) & \underline{Z}_{\text{s}} - \frac{1}{2}\left(\underline{Z}_{\text{g1}} + \underline{Z}_{\text{g2}}\right) & 0 \\ 0 & 0 & \underline{Z}_{\text{s}} + \underline{Z}_{\text{g1}} + \underline{Z}_{\text{g2}} \end{bmatrix} \begin{pmatrix} \underline{i}_{\alpha} \\ \underline{i}_{\beta} \\ 0 \end{pmatrix} \dots
$$
$$
+ \begin{pmatrix} 0 \\ 0 \\ \underline{u}_{\text{n\_ref}} \end{pmatrix}. \quad (2.51)
$$

Aus den Gl. (2.50) und (2.51) wird ersichtlich, dass in dem vorliegenden Fall die Nullkomponente in der Quelle zwar auftritt aber ohne den Verlauf der Ströme zu beeinflussen, da eine Entkopplung durch die symmetrischen Impedanzmatrizen sichergestellt wird. Ein identischer Zusammenhang ergibt sich bei Verwendung der Transformation nach Park. Damit wird erneut deutlich, dass sich die Neutralleiterspannung $\underline{u}_{\text{n\_ref}}$ allein aus der Kenntnis der Klemmenspannungen rekonstruieren lässt.

Symmetrische Dreiphasenquelle und unsymmetrische Impedanzmatrix

Ein weiterer Fall der Unsymmetrie eines Dreiphasensystems ergibt sich bei Vorliegen einer symmetrischen Dreiphasenquelle entsprechend der Gl. (2.25) und einer unsymmetrischen Impedanzmatrix. Dabei ergibt sich für die Neutralleiterspannung der Last der Zusammenhang

$$u_{\text{n}} \neq 0, \tag{2.52}$$

der zusammen mit der Definition der symmetrischen Dreiphasenquelle nach Gl. (2.25) zu folgender Vorschrift führt.

$$u_{\text{a}} + u_{\text{b}} + u_{\text{c}} = 3u_{00\_\text{trml}} = \underbrace{(u_{\text{an}} + u_{\text{bn}} + u_{\text{cn}})}_{\neq 0} + 3u_{\text{n}} = \underbrace{(u_{\text{am}} + u_{\text{bm}} + u_{\text{cm}})}_{=0} + 3u_{\text{m}} \tag{2.53}$$

Daraus lässt sich folgende Beziehung ableiten.

$$u_{\text{an}} + u_{\text{bn}} + u_{\text{cn}} = 3\left(u_{\text{m}} - u_{\text{n}}\right) \neq 0 \tag{2.54}$$

$$= 3\left(u_{00\_\text{trml}} - u_{\text{n}}\right) \neq 0 \tag{2.55}$$

Damit wird deutlich, dass im vorliegenden Fall trotz der symmetrischen Quelle keine Rückschlüsse über den Symmetriezustand der Impedanzmatrix möglich sind, wenn nur die Klemmenwerte der Dreiphasenquelle vorliegen. Zum besseren Verständnis der weiteren Zusammenhänge empfiehlt sich an der Stelle eine Darstellung des Dreiphasensystems in komplexen $\alpha\beta0$-Koordinaten. Da aufgrund der Unsymmetrie der Impedanzmatrix die Bedingung nach Gl. (2.29) verletzt wird, wird in dem Fall das System wie folgt charakterisiert.

$$\begin{pmatrix} \underline{u}_{\alpha\_\text{trml}} \\ \underline{u}_{\beta\_\text{trml}} \\ \underline{u}_{00\_\text{trml}} \end{pmatrix} = \begin{bmatrix} \underline{Z}_{\alpha\alpha} & \underline{Z}_{\alpha\beta} & \underline{Z}_{\alpha0} \\ \underline{Z}_{\beta\alpha} & \underline{Z}_{\beta\beta} & \underline{Z}_{\beta0} \\ \underline{Z}_{0\alpha} & \underline{Z}_{0\beta} & \underline{Z}_{00} \end{bmatrix} \begin{pmatrix} \underline{i}_{\alpha} \\ \underline{i}_{\beta} \\ 0 \end{pmatrix} + \begin{pmatrix} 0 \\ 0 \\ \underline{u}_{\text{n}} \end{pmatrix} \tag{2.56}$$

Dabei wird berücksichtigt, dass aufgrund der Unsymmetrie der Impedanzmatrix eine Kopplung zwischen den Strangströmen und der Nullkomponente $\underline{u}_{00\_\text{trml}}$ hervorgerufen wird, was in dem vorliegenden Fall der symmetrischen Dreiphasenquelle unter Anwendung der Gl. (2.55) und Gl. (2.56) zu folgendem Wert der Neutralleiterspannung führt.

$$\underline{u}_{00\_\text{trml}} - \underline{u}_{\text{n}} = \left(\underline{Z}_{0\alpha}\underline{i}_{\alpha} + \underline{Z}_{0\beta}\underline{i}_{\beta}\right) \tag{2.57}$$

$$= \underline{u}_{\text{n\_ref}} - \underline{u}_{\text{n}} \tag{2.58}$$

Unsymmetrische Dreiphasenquelle und unsymmetrische Impedanzmatrix

Ein weiterer und letzter Fall der Unsymmetrie eines Dreiphasensystems ergibt sich bei Vorliegen sowohl einer unsymmetrischen Dreiphasenquelle und als auch unsymmetrischen

Impedanzmatrix. Im Gegensatz zum vorherigen Abschnitt ist bei dieser Konstellation sowohl die Summe der Klemmen- als auch die der Strangspannungen der Quelle und der Last ungleich Null, wie der Gl. (2.59) entnommen werden kann.

$$u_a + u_b + u_c = 3u_{00\_trml} = \underbrace{(u_{an} + u_{bn} + u_{cn})}_{\neq 0} + 3u_n = \underbrace{(u_{am} + u_{bm} + u_{cm})}_{\neq 0} + 3u_m \qquad (2.59)$$

Da die Summe der Klemmenspannungswerte der Dreiphasenquelle von dem Symmetriezustand der Impedanzmatrix nicht beeinflusst werden kann, gilt für eine unsymmetrische Dreiphasenquelle der Zusammenhang nach Gl. (2.60).

$$u_a + u_b + u_c = 3u_{n\_ref} \neq 0 \qquad (2.60)$$

Der Wert u_{n_ref} entspricht dabei dem Wert, der sich am Sternpunkt eines Dreiphasensystems mit einer symmetrischen Impedanzmatrix ergeben würde. Damit lässt sich die Gl. (2.59) wie folgt präzisieren.

$$u_a + u_b + u_c = \underbrace{(u_{an} + u_{bn} + u_{cn})}_{\neq 0} + 3u_n = 3u_{n\_ref} \qquad (2.61)$$

Für die Summe der Strangspannungswerte ergibt sich damit folgender Zusammenhang.

$$u_{an} + u_{bn} + u_{cn} = \underbrace{(u_a + u_b + u_c)}_{3u_{n\_ref}} - 3u_n \qquad (2.62)$$

Daraus geht hervor, dass die Transformation der Strangspannungswerte der Last in das $\alpha\beta0$-Koordinatensystem stets einen Lastnullspannungswert u_{00_ld} ergibt, der eine Differenz der Neutralleiterspannungswerte zwischen einer symmetrischen und einer unsymmetrischen Impedanzmatrix darstellt und zwar unabhängig davon, ob eine symmetrische oder unsymmetrische Dreiphasenquelle vorliegt, wie der Gl. (2.63) entnommen werden kann.

$$u_{00\_ld} = \frac{1}{3}(u_{an} + u_{bn} + u_{cn}) = \frac{1}{3}(\underbrace{(u_a + u_b + u_c)}_{3u_{n\_ref}} - 3u_n) = u_{n\_ref} - u_n \qquad (2.63)$$

Damit stellt die Nullkomponente, die aus Strangspannungswerten unter Anwendung der Transformationsvorschrift nach Gl. (2.14) oder Gl. (2.17) gewonnen wird, stets ein Maß für die Unsymmetrie der Impedanzmatrix eines Dreiphasensystems dar. Um die so gewonnene Lastnullkomponente von der mit Klemmenwerten[11] ermittelten unterscheiden zu können, wird sie mit „_ld" (**load**) indiziert. Im folgenden Verlauf der Arbeit wird zur besseren Handhabung der Begriff der „Nullkomponente" stellvertretend für die Lastnullkomponente verwendet.

---

[11]Klemmenwerte werden mit "_trml" indiziert

Zusammenfassung

Aus den Untersuchungen der unterschiedlichen Unsymmetriezustände resultiert die allgemeine Vorschrift der Nullkomponente nach Gl. (2.63), die mit Hilfe der Clarke- oder Park-Transformation aus den Laststrangspannungswerten bestimmt und die in jedem der drei behandelten Unsymmetriezustände herangezogen werden kann. Dabei nimmt die Nullkomponente $\underline{u}_{00\_ld}$ nur bei einer unsymmetrischen Impedanzmatrix einen Wert von ungleich Null an. Die allgemeine Vorschrift für die Neutralleiterspannung der Impedanz eines Dreiphasensystems bei beliebigen Unsymmetriezuständen lässt sich aus der Gl. (2.63) wie folgt zusammenfassend formulieren.

$$\begin{aligned}
\underline{u}_n &= \underline{u}_{00\_trml} - \underline{u}_{00\_ld} \\
&= \underline{u}_{n\_ref} - \underline{u}_{00\_ld}
\end{aligned} \tag{2.64}$$

3 Modell des untersuchten Antriebssystems

In diesem Kapitel erfolgt die Darstellung der verwendeten mathematischen Modellierung des untersuchten Antriebssystems. Die folgende Beschreibung dient vor allem dem besseren Verständnis der weitergehenden Untersuchungen und deren Vergleichbarkeit mit anderen Literaturquellen. Die Darstellung erfolgt im Verbraucherzählpfeilsystem.

3.1 Randbedingungen

Als Ausgangssystem für die im Rahmen der Arbeit durchgeführten Untersuchungen dient ein Antriebssystem bestehend aus einem Zweipunkt-Spannungszwischenkreisumrichter und einer permanentmagneterregten Synchronmaschine in Sternschaltung mit einem freien Sternpunkt (s. Bild 3.1). Der Umrichter stellt dabei das Stellglied dar, das die Sollspannungen des Antriebsreglers gesteuert umsetzt, und der Motor bildet die Regelstrecke des Antriebssystems.

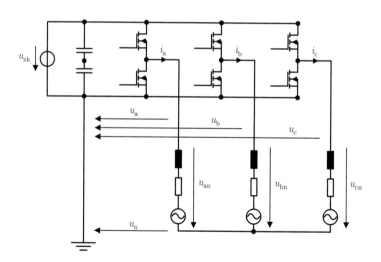

Bild 3.1: Strukturbild der untersuchten Antriebstopologie mit Definition der Variablen und Symbole.

© Springer Fachmedien Wiesbaden GmbH, ein Teil von Springer Nature 2018
T. Werner, *Geberlose Rotorlagebestimmung in elektrischen Maschinen*,
https://doi.org/10.1007/978-3-658-22271-0_3

In Abhängigkeit von der Fragestellung ergeben sich unterschiedliche Anforderungen und Randbedingungen bei der Erstellung eines Modells. Da im Rahmen der Arbeit die Eigenschaften von möglichen neuen geberlosen Verfahren aufgezeigt und mit den konventionellen strombasierten Methoden einem Vergleich unterzogen werden sollen, ist aufgrund der Umfangs der Aufgabenstellung zunächst ein Vergleich des grundlegenden Verhaltens der Ansätze zielführend.

Daher wird bei der Nachbildung des Umrichterverhaltens auf die Berücksichtigung der nichtlinearen Schaltvorgänge der Leistungshalbleiter verzichtet. Bei der Gegenüberstellung der lagegeberlosen Verfahren erfolgt aber eine qualitative Beurteilung der möglichen Umrichtereinflüsse anhand der zahlreichen Literaturquellen zu diesem Themenbereich. Ansätze für eine detaillierte Modellierung des Umrichterverhaltens und Analysen der Auswirkung der Umrichternichtlinearität auf die Verfahren können [4, 66, 67, 68, 69, 70] entnommen werden.

Aufgrund der genannten Zielsetzung erscheint es auch bei der Nachbildung der permanentmagneterregten Synchronmaschine sinnvoll, die Komplexität auf das Nötige zu reduzieren und folgende Aspekte der elektrischen Maschine zu vernachlässigen. Es sind vor allem die Aspekte, die weniger zum grundsätzlichen Verständnis beitragen und vorrangig bei Optimierungen der einzelnen lagegeberlosen Verfahren eine Relevanz erlangen [71]. Nach der Auflistung der bei der Modellbildung ausgeschlossenen Faktoren wird anschließend kurz aufgezeigt, inwiefern sie die lagegeberlose Regelung beeinflussen können.

- Stromverdrängung
  - Skineffekt
  - Proximityeffekt

- Eisenverluste [72], [73]
  - Wirbelstromverluste
  - Hystereseverluste
  - Nachwirkungsverluste (auch als Rest- oder Viskositätsverluste bekannt) [74]

- Unterschiede in den Strangwiderstandswerten

- Wirbelströme in den Permanentmagneten [75]

- Höhere Harmonische im Permanentmagnetfluss [66, 76]

- Temperaturabhängigkeit der Wicklungswiderstände und der Magnetfeldstärke der Permanentmagnete [77]

- Elektrische Kapazitäten in der Maschine

Die Stromverdrängung führt hauptsächlich zu einer überproportionalen frequenzabhängigen Vergrößerung der ohmschen Widerstände aber beeinflusst in elektrischen Maschinen die Induktivitäten kaum [78]. Den neuen wissenschaftlichen Erkenntnissen zufolge, stellt der negative Einfluss der genannten Widerstandsvergrößerung eine bislang unterschätzte Quelle für Schätzfehler dar, vor allem bei Verfahren, die auf der Injektion von Anregungssignalen im Trägerfrequenzbereich von über 500 Hz fußen (HF-Verfahren) [75, 79].

Die Eisenverluste können in Form von erhöhten ohmschen Widerständen mitberücksichtigt werden und führen darüber hinaus, wie auch die Unterschiede in den Wicklungswiderstandswerten zu ohmschen Querkopplungseffekten, deren Berücksichtigung in der aktuellen Forschung ein weiteres Stellglied bei der Modelloptimierung und Schätzfehlerreduktion für HF-basierte Verfahren zu sein verspricht [79, 66].

Die störende Wirkung der Wirbelströme in den Permanentmagneten gewinnt vor allem im Feldschwächbetrieb an Bedeutung [75] und spielt daher im Drehzahlbereich deutlich oberhalb des in der vorliegenden Arbeit relevanten Bereichs von maximal $\frac{n_N}{10}$ ein Rolle.

Bezogen auf die Frequenz der Grundschwingung weist der Permanentmagnetfluss neben der Grundfrequenzharmonischen zusätzliche ungerade Oberharmonischen mit den Ordnungszahlen $\{3, 5, 7, ...\}$ auf. Die drei genannten Oberharmonischen sind gegenüber den restlichen in der Regel am deutlichsten ausgeprägt und betragen wenige Prozent bezogen auf die Amplitude der Grundharmonischen [76]. Sie sind mitverantwortlich für die Entstehung von höheren Harmonischen in den Induktivitätsverläufen oberhalb der zweiten Ordnung und tragen zu der 6ten Harmonischen im Drehmomentverlauf bei. Bei Maschinen mit Einzelzahnwicklung ist der Zusammenhang deutlicher ausgeprägt als bei Maschinen mit verteilten Wicklungen. In den meisten Fällen stellen die genannten Harmonischen Störungen bei der lagegeberlosen Bestimmung der Rotorlage dar, wie in [66] erläutert. Allerdings fußt das Verfahren von Consoli [80, 46] auf der expliziten Nutzung der dritten Harmonischen des

Permanentmagnetflusses, die jedoch für die Umsetzung des in der vorliegenden Arbeit
aufgezeigten lagegeberlosen Verfahrens nicht herangezogen wird.
Die Erhöhung der Temperatur hat für den lagegeberlosen Betrieb zwei Effekte zur Folge.
Zum einen erhöhen sich damit die ohmschen Wicklungswiderstände, so dass sie beim
ungünstigen Verhältnis zu den Induktivitäten zu nicht vernachlässigbaren Fehlern führen
können. Zum anderen reduziert sich mit steigender Temperatur der Permanentmagnetfluss,
was mit einer Verringerung der sättigungsbasierten Anisotropie und des Signal-Rausch-
Abstandes einhergeht bei Verfahren, die auf der Auswertung des Anisotropietyps aufsetzen.
Die elektrischen Kapazitäten treten vor allem bei hohen Spannungschalflankensteilheiten
in Erscheinung, wie sie zum Beispiel bei Verwendung von SiC-Halbleitern des Antriebs-
umrichters auftreten, und führen zu kapazitiven Störströmen, deren Auswirkung auf die
Genauigkeit der lagegeberlosen Regelungsverfahren noch nicht hinreichend erforscht ist.

3.2 Induktivität

Um ein Modell der permanentmagneterregten Synchronmaschine aufstellen und nachvollziehen zu können, ist es von entscheidender Bedeutung, sich eine Klarheit über die Begriffe der
Selbst- und Gegeninduktivität in linearen und nichtlinearen Magnetkreisen zu verschaffen.
Die folgende Beschreibung gliedert sich daher in zwei Hauptabschnitte. Zunächst erfolgt
die Analyse von Induktivitäten in linearen Magnetkreisen anhand des einfachsten Falls
von Spulen mit konstanter Permeabilität des Spulenkerns. Anschließend wird anhand
einer einfachen Anordnung in Form eines Transformators auf die wesentlichen Merkmale von Induktivitäten und Gegeninduktivitäten von Magnetkreisen mit flussabhängigen
Permeabilitäten unter Vernachlässigung der Magnetfeldstreuung eingegangen, bevor die
Darstellung des Induktivitätsverhaltens in permanentmagneterregten Synchronmaschinen
aufgenommen wird.

3.2.1 Induktivität in linearen Magnetkreisen

Die Selbstinduktivität (L_i) beschreibt das Verhältnis des Verkettungsflusses (ψ_i) einer
Spule zu dem Strom (i_i), der durch sie fließt. Daher wird L_i in der Literatur auch als
Selbstinduktivitätskoeffizient aufgefasst und in linearen Magnetkreisen, die sich durch eine
konstante Permeabilität der Materie kennzeichnen [81], wie folgt charakterisiert.

$$L_i = \frac{\psi_i}{i_i} \tag{3.1}$$

Liegen mehrere Spulen vor, die eine magnetische Kopplung aufweisen, wie das in Transformatoren und elektrischen Maschinen der Fall ist, dann wird sie mit Hilfe der Gegeninduktivität
oder dem Gegeninduktivitätskoeffizient erfasst. Die Gegeninduktivität (M_{ij}) beschreibt
dabei die Beziehung zwischen dem Verkettungsfluss (ψ_i) in einer Spule und dem Strom in
der benachbarten Spule (i_j), der die Ursache für den Verkettungsfluss darstellt. In linearen
magnetischen Kreisen lässt sich der genannte Zusammenhang wie folgt erfassen.

$$M_{ij} = \frac{\psi_i}{i_j} \tag{3.2}$$

Die beschriebene Kopplung erfüllt die folgende Symmetriebedingung[12], wie in [82] erläutert und anhand einer einfachen Anordnung in Form eines Transformators mit vernachlässigbarer Magnetfeldstreuung entsprechend dem Bild 3.2 dargestellt.

$$M_{ij} = M_{ji} = \frac{\psi_i}{i_j} = \frac{\psi_j}{i_i} \qquad (3.3)$$

Die Induktivitätskoeffizienten nach Gl. (3.1) und Gl. (3.2) entsprechen der Steigung der dazugehörigen ψi-Kennlinie, wie im Bild 3.3 skizziert. Dabei ist erkennbar, dass in dem vorliegenden Fall die Steigung und somit auch der entsprechende Induktivitätskoeffizient entlang der gesamten Kennlinie konstant sind.

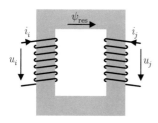

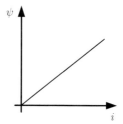

Bild 3.2: Skizze eines Transformators mit vernachlässigbarer Magnetfeldstreuung.

Bild 3.3: Beispiel der ψi-Kennlinie in einer Materie mit konstanter Permeabilität.

3.2.2 Induktivität in nichtlinearen Magnetkreisen

Der Wert der Induktivität wird durch die magnetischen und geometrischen Merkmale der Spule bestimmt. Einen wesentlichen Faktor stellt dabei die Permeabilität (μ) der Materie im Inneren der Spule dar, die das Verhältnis der magnetischen Flussdichte ($\vec{B}$) zur magnetischen Feldstärke ($\vec{H}$) in dem Medium beschreibt. In Transformatoren und elektrischen Maschinen umwickeln die Spulen zum überwiegenden Teil Eisenbleche, die eine sehr hohe Permeabilität aufweisen. Allerdings nimmt diese und somit auch die Induktivität der Spule mit zunehmendem Magnetfeld deutlich ab (s. Bild 3.4). Dieser Effekt wird auch als die Sättigung des Eisens bezeichnet und dadurch wird die Beschreibung der Verhältnisse in einem Magnetkreis in Relation zu dem Fall eines linearen Magnetkreises deutlich komplexer, wie zunächst anhand eines Transformators (s. Bild 3.2) mit flussabhängiger Permeabilität des Kerns gezeigt werden soll. In dem herangezogenen Beispiel resultiert der Fluss in dem Kern aus dem Strom in der ersten und der zweiten Spule und somit muss die resultierende Permeabilität des Eisenkerns auch als eine Funktion der beiden Ströme aufgefasst werden.

---

[12] Auch als magnetisches Reziprozitätstheorem bekannt.

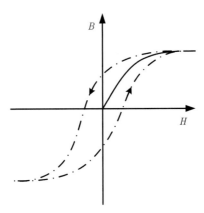

Bild 3.4: Beispielhafter Ausschnitt aus einer Magnetisierungskennlinie für ein Eisenblech. Bei Vernachlässigung der frequenzabhängigen Eisenverluste kann die durchgängig gezeichnete Linie herangezogen werden [66].

Um in dem Fall den Zusammenhang zwischen dem Gleichstrom in der Spule „j" und dem damit generierten Flussanteil im Kern mit dem Induktivitätskoeffizienten beschreiben zu können, muss der aktuelle Sättigungszustand des Eisens in dem jeweiligen Betriebspunkt berücksichtigt werden. Somit ändert sich auch die entsprechende ψi-Kennlinie (s. Bild 3.5a) in jedem Betriebspunkt des Transformators, so dass die resultierende Induktivität in dem Fall entsprechend der Gl. (3.4) auch als eine Funktion aller an der Sättigung des Eisenkerns beteiligten Ströme beschrieben werden muss. Aus dem erläuterten Zusammenhang geht hervor, dass die Magnetisierungskennlinie eines Eisenblechs nicht mit der ψi-Kennlinie eines Magnetkreises zur Bestimmung der Induktivität gleichgesetzt werden darf.

$$L_i\left(i_i, i_j\right) = \frac{\psi_i\left(i_i, \mu\left(i_i, i_j\right)\right)}{i_i} \qquad (3.4)$$

Für die magnetische Kopplung zwischen den beiden Spulen nach Bild 3.2 gilt ein vergleichbarer Zusammenhang, wie in der Gl. (3.5) unter Annahme der Symmetrie dargestellt.

$$M_{ij}\left(i_i, i_j\right) = M_{ji}\left(i_i, i_j\right) = \frac{\psi_i\left(i_j, \mu\left(i_i, i_j\right)\right)}{i_j} = \frac{\psi_j\left(i_i, \mu\left(i_i, i_j\right)\right)}{i_i} \qquad (3.5)$$

Die Induktivitätenkoeffizienten nach Gln. (3.4) und (3.5) sind in der Literatur auch als Gleichstromselbst- und gegeninduktivitäten bekannt [83] und bilden die Steigung der Sekante zwischen dem Koordinatenursprung im Punkt $(0,0)$ und dem jeweiligen Arbeitspunkt P_1 der ψi-Kennlinie [81], wie im Bild 3.5a beispielhaft skizziert. Dabei dürfen

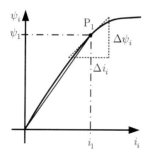

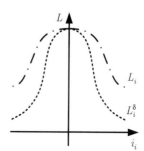

(a) Beispiel einer ψi-Kennlinie in einem nichtlinearen Magnetkreis.

(b) Beispielverlauf einer Gleichstrom- und einer differentiellen Induktivität.

Bild 3.5: Induktivitätsbestimmung aus dem ψi-Verlauf [83] und die Stromabhängigkeit der Gleichstrom- (Sekanteninduktivität) und der differentiellen Induktivität (Tangenteninduktivität) [84] unter der Annahme, dass der Fluss ψ_i nur durch den Strom i_i erzeugt wird.

die Gleichstrominduktivitätswerte nach Gln. (3.4) und (3.5) nicht mit den konstanten Induktivitätskoeffizienten nach Gln. (3.1) und (3.2) gleichgesetzt werden. Denn während die konstanten Induktivitätswerte die konstante Steigung an jedem Punkt der ψi-Kennlinie nach Bild 3.3 repräsentieren, stellen die Gleichstrominduktivitätswerte wie zuvor beschrieben die Steigung der Sekante an dem jeweiligen Punkt der nichtlinearen ψi-Kennlinie entsprechend dem Bild 3.5a dar und sind somit betriebspunktabhängig.

Wenn die Ströme eine Zeitvarianz und die ψi-Kennlinie entsprechend dem Bild 3.5a eine Nichtlinearität des Zusammenhangs zwischen dem Strom und dem damit generierten Magnetfeld aufweisen, dann werden differentielle Induktivitätskoeffizienten berücksichtigt [81], [83], die für die Beispielanordnung nach Bild 3.2 wie folgt definiert werden.

$$L_i^\delta \left(i_i, i_j \right) = \frac{\mathrm{d}\psi_i \left(i_i, \mu \left(i_i, i_j \right) \right)}{\mathrm{d}i_i} \tag{3.6}$$

$$M_{ij}^\delta \left(i_i, i_j \right) = M_{ji}^\delta \left(i_i, i_j \right) = \frac{\mathrm{d}\psi_i \left(i_j, \mu \left(i_i, i_j \right) \right)}{\mathrm{d}i_j} = \frac{\mathrm{d}\psi_j \left(i_i, \mu \left(i_i, i_j \right) \right)}{\mathrm{d}i_i} \tag{3.7}$$

Die differenzielle Induktivität beschreibt die stromabhängige Änderung des ψi-Zusammenhangs und bildet die Tangente an den ψi-Verlauf im jeweiligen Arbeitspunkt, wie im Bild 3.5 skizziert.

Der Zusammenhang zwischen der Gleichstrominduktivität und der differentiellen Induktivität lässt sich unter Berücksichtigung der Gln. (3.4) bis (3.7) und der Produktregel wie folgt beschreiben.

$$L_i^\delta\left(i_i, i_j\right) = \frac{\mathrm{d}\psi_i\left(i_i, \mu\left(i_i, i_j\right)\right)}{\mathrm{d}i_i} = \frac{\mathrm{d}\left(L_i\left(i_i, i_j\right) i_i\right)}{\mathrm{d}i_i} = L_i\left(i_i, i_j\right) + \frac{\mathrm{d}L_i\left(i_i, i_j\right)}{\mathrm{d}i_i} i_i \qquad (3.8)$$

$$M_{ij}^\delta\left(i_i, i_j\right) = \frac{\mathrm{d}\psi_i\left(i_j, \mu\left(i_i, i_j\right)\right)}{\mathrm{d}i_j} = \frac{\mathrm{d}\left(M_{ij}\left(i_i, i_j\right) i_j\right)}{\mathrm{d}i_j} = M_{ij}\left(i_i, i_j\right) + \frac{\mathrm{d}M_{ij}\left(i_i, i_j\right)}{\mathrm{d}i_j} i_j \qquad (3.9)$$

Die Gln. (3.8) und (3.9) spiegeln den allgemeinen Zusammenhang zwischen der Sekante, die die Punkte $(0,0)$ und $(f(x), x)$ schneidet, und der Tangente an die jeweilige Kennlinie im Punkt $(f(x), x)$ wider und stellen gleichzeitig eine Vorschrift zur Bestimmung der differentiellen Induktivität aus der Gleichstrominduktivität dar. Dabei wird erkennbar, dass sich die differentielle Induktivität aus der Gleichstrominduktivität und dem differentiellen Anteil $\frac{\mathrm{d}L_i(i_i, i_j)}{\mathrm{d}i_i} i_i$ bzw. $\frac{\mathrm{d}M_{ij}(i_i, i_j)}{\mathrm{d}i_j} i_j$ zusammensetzt.

Induktivität in einer permanentmagneterregten Synchronmaschine

In einer elektrischen Maschine tragen sowohl sämtliche Statorströme als auch die Magnetisierung des Rotors zum resultierenden Luftspaltfeld und dem Magnetfeld, das die Wicklungen durchströmt bei, so dass sie alle den Sättigungszustand des Eisens beeinflussen und bei der Bestimmung der Motorinduktivitäten berücksichtigt werden müssen. Da die Magnetfeldauslenkung einer Lageabhängigkeit unterliegt, trägt das zu einer Lageabhängigkeit der Sättigung und somit auch der Induktivität bei. Dieser Zusammenhang wird als sättigungsbasierte Anisotropie des Motors bezeichnet [66].

Die Statorgeometrie einer elektrischen Maschine variiert entlang des inneren Umfangs aufgrund der Nutung und auch die Geometrie des Rotors ist oft nicht konstant entlang seines Umfangs, zum Beispiel durch vergrabene Magneten, die eine mit Luft vergleichbare Permeabilität aufweisen (s. Bild 3.6). Zusätzlich können auch Exzentrizitäten zwischen der Stator- und der Rotorachse auftreten. Damit verändert sich die magnetische Kopplung zwischen der Statorwicklung und dem Rotor, die auch als magnetischer Luftspaltleitwert bezeichnet wird, mit der relativen Winkellage des Läufers zum Stator. Das führt zu einer Veränderung der einzelnen Induktivitätswerte mit der Ausrichtung (θ) des Rotors gegenüber dem Stator, auch ohne eine Veränderung des Sättigungszustandes des Statorblechpakets durch die Ströme oder den Rotormagnetfluss [85]. Dieser Effekt wird in der wissenschaftlichen Literatur als geometrische Anisotropie des Motors bezeichnet [66].

Zusammenfassend variiert der Magnetisierungszustand der Statorwicklungen sowohl mit der Bestromung der Wicklungen und der Stärke des Rotorflusses als auch mit der Ausrichtung des Rotorflusses und des Rotors bezogen auf die Wicklungen. Daher lassen sich die Motorinduktivitäten auch als magnetische Leitwertwellen auffassen, die durch eine Funktion der Rotorlage, des Stromes und der Rotorflussstärke beschrieben werden können, wie in Gl. (3.10) am Beispiel einer Gleichstrominduktivität einer permanentmagneterregten Maschine gezeigt wird.

$$L_i\left(\vec{i}, \theta, \vec{\psi}_{\mathrm{PM}}\left(\theta\right)\right) = \frac{\psi_i\left(i_i, \theta, \mu\left(\vec{i}, \vec{\psi}_{\mathrm{PM}}\left(\theta\right)\right)\right)}{i_i} \quad \text{mit } i \in \{\mathrm{a}, \mathrm{b}, \mathrm{c}\} \qquad (3.10)$$

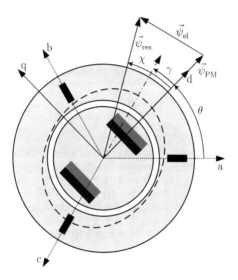

Bild 3.6: Modell eines zweipoligen Motors mit einer dreisträngigen Wicklung und permanentmagneterregtem Rotor mit vergrabenen Magneten mit der Angabe der Bezugsachsen für die Herleitung des Induktivitätsmodells entsprechend den Gln. (3.12) und (3.13). Die gestrichelte Ellipse markiert beispielhaft den Wert des fiktiven Luftspaltes oder der Welle des magnetischen Widerstands an der jeweiligen Stelle entlang des Umfangs. Die Ausrichtung $\gamma + \theta$ der durch die Ellipse skizzierten Welle wird sowohl durch den Sättigungszustand des Motorblechpakets als auch durch die geometrischen Gegebenheiten des Rotors und des Stators bestimmt. Da die Permanentmagnete eine Permeabilität nahe der der Luft aufweisen, herrscht in dem gezeigten Beispiel im stromlosen Fall in der Richtung der Magnete ein größerer magnetischer Widerstand.

Da die Amplitude des Permanentmagnetflusses als konstant angenommen wird und somit nur die Richtung des Permanentmagnetfeldes den Sättigungszustand des Eisens entscheidend verändert, kann angenommen werden, dass die Permeabilität nur von den Strömen und der Rotorlage abhängig ist, was zur folgenden Vereinfachung führt.

$$L_i\left(\vec{i},\theta\right) = \frac{\psi_i\left(i_i,\theta,\mu\left(\vec{i},\theta\right)\right)}{i_i} \tag{3.11}$$

Die explizite Angabe der Permeabilität in der Gl. (3.11) soll an der Stelle nochmal vergegenwärtigen, dass bei der Berechnung der Induktivität zuerst die in dem Betriebspunkt durch sämtliche Motorströme und die Winkellage des Rotors veränderte Permeabilität berücksichtigt werden soll und erst anschließend der Zusammenhang zwischen dem Fluss ψ_i und dem dazugehörigen Strom i_i ermittelt werden kann [86].

Für die Umsetzung eines lagegeberlosen Betriebs ist vor allem die Lageabhängigkeit der Induktivitätswerte aufgrund von geometrischen und sättigungsbedingten Anisotropien von entscheidender Bedeutung [66]. Die in der Literatur vorgestellten zahlreichen Ansätze [87] zur Nachbildung der Anisotropien bei der Modellierung der Lageabhängigkeit der Induktivitätsverläufe werfen noch zahlreiche Fragen auf. Der Umfang der noch zu klärenden Aspekte auf diesem Gebiet bietet Raum für weitere Forschungsaktivitäten unter anderem auch bei der Berücksichtigung der Effekte in dem Verlauf der Neutralspannung u_n.

Ein vielversprechender Ansatz zur Abbildung der Anisotropieeinflüsse in den Induktivitätsverläufen wird in [87] aufgezeigt. Allerdings spiegelt das Modell nicht die Tatsache wieder, dass die Zunahme der Kreuzsättigungseffekte mit einer gleichzeitigen Reduktion der für die lagegeberlose Winkelbestimmung nutzbaren Anisotropieeinflüsse einhergeht. Entsprechend den neueren Veröffentlichungen kann angenommen werden, dass die Kreuzsättigung aus der Auslenkung χ des resultierenden Luftspaltflusses aus der Ausrichtung der Permanentmagnetflusses hervorgeht und somit sättigungsbedingt verursacht wird [66]. Um dem beschriebenen Effekt und seiner Auswirkung Rechnung zu tragen, wird daher der Näherungsansatz in Drehstromkoordinaten nach Gln. (3.12) und (3.13) herangezogen, der eine Ergänzung der Methoden nach [87] und [88] darstellt. Dabei werden der geometrische und der sättigungsbedingte Anisotropieanteil in den Induktivitätsverläufen getrennt behandelt. Während die geometrisch bedingte Variation der Induktivität nur mit der Richtung des Rotors gekoppelt ist, wird bei dem sättigungsbedingten Einfluss berücksichtigt, dass mit zunehmendem Drehmoment des Motors der resultierende Luftspaltfluss eine zunehmende Auslenkung vom Permanentmagnetfluss des Rotors erfährt, so dass der Ort der maximalen Sättigung nicht mehr mit der Ausrichtung des Rotorflusses korreliert, wie im Bild 3.6

skizziert.

$$L_i\left(\vec{i}_{\mathrm{abc}}\right) = L_{i,0}\left(\vec{i}_{\mathrm{abc}}\right) - \dots$$

$$\underbrace{- \sum_h^\infty \hat{L}_{\mathrm{gm},i,h}\left(\vec{i}_{\mathrm{abc}}\right)\cos\left(h\left(\nu_i - \theta\right)\right)}_{\text{bedingt durch geometrische Anisotropie}} - \dots$$

$$\underbrace{- \sum_h^\infty \hat{L}_{\mathrm{sat},i,h}\left(\vec{i}_{\mathrm{abc}}\right)\cos\left(h\left(\nu_i - \theta - \chi\left(\vec{i}_{\mathrm{abc}}\right)\right)\right)}_{\text{bedingt durch sättigungsabhängige Anisotropie}} \qquad (3.12)$$

$$M_{ij}\left(\vec{i}_{\mathrm{abc}}\right) = M_{ij,0}\left(\vec{i}_{\mathrm{abc}}\right) - \dots$$

$$\underbrace{- \sum_h^\infty \hat{M}_{\mathrm{gm},ij,h}\left(\vec{i}_{\mathrm{abc}}\right)\cos\left(h\left(\frac{\nu_i + \nu_j}{2} - \theta\right)\right)}_{\text{bedingt durch geometrische Anisotropie}} - \dots$$

$$\underbrace{- \sum_h^\infty \hat{M}_{\mathrm{sat},ij,h}\left(\vec{i}_{\mathrm{abc}}\right)\cos\left(h\left(\frac{\nu_i + \nu_j}{2} - \theta - \chi\left(\vec{i}_{\mathrm{abc}}\right)\right)\right)}_{\text{bedingt durch sättigungsabhängige Anisotropie}} \qquad (3.13)$$

Unter Berücksichtigung trigonometrischer Additionstheoreme lassen sich die Induktivitätsmodelle nach Gl. (3.12) und Gl. (3.13) auch wie folgt darstellen.

$$L_i\left(\vec{i}_{\mathrm{abc}}\right) = L_{i,0}\left(\vec{i}_{\mathrm{abc}}\right) - \sum_h^\infty \hat{L}_{\mathrm{res},i,h}\cos\left(h\left(\nu_i - \theta - \gamma_{\mathrm{L,h}}\right)\right) \qquad (3.14)$$

$$M_{ij}\left(\vec{i}_{\mathrm{abc}}\right) = M_{ij,0}\left(\vec{i}_{\mathrm{abc}}\right) - \sum_h^\infty \hat{M}_{\mathrm{res},ij,h}\cos\left(h\left(\frac{\nu_i + \nu_j}{2} - \theta - \gamma_{\mathrm{M,h}}\right)\right) \qquad (3.15)$$

mit

$$\hat{L}_{\mathrm{res},i,h} = f(\hat{L}_{\mathrm{gm},i,h}, \hat{L}_{\mathrm{sat},i,h}, \chi)$$
$$\hat{M}_{\mathrm{res},ij,h} = f(\hat{M}_{\mathrm{gm},ij,h}, \hat{M}_{\mathrm{sat},ij,h}, \chi)$$
$$\gamma_{\mathrm{L}} = f(\hat{L}_{\mathrm{gm},i,h}, \hat{L}_{\mathrm{sat},i,h}, \chi)$$
$$\gamma_{\mathrm{M}} = f(\hat{M}_{\mathrm{gm},ij,h}, \hat{M}_{\mathrm{sat},ij,h}, \chi)$$

Da die Induktivitäten in Drehstromkoordinaten nur geradzahlige harmonische Anteile aufweisen, nimmt h als Index der harmonischen Induktivitätsanteile nur die Werte $h = 2, 4, 6, \dots$ an. Für die Identifikation der jeweiligen Stränge werden $i, j \in \{\mathrm{a, b, c}\} \wedge i \neq j$ als Indizes herangezogen. Die Variable ν_i entspricht dem Phasenversatz des Stranges i, so dass folgende Werte gelten.

$$\nu_{\mathrm{a}} = 0; \ \nu_{\mathrm{b}} = \frac{2}{3}\pi; \ \nu_{\mathrm{c}} = \frac{4}{3}\pi \qquad (3.16)$$

Die Amplituden der geometrisch bedingten Induktivitätsschwankungen werden mit "gm"
(**geo**metric) und die der sättigungsbedingt Veränderlichen mit "sat" (**sat**urated) gekennzeichnet. Die Amplituden der daraus resultierenden Induktivitätsschwankungen nach Gl.
(3.14) und Gl. (3.15) werden mit "res" (**res**ultierend) indiziert.
Im stromlosen Fall der Maschine entspricht der resultierende Luftspaltfluss dem Permanentmagnetfluss und entsprechend dem Modell nach Bild 3.6 wird der Auslenkungswinkel
χ nahezu Null, so dass die Winkel der sättigungsbedingten und der geometrieabhängigen
Schwankungsanteile mit dem Winkel der Permanentemagnetflussgrundwelle weitgehend
übereinstimmen. Die Harmonische zweiter Ordnung bezogen auf die Grundschwingungsfrequenz stellt die am stärksten ausgeprägte Schwankung der Induktivitäten dar, so dass
im weiteren Verlauf der Arbeit die folgende vereinfachte Darstellung für die Analysen
herangezogen wird.

$$L_i\left(\vec{i}_{\mathrm{abc}}\right) = L_{i,0}\left(\vec{i}_{\mathrm{abc}}\right) - \ldots$$
$$- \hat{L}_{\mathrm{gm},i,2}\left(\vec{i}_{\mathrm{abc}}\right)\cos\left(2\left(\nu_i - \theta\right)\right) - \ldots$$
$$- \hat{L}_{\mathrm{sat},i,2}\left(\vec{i}_{\mathrm{abc}}\right)\cos\left(2\left(\nu_i - \theta - \chi\left(\vec{i}_{\mathrm{abc}}\right)\right)\right) \tag{3.17}$$
$$= L_{i,0}\left(\vec{i}_{\mathrm{abc}}\right) - \hat{L}_{\mathrm{res},i,2}\left(\vec{i}_{\mathrm{abc}}\right)\cos\left(2\left(\nu_i - \theta - \gamma_{\mathrm{L}}\left(\vec{i}_{\mathrm{abc}}\right)\right)\right) \tag{3.18}$$

$$M_{ij}\left(\vec{i}_{\mathrm{abc}}\right) = M_{ij,0}\left(\vec{i}_{\mathrm{abc}}\right) - \ldots$$
$$- \hat{M}_{\mathrm{gm},ij,2}\left(\vec{i}_{\mathrm{abc}}\right)\cos\left(2\left(\frac{\nu_i + \nu_j}{2} - \theta\right)\right) - \ldots$$
$$- \hat{M}_{\mathrm{sat},ij,2}\left(\vec{i}_{\mathrm{abc}}\right)\cos\left(2\left(\frac{\nu_i + \nu_j}{2} - \theta - \chi\left(\vec{i}_{\mathrm{abc}}\right)\right)\right) \tag{3.19}$$
$$= M_{ij,0}\left(\vec{i}_{\mathrm{abc}}\right) - \hat{M}_{\mathrm{res},ij,2}\left(\vec{i}_{\mathrm{abc}}\right)\cos\left(2\left(\frac{\nu_i + \nu_j}{2} - \theta - \gamma_{\mathrm{M}}\left(\vec{i}_{\mathrm{abc}}\right)\right)\right) \tag{3.20}$$

Die in Gln. (3.18) und (3.20) geschilderte Rotorlageabhängigkeit der Gleichstrominduktivitäten ist auch auf die differentiellen Induktivitäten übertragbar. Dabei ändern sich nur
die stromabhängigen Koeffizienten [66], wie im Abschnitt 3.2.2 erläutert und im Bild 3.5b
skizziert.

3.3 Elektrisches Motormodell

Nachdem die grundlegenden Rahmenbedingungen und Modellierungsansätze in den vorherigen Abschnitten erläutern worden sind, erfolgt in diesem Abschnitt die Herleitung
einer Gleichung für die elektromagnetischen Vorgänge in einer permanentmagneterregten
Synchronmaschine, um an anderer Stelle die möglichen Signalquellen für eine geberlose
Rotorlageerfassung identifizieren zu können.

3.3.1 Modellierung in Drehstromkoordinaten

Die Klemmenspannungen setzen sich entsprechend dem Bild 3.1 wie folgt aus dem Spannungsabfall an den Strangwiderständen, den in den Strängen durch die zeitliche Änderung

des Verkettungsflusses induzierten Spannungen und der Potenzialdifferenz $\vec{u}_{n,abc}$ zwischen dem Sternpunkt des Motors und der Masse in vektorieller Schreibweise zusammen.

$$\begin{pmatrix} u_a \\ u_b \\ u_c \end{pmatrix} = \begin{bmatrix} R_a & 0 & 0 \\ 0 & R_b & 0 \\ 0 & 0 & R_c \end{bmatrix} \begin{pmatrix} i_a \\ i_b \\ i_c \end{pmatrix} + \frac{d}{dt} \begin{pmatrix} \psi_a \\ \psi_b \\ \psi_c \end{pmatrix} + \begin{pmatrix} u_n \\ u_n \\ u_n \end{pmatrix} \tag{3.21}$$

Damit lässt sich die Spannungsgleichung wie folgt zusammenfassen.

$$\vec{u}_{abc} = \mathbf{R}_{abc}\vec{i}_{abc} + \frac{d\vec{\psi}_{abc}}{dt} + \vec{u}_{n,abc} \tag{3.22}$$

Bei der permanentmagneterregten Synchronmaschine wird der Verkettungsfluss aus dem Permanentmagnetfluss des Rotors (ψ_{PM}) und dem durch die Strangströme elektrisch generierten Magnetfluss ($\vec{\psi}_{el,abc}$) gebildet.

$$\begin{aligned} \vec{\psi}_{abc} &= \vec{\psi}_{el,abc} + \vec{\psi}_{PM,abc} \\ &= \mathbf{L}_{abc}\vec{i}_{abc} + \vec{\psi}_{PM,abc} \end{aligned} \tag{3.23}$$

Der Winkel (θ) des Permanentmagnetflusses ($\vec{\psi}_{PM,abc}$), der auch mit der Ausrichtung des Rotors verknüpft ist, stimmt mit dem Winkel (φ) des Verkettungsflusses ($\vec{\psi}_{abc}$) nur in zwei Fällen überein, nämlich wenn die Richtung des stromgenerierten Flussanteils mit der Richtung der Permanentmagnetflusses identisch oder wenn die Maschine unbestromt ist. Durch den Einsatz der Gl. (3.23) in Gl. (3.22) erweitert sich die Statorspannungsgleichung zu

$$\vec{u}_{abc} = \mathbf{R}_{abc}\vec{i}_{abc} + \frac{d\left(\mathbf{L}_{abc}\vec{i}_{abc}\right)}{dt} + \frac{d\vec{\psi}_{PM,abc}}{dt} + \vec{u}_{n,abc}. \tag{3.24}$$

Die Induktivitätsmatrix ($\mathbf{L}_{abc}$) beinhaltet sämtliche Selbst- und Gegengleichstrominduktivitäten der Statorwicklung, wie in Gl. (3.25) dargestellt. Dabei wird auf eine explizite Angabe der Abhängigkeit der einzelnen Induktivitäten von der Ausrichtung des Rotors und von den Strangströmen zur besseren Lesbarkeit verzichtet.

$$\mathbf{L}_{abc}\left(\theta, \vec{i}_{abc}\right) = \begin{bmatrix} L_a & M_{ab} & M_{ac} \\ M_{ba} & L_b & M_{bc} \\ M_{ca} & M_{cb} & L_c \end{bmatrix} \tag{3.25}$$

Da die Komponenten der Induktivitätsmatrix zeitvariable Größen darstellen, muss bei der Ableitung des vom Strangstrom erzeugten Flussanteils nach Gl. (3.23) die Produktregel berücksichtigt werden.

$$\vec{u}_{abc} = \mathbf{R}_{abc}\vec{i}_{abc} + \underbrace{\frac{d\mathbf{L}_{abc}}{dt}}_{f\left(\theta, \vec{i}_{abc}\right)} \vec{i}_{abc} + \underbrace{\mathbf{L}_{abc}}_{f\left(\theta, \vec{i}_{abc}\right)} \frac{d\vec{i}_{abc}}{dt} + \underbrace{\frac{d\vec{\psi}_{PM,abc}}{dt}}_{f\left(\frac{d\theta}{dt}\right)} + \vec{u}_{n,abc} \tag{3.26}$$

Dabei wird deutlich, dass sich auch bei einem Konstantstrom eine Spannungsinduktion aufgrund der Änderung der Induktivitäten ergeben kann. Die Komponenten der Induktivitätsmatrix lassen sich unter Anwendung der allgemeinen Kettenregel [89] wie folgt partiell nach der Zeit ableiten.

$$\frac{d\mathbf{L}_{abc}}{dt} = \underbrace{\frac{\partial \mathbf{L}_{abc}}{\partial i_a}\frac{di_a}{dt} + \frac{\partial \mathbf{L}_{abc}}{\partial i_b}\frac{di_b}{dt} + \frac{\partial \mathbf{L}_{abc}}{\partial i_c}\frac{di_c}{dt}}_{\frac{\partial \mathbf{L}_{abc}}{\partial \vec{i}_{abc}}\frac{d\vec{i}_{abc}}{dt}} + \underbrace{\frac{\partial \mathbf{L}_{abc}}{\partial \theta}\frac{d\theta}{dt}}_{\frac{\partial \mathbf{L}_{abc}}{\partial \theta}\omega_e} \tag{3.27}$$

Mit den Gln. (3.26) und (3.27) ergibt sich folgende Beschreibung der permanentmagneterregten Synchronmaschine.

$$\vec{u}_{abc} = \mathbf{R}_{abc}\vec{i}_{abc} + \underbrace{\left(\mathbf{L}_{abc} + \frac{\partial \mathbf{L}_{abc}}{\partial \vec{i}_{abc}}\vec{i}_{abc}\right)}_{\mathbf{L}^{\delta}_{abc}}\frac{d\vec{i}_{abc}}{dt} + \underbrace{\left(\frac{d\vec{\psi}_{PM,abc}}{d\theta} + \frac{\partial \mathbf{L}_{abc}}{\partial \theta}\vec{i}_{abc}\right)\omega_e}_{\text{rotatorische Induktion}} + \vec{u}_{n,abc} \tag{3.28}$$

$$\underbrace{\phantom{\vec{u}_{abc} = \mathbf{R}_{abc}\vec{i}_{abc} + \left(\mathbf{L}_{abc} + \frac{\partial \mathbf{L}_{abc}}{\partial \vec{i}_{abc}}\vec{i}_{abc}\right)}}_{\text{transformatorische Induktion}}$$

Aus der Gl. (3.28) geht hervor, dass die transformatorische Induktion von den differentiellen Induktivitäten bestimmt wird, wie sie im Abschnitt 3.2.2 in den Gln. (3.6) und (3.7) definiert und in [90] im Hinblick auf eine Drehstrommaschine detailliert hergeleitet sind. Die rotatorische Induktion hingegen wird nach Gl. (3.28) und unter Berücksichtigung der im Abschnitt 3.1 gesetzten Rahmenbedingungen von den Gleichstrominduktivitäten beeinflusst.

Da die beiden Induktivitäten nur mit einem erheblichen Aufwand allein aus den numerischen Ergebnissen ineinander umgerechnet werden können [90], empfiehlt es sich stets, beide Induktivitäten getrennt voneinander für weitergehende Untersuchungen numerisch zu ermitteln [91].

3.3.2 Modellierung im ruhenden kartesischen Koordinatensystem (αβ0-Koordinaten)

Um weitergehende Einblicke in die Maschinenzusammenhänge zu gewinnen, empfiehlt es sich, das Spannungsmodell zunächst in ein ruhendes und statorfestes kartesisches Koordinatensystem zu transformieren. Im Rahmen der vorliegenden Arbeit wird dazu die amplitudeninvariante Transformation verwendet, wie sie im Abschnitt 2.1.2 erläutert ist. Im ersten Schritt zur vollständigen Transformation des Spannungsmodells werden $\vec{i}_{abc}$ und $\vec{\psi}_{PM,abc}$ in αβ0-Koordinaten ausgedrückt. Dabei empfiehlt es sich, die zeitliche Ableitung des Terms $\mathbf{L}_{abc}\vec{i}_{abc}$ zunächst nicht aufzulösen.

$$\vec{u}_{abc} = \mathbf{R}_{abc}\mathbf{T}_{\alpha\beta0}\ \vec{i}_{\alpha\beta0} + \frac{d\left(\mathbf{L}_{abc}\mathbf{T}_{\alpha\beta0}\ \vec{i}_{\alpha\beta0}\right)}{dt} + \frac{d\left(\mathbf{T}_{\alpha\beta0}\ \vec{\psi}_{PM,\alpha\beta0}\right)}{dt} + \vec{u}_{n,abc} \tag{3.29}$$

Anschließend erfolgt die Transformation der gesamten Gleichung in das αβ0-Koordinatensystem.

$$\vec{u}_{\alpha\beta0} = \underbrace{\left(\mathbf{T}_{\alpha\beta0}^{-1}\,\mathbf{R}_{\mathrm{abc}}\,\mathbf{T}_{\alpha\beta0}\right)}_{\mathbf{R}_{\alpha\beta0}}\vec{i}_{\alpha\beta0} + \frac{\mathrm{d}\left(\left(\overbrace{\mathbf{T}_{\alpha\beta0}^{-1}\,\mathbf{L}_{\mathrm{abc}}\,\mathbf{T}_{\alpha\beta0}}^{\mathbf{L}_{\alpha\beta0}}\right)\vec{i}_{\alpha\beta0}\right)}{\mathrm{d}t} + \frac{\mathrm{d}\vec{\psi}_{\mathrm{PM},\alpha\beta0}}{\mathrm{d}t} + \vec{u}_{\mathrm{n},\alpha\beta0} \quad (3.30)$$

Da die Transformationsmatrizen weder eine Funktion des Strangstromes noch des Rotorflusswinkels darstellen, resultiert daraus folgende Spannungsdifferentialgleichung.

$$\vec{u}_{\alpha\beta0} = \mathbf{R}_{\alpha\beta0}\vec{i}_{\alpha\beta0} + \frac{\mathrm{d}\left(\mathbf{L}_{\alpha\beta0}\,\vec{i}_{\alpha\beta0}\right)}{\mathrm{d}t} + \frac{\mathrm{d}\vec{\psi}_{\mathrm{PM},\alpha\beta0}}{\mathrm{d}t} + \vec{u}_{\mathrm{n},\alpha\beta0} \quad (3.31)$$

$$= \mathbf{R}_{\alpha\beta0}\vec{i}_{\alpha\beta0} + \underbrace{\left(\mathbf{L}_{\alpha\beta0} + \frac{\partial\mathbf{L}_{\alpha\beta0}}{\partial\vec{i}_{\alpha\beta0}}\vec{i}_{\alpha\beta0}\right)}_{\mathbf{L}_{\alpha\beta0}^{\delta}}\frac{\mathrm{d}\vec{i}_{\alpha\beta0}}{\mathrm{d}t} + \underbrace{\left(\frac{\mathrm{d}\vec{\psi}_{\mathrm{PM},\alpha\beta0}}{\mathrm{d}\theta} + \frac{\partial\mathbf{L}_{\alpha\beta0}}{\partial\theta}\vec{i}_{\alpha\beta0}\right)\omega_{\mathrm{e}}}_{\text{rotatorische Induktion}} + \vec{u}_{\mathrm{n},\alpha\beta0} \quad (3.32)$$

$$\underbrace{\phantom{\left(\mathbf{L}_{\alpha\beta0} + \frac{\partial\mathbf{L}_{\alpha\beta0}}{\partial\vec{i}_{\alpha\beta0}}\vec{i}_{\alpha\beta0}\right)\frac{\mathrm{d}\vec{i}_{\alpha\beta0}}{\mathrm{d}t}}}_{\text{transformatorische Induktion}}$$

Durch die Transformation ändert sich die Darstellung der Widerstandsmatrix zu

$$\mathbf{R}_{\alpha\beta0} = \begin{bmatrix} \frac{4R_{\mathrm{a}}+R_{\mathrm{b}}+R_{\mathrm{c}}}{6} & -\frac{R_{\mathrm{b}}-R_{\mathrm{c}}}{2\sqrt{3}} & \frac{2R_{\mathrm{a}}-R_{\mathrm{b}}-R_{\mathrm{c}}}{3} \\ -\frac{R_{\mathrm{b}}-R_{\mathrm{c}}}{2\sqrt{3}} & \frac{R_{\mathrm{b}}+R_{\mathrm{c}}}{2} & \frac{R_{\mathrm{b}}-R_{\mathrm{c}}}{\sqrt{3}} \\ \frac{2R_{\mathrm{a}}-R_{\mathrm{b}}-R_{\mathrm{c}}}{6} & \frac{R_{\mathrm{b}}-R_{\mathrm{c}}}{2\sqrt{3}} & \frac{R_{\mathrm{a}}+R_{\mathrm{b}}+R_{\mathrm{c}}}{3} \end{bmatrix} \quad (3.33)$$

$$= \begin{bmatrix} R_{\alpha} & R_{\alpha\beta} & 2R_{0\alpha} \\ R_{\alpha\beta} & R_{\beta} & 2R_{\alpha\beta} \\ R_{0\alpha} & R_{0\beta} & R_{00} \end{bmatrix}. \quad (3.34)$$

Die Widerstandsmatrix (3.34) zeigt auf, dass unsymmetrische Verhältnisse unter den drei Strangwiderständen zu Querkopplungen zwischen den $\alpha\beta0$-Komponenten führen können. Dabei sind dann auch die Querkopplungen zwischen α, β und 0 unsymmetrisch, so dass die Nullkomponente des Stromes einen doppelt so hohen Einfluss auf die $\alpha\beta$-Komponenten der Spannung aufweist wie die $\alpha\beta$-Ströme auf die 0-Komponente der Spannung. Aufgrund des folgenden Zusammenhangs

$$M_{\mathrm{ab}} = M_{\mathrm{ba}}, \quad M_{\mathrm{ac}} = M_{\mathrm{ca}}, \quad M_{\mathrm{bc}} = M_{\mathrm{cb}}, \quad (3.35)$$

ergibt sich in elektrischen Maschinen eine entsprechende Darstellung der Gleichstrominduktivitäten in αβ0-Koordinaten.

$$\mathbf{L}_{\alpha\beta0} = \begin{bmatrix} \frac{4L_a+L_b+L_c}{6} + \frac{-2M_{ab}-2M_{ac}+M_{bc}}{3} & \frac{L_b-L_c}{2\sqrt{3}} + \frac{M_{ac}-M_{ab}}{\sqrt{3}} & \frac{2L_a-L_b-L_c}{3} + \frac{M_{ab}+M_{ac}-2M_{bc}}{3} \\ \frac{L_b-L_c}{2\sqrt{3}} + \frac{M_{ac}-M_{ab}}{\sqrt{3}} & \frac{L_b+L_c}{2} - M_{bc} & \frac{L_b-L_c}{\sqrt{3}} - \frac{M_{ac}-M_{ab}}{\sqrt{3}} \\ \frac{2L_a-L_b-L_c}{6} + \frac{M_{ab}+M_{ac}-2M_{bc}}{6} & \frac{L_b-L_c}{2\sqrt{3}} - \frac{M_{ac}-M_{ab}}{2\sqrt{3}} & \frac{L_a+L_b+L_c}{3} + \frac{2(M_{ab}+M_{bc}+M_{ac})}{3} \end{bmatrix}$$

$$(3.36)$$

$$= \begin{bmatrix} L_\alpha & M_{\alpha\beta} & 2M_{0\alpha} \\ M_{\alpha\beta} & L_\beta & 2M_{0\beta} \\ M_{0\alpha} & M_{0\beta} & L_{00} \end{bmatrix} \tag{3.37}$$

Bei Verwendung der Induktivitätsmodelle entsprechend den Gln. (3.18) und (3.20) unter Einbeziehung folgender Konstellation

$$\nu_a = 0; \ \nu_b = \frac{2}{3}\pi; \ \nu_c = \frac{4}{3}\pi \tag{3.38}$$

$$\begin{aligned} L_{a,0} &= L_{b,0} = L_{c,0} \\ L_{gm,a,2} &= L_{gm,b,2} = L_{gm,c,2} \\ L_{sat,a,2} &= L_{sat,b,2} = L_{sat,c,2} \\ M_{ab,0} &= M_{ba,0} = M_{bc,0} = M_{cb,0} = M_{ca,0} = M_{ac,0} \\ M_{gm,ab,2} &= M_{gm,ba,2} = M_{gm,bc,2} = M_{gm,cb,2} = M_{gm,ca,2} = M_{gm,ac,2} \\ M_{sat,ab,2} &= M_{sat,ba,2} = M_{sat,bc,2} = M_{sat,cb,2} = M_{sat,ca,2} = M_{sat,ac,2}, \end{aligned} \tag{3.39}$$

ergeben sich folgende Werte für die Koeffizienten der Induktivitätsmatrix nach Gl. (3.37)

$$L_\alpha = \Sigma L - \Delta L_{gm}\cos(2\theta) - \Delta L_{sat}\cos(2(\theta+\chi)) \tag{3.40}$$

$$L_\beta = \Sigma L + \Delta L_{gm}\cos(2\theta) + \Delta L_{sat}\cos(2(\theta+\chi)) \tag{3.41}$$

$$L_{00} = \Sigma L_0 \tag{3.42}$$

$$M_{\alpha\beta} = -\Delta L_{gm}\sin(2\theta) - \Delta L_{sat}\sin(2(\theta+\chi)) \tag{3.43}$$

$$M_{0\alpha} = -\Delta L_{0,gm}\cos(2\theta) - \Delta L_{0,sat}\cos(2(\theta+\chi)) \tag{3.44}$$

$$M_{0\beta} = \Delta L_{0,gm}\sin(2\theta) + \Delta L_{0,sat}\sin(2(\theta+\chi)) \tag{3.45}$$

mit

$$\Sigma L = \left(L_{a,0} - M_{ab,0} \right) \tag{3.46}$$

$$\Delta L_{gm} = \frac{\left(\hat{L}_{gm,a,2} + 2\hat{M}_{gm,ab,2} \right)}{2} \tag{3.47}$$

$$\Delta L_{sat} = \frac{\left(\hat{L}_{sat,a,2} + 2\hat{M}_{sat,ab,2} \right)}{2} \tag{3.48}$$

$$\Delta L_{0,gm} = \frac{\left(\hat{L}_{gm,a,2} - \hat{M}_{gm,ab,2} \right)}{2} \tag{3.49}$$

$$\Delta L_{0,sat} = \frac{\left(\hat{L}_{sat,a,2} - \hat{M}_{sat,ab,2} \right)}{2} \tag{3.50}$$

$$\Sigma L_0 = L_{a,0} + 2M_{ab,0}. \tag{3.51}$$

Ein Vergleich der Induktivitätswerte nach Gln. (3.40) bis (3.45) mit den im Abschnitt 2.2.1 erläuterten Symmetriedefinitionen verdeutlicht, dass die daraus zusammengesetzte Induktivitätsmatrix bei vorliegen der Anisotropieanteile

$$L_{gm} \neq 0 \tag{3.52}$$

$$L_{sat} \neq 0 \tag{3.53}$$

$$L_{0,gm} \neq 0 \tag{3.54}$$

$$L_{0,sat} \neq 0 \tag{3.55}$$

weder die Bedingung der diagonal-zyklisch symmetrischen Induktivitätsmatrix entsprechend Gl. (2.39) noch der zyklisch symmetrischen nach Gl. (2.40) erfüllt. Damit wird deutlich, dass bei Vorliegen von Anisotropien, eine elektrische Maschine entsprechend den genannten Definitionen nicht mehr als symmetrisch aufgefasst werden kann.

Hingegen bei der Annahme von konstanten Induktivitäten und bei Auftreten einer diagonal-zyklischen Symmetrie der in Drehstromkoordinaten ausgedrückten Widerstands- und Induktivitätsmatrizen entsprechend der Definition im Abschnitt 2.2.1 ergeben sich für die Widerstands- und Induktivitätskomponenten folgende Zusammenhänge.

$$R_a = R_b = R_c \tag{3.56}$$

$$L_a = L_b = L_c \tag{3.57}$$

$$M_{ab} = M_{ac} = M_{bc} \tag{3.58}$$

Damit vereinfachen sich die Matrizen in αβ0-Koordinaten bei Auftreten von diagonal-zyklischer Symmetrie im Motor zu

$$\mathbf{R}_{\alpha\beta 0} = \begin{bmatrix} R_a & 0 & 0 \\ 0 & R_a & 0 \\ 0 & 0 & R_a \end{bmatrix} \tag{3.59}$$

und zu

$$\mathbf{L}_{\alpha\beta 0} = \begin{bmatrix} L_\mathrm{a} - M_\mathrm{ab} & 0 & 0 \\ 0 & L_\mathrm{a} - M_\mathrm{ab} & 0 \\ 0 & 0 & L_\mathrm{a} + 2M_\mathrm{ab} \end{bmatrix}. \tag{3.60}$$

Eine weitere Vereinfachung ergibt sich bei Annahme der folgenden in den Maschinen anzutreffenden Beziehung.

$$M_\mathrm{ab} = -\frac{L_\mathrm{a}}{2} \tag{3.61}$$

Damit resultiert aus der Gl. (3.60) die Induktivitätsmatrix eines ideal symmetrischen Motors mit zeitinvarianten Parametern.

$$\mathbf{L}_{\alpha\beta 0} = \begin{bmatrix} \frac{3}{2}L_\mathrm{a} & 0 & 0 \\ 0 & \frac{3}{2}L_\mathrm{a} & 0 \\ 0 & 0 & 0 \end{bmatrix} \tag{3.62}$$

3.3.3 Modellierung im rotierenden kartesischen Koordinatensystem (dq0-Koordinaten)

Im Gegensatz zu der Transformation in αβ0-Koordinaten muss nun berücksichtigt werden, dass die dq0-Transformationsvorschrift entsprechend der Gl. (2.20) eine Funktion des Rotorflusswinkels darstellt. Zur besseren Übersicht wird daher die Spannungsdifferentialgleichung zunächst wie folgt aufgestellt.

$$\vec{u}_\mathrm{dq0} = \mathbf{R}_\mathrm{dq0}\vec{i}_\mathrm{dq0} + \underbrace{\mathbf{T}_\mathrm{dq0}^{-1} \frac{\mathrm{d}\left(\mathbf{L}_{\alpha\beta 0}\mathbf{T}_\mathrm{dq0}^{,}\ \vec{i}_\mathrm{dq0}\right)}{\mathrm{d}t}}_{\text{Term 1}} + \underbrace{\mathbf{T}_\mathrm{dq0}^{,-1} \frac{\mathrm{d}\left(\mathbf{T}_\mathrm{dq0}^{,}\ \vec{\psi}_\mathrm{PM,dq0}\right)}{\mathrm{d}t}}_{\text{Term 2}} + \vec{u}_\mathrm{n,dq0} \tag{3.63}$$

Die Berücksichtigung der Produktregel bei der Ableitung der Terme 1 und 2 nach der Zeit führt zu folgenden Ausdrücken.

$$\mathbf{T}_\mathrm{dq0}^{,-1} \frac{\mathrm{d}\left(\mathbf{L}_{\alpha\beta 0}\mathbf{T}_\mathrm{dq0}^{,}\ \vec{i}_\mathrm{dq0}\right)}{\mathrm{d}t} = \mathbf{T}_\mathrm{dq0}^{,-1}\left(\frac{\mathrm{d}\mathbf{L}_{\alpha\beta 0}}{\mathrm{d}t}\mathbf{T}_\mathrm{dq0}^{,} + \mathbf{L}_{\alpha\beta 0}\frac{\mathrm{d}\mathbf{T}_\mathrm{dq0}^{,}}{\mathrm{d}t}\right)\vec{i}_\mathrm{dq0} + \mathbf{T}_\mathrm{dq0}^{,-1}\ \mathbf{L}_{\alpha\beta 0}\mathbf{T}_\mathrm{dq0}^{,} \frac{\mathrm{d}\vec{i}_\mathrm{dq0}}{\mathrm{d}t}$$

$$\tag{3.64}$$

$$= \mathbf{T}_\mathrm{dq0}^{,-1}\left(\frac{\mathrm{d}\mathbf{L}_{\alpha\beta 0}}{\mathrm{d}t}\mathbf{T}_\mathrm{dq0}^{,} + \mathbf{L}_{\alpha\beta 0}\frac{\mathrm{d}\mathbf{T}_\mathrm{dq0}^{,}}{\mathrm{d}t}\right)\vec{i}_\mathrm{dq0} + \mathbf{L}_\mathrm{dq0}\frac{\mathrm{d}\vec{i}_\mathrm{dq0}}{\mathrm{d}t} \tag{3.65}$$

$$\mathbf{T}_\mathrm{dq0}^{,-1} \frac{\mathrm{d}\left(\mathbf{T}_\mathrm{dq0}^{,}\ \vec{\psi}_\mathrm{PM,dq0}\right)}{\mathrm{d}t} = \mathbf{T}_\mathrm{dq0}^{,-1} \frac{\mathrm{d}\mathbf{T}_\mathrm{dq0}^{,}}{\mathrm{d}t}\vec{\psi}_\mathrm{PM,dq0} + \mathbf{T}_\mathrm{dq0}^{,-1}\ \mathbf{T}_\mathrm{dq0}^{,} \frac{\mathrm{d}\vec{\psi}_\mathrm{PM,dq0}}{\mathrm{d}t} \tag{3.66}$$

$$= \begin{pmatrix} 0 & -1 & 0 \\ 1 & 0 & 0 \\ 0 & 0 & 0 \end{pmatrix}\vec{\psi}_\mathrm{PM,dq0}\omega_\mathrm{e} + \frac{\mathrm{d}\vec{\psi}_\mathrm{PM,dq0}}{\mathrm{d}t} \tag{3.67}$$

Dabei kann die Ableitung der Induktivitätsmatrix im Term 1 nach Gl. (3.65) wie folgt beschrieben werden.

$$\frac{\mathrm{d}\mathbf{L}_{\alpha\beta0}}{\mathrm{d}t} = \frac{\partial\mathbf{L}_{\alpha\beta0}}{\partial i_{\mathrm{d}}}\frac{\mathrm{d}i_{\mathrm{d}}}{\mathrm{d}t} + \frac{\partial\mathbf{L}_{\alpha\beta0}}{\partial i_{\mathrm{q}}}\frac{\mathrm{d}i_{\mathrm{q}}}{\mathrm{d}t} + \frac{\partial\mathbf{L}_{\alpha\beta0}}{\partial i_{0}}\frac{\mathrm{d}i_{0}}{\mathrm{d}t} + \frac{\partial\mathbf{L}_{\alpha\beta0}}{\partial\theta}\frac{\mathrm{d}\theta}{\mathrm{d}t} \tag{3.68}$$

Eine Vereinfachung ergibt sich bei Annahme eines idealen sinusförmigen Permanentmagnetflusses nach Gl. (3.69).

$$\vec{\psi}_{\mathrm{PM,dq0}} = \mathbf{T}_{\mathrm{dq0}}^{-1}\,\mathbf{T}_{\alpha\beta0}^{-1}\begin{pmatrix}\hat{\Psi}_{\mathrm{PM}}\cos(\theta)\\ \hat{\Psi}_{\mathrm{PM}}\cos\!\left(\theta-\frac{2\pi}{3}\right)\\ \hat{\Psi}_{\mathrm{PM}}\cos\!\left(\theta-\frac{4\pi}{3}\right)\end{pmatrix} = \begin{pmatrix}\hat{\Psi}_{\mathrm{PM}}\\ 0\\ 0\end{pmatrix}\wedge\hat{\Psi}_{\mathrm{PM}} = \mathrm{const.} \tag{3.69}$$

Damit nimmt der vom Permanentmagnetfeld abhängige Term 2 nach Gl. (3.67) die folgende Gestalt an.

$$\mathbf{T}_{\mathrm{dq0}}^{'-1}\frac{\mathrm{d}\left(\mathbf{T}_{\mathrm{dq0}}^{'}\,\vec{\psi}_{\mathrm{PM,dq0}}\right)}{\mathrm{d}t} = \begin{pmatrix}0 & -1 & 0\\ 1 & 0 & 0\\ 0 & 0 & 0\end{pmatrix}\vec{\psi}_{\mathrm{PM,dq0}}\omega_{\mathrm{e}} + \underbrace{\frac{\mathrm{d}\vec{\psi}_{\mathrm{PM,dq0}}}{\mathrm{d}t}}_{=0} = \begin{pmatrix}0\\ \hat{\Psi}_{\mathrm{PM}}\\ 0\end{pmatrix}\omega_{\mathrm{e}} \tag{3.70}$$

Daraus geht hervor, dass bei einem nicht ideal sinusförmigen Permanentmagnetfluss eine zusätzliche Einkopplung der PM-Fluss- und drehzahlabhängigen Komponente in u_{d} erwartet werden kann. Unter Berücksichtigung des totalen Differentials nach Gl. (3.68) und der Vereinfachungen nach Gl. (3.69) und Gl. (3.70) lässt sich die Spannungsdifferentialgleichung (3.63) wie folgt darstellen.

$$\vec{u}_{\mathrm{dq0}} = \mathbf{R}_{\mathrm{dq0}}\vec{i}_{\mathrm{dq0}} + \underbrace{\left(\mathbf{L}_{\mathrm{dq0}} + \frac{\partial\mathbf{L}_{\mathrm{dq0}}}{\partial\vec{i}_{\mathrm{dq0}}}\vec{i}_{\mathrm{dq0}}\right)}_{\substack{\mathbf{L}_{\mathrm{dq0}}^{\delta}\\ \text{transformatorische Induktion}}}\frac{\mathrm{d}\vec{i}_{\mathrm{dq0}}}{\mathrm{d}t} + \ldots$$

$$+ \underbrace{\left(\begin{pmatrix}0\\ \hat{\Psi}_{\mathrm{PM}}\\ 0\end{pmatrix} + \mathbf{T}_{\mathrm{dq0}}^{'-1}\left(\frac{\partial\mathbf{L}_{\alpha\beta0}}{\partial\theta}\mathbf{T}_{\mathrm{dq0}}^{'} + \mathbf{L}_{\alpha\beta0}\frac{\mathrm{d}\mathbf{T}_{\mathrm{dq0}}^{'}}{\mathrm{d}\theta}\right)\vec{i}_{\mathrm{dq0}}\right)\omega_{\mathrm{e}}}_{\text{rotatorische Induktion}} + \vec{u}_{\mathrm{n,dq0}} \tag{3.71}$$

Bei Betriebspunkten vom Stillstand bis $\frac{n_{\mathrm{N}}}{10}$ und hohen Werten von $\frac{\mathrm{d}\vec{i}_{\mathrm{dq0}}}{\mathrm{d}t}$ ist die rotatorisch induzierte Spannung gegenüber der transformatorisch induzierten in der Regel vernachlässigbar, was zur folgenden Form des dann zulässigen elektrischen Motormodells führt.

$$\vec{u}_{\mathrm{dq0}} = \mathbf{R}_{\mathrm{dq0}}\vec{i}_{\mathrm{dq0}} + \underbrace{\left(\mathbf{L}_{\mathrm{dq0}} + \frac{\partial\mathbf{L}_{\mathrm{dq0}}}{\partial\vec{i}_{\mathrm{dq0}}}\vec{i}_{\mathrm{dq0}}\right)}_{\substack{\mathbf{L}_{\mathrm{dq0}}^{\delta}\\ \text{transformatorische Induktion}}}\frac{\mathrm{d}\vec{i}_{\mathrm{dq0}}}{\mathrm{d}t} + \vec{u}_{\mathrm{n,dq0}} \tag{3.72}$$

Nach der Aufstellung der Spannungsdifferentialgleichung in dq0-Koordinaten stellt sich die Frage nach den Komponenten der darin enthaltenen Widerstands- und Induktivitätsmatrizen. Die Widerstandsmatrix $\mathbf{R}_{dq0}$ nimmt nach der Transformation folgende Werte in dq0-Koordinaten an.

$$\mathbf{R}_{dq0} = \mathbf{T'}_{dq0}^{-1}\,\mathbf{R}_{\alpha\beta0}\,\mathbf{T'}_{dq0} \;=\; \begin{bmatrix} R_d & R_{dq} & 2R_{0d} \\ R_{dq} & R_q & 2R_{0q} \\ R_{0d} & R_{0q} & R_{00} \end{bmatrix} \tag{3.73}$$

Die einzelnen Komponenten der Widerstandsmatrix nach Gl. (3.73) setzen sich dabei wie folgt zusammen.

$$R_d = \frac{R_\alpha + R_\beta}{2} + \frac{R_\alpha - R_\beta}{2}\cos(2\theta) + R_{\alpha\beta}\sin(2\theta) \tag{3.74}$$

$$R_q = \frac{R_\alpha + R_\beta}{2} - \frac{R_\alpha - R_\beta}{2}\cos(2\theta) - R_{\alpha\beta}\sin(2\theta) \tag{3.75}$$

$$R_{00} = \frac{R_a + R_b + R_c}{3} \tag{3.76}$$

$$R_{dq} = -\frac{R_\alpha - R_\beta}{2}\sin(2\theta) + R_{\alpha\beta}\cos(2\theta) \tag{3.77}$$

$$R_{0d} = R_{0\alpha}\cos(\theta) + R_{0\beta}\sin(\theta) \tag{3.78}$$

$$R_{0q} = R_{0\beta}\cos(\theta) - R_{0\alpha}\sin(\theta) \tag{3.79}$$

Da die Komponente R_{00} in αβ0- und dq0-Koordinaten identisch ist, bleibt ihre Darstellung unverändert zu der Gl. (3.34).

Für die Induktivitätsmatrix in dq0-Koordinaten ergibt sich folgende Anordnung

$$\mathbf{L}_{dq0} = \mathbf{T'}_{dq0}^{-1}\,\mathbf{L}_{\alpha\beta0}\,\mathbf{T'}_{dq0} \;=\; \begin{bmatrix} L_d & M_{dq} & 2M_{0d} \\ M_{dq} & L_q & 2M_{0q} \\ M_{0d} & M_{0q} & L_{00} \end{bmatrix} \tag{3.80}$$

mit entsprechenden Komponenten, wobei auch in dem Fall die Nullkomponente L_{00} unverändert zu dem Wert in αβ0-Koordinaten bleibt.

$$L_d = \frac{L_\alpha + L_\beta}{2} + \frac{L_\alpha - L_\beta}{2}\cos(2\theta) + M_{\alpha\beta}\sin(2\theta) \tag{3.81}$$

$$L_q = \frac{L_\alpha + L_\beta}{2} - \frac{L_\alpha - L_\beta}{2}\cos(2\theta) - M_{\alpha\beta}\sin(2\theta) \tag{3.82}$$

$$L_{00} = \frac{L_a + L_b + L_c}{3} + \frac{2\,(M_{ab} + M_{bc} + M_{ac})}{3} \tag{3.83}$$

$$M_{dq} = -\frac{L_\alpha - L_\beta}{2}\sin(2\theta) + M_{\alpha\beta}\cos(2\theta) \tag{3.84}$$

$$M_{0d} = M_{0\alpha}\cos(\theta) + M_{0\beta}\sin(\theta) \tag{3.85}$$

$$M_{0q} = M_{0\beta}\cos(\theta) - M_{0\alpha}\sin(\theta) \tag{3.86}$$

In beiden Matrizen ist das Erscheinen von Harmonischen 1er- und 2er-Ordnung bezogen auf θ erkennbar. Dabei schwingen die d-, q-Komponenten mit doppelter Frequenz des Rotorflusswinkels und die 0d-, 0q-Anteile mit der einfachen. Demnach würde schon eine konstante Asymmetrie unter den Impedanzen der Maschinenstränge zu den beschriebenen Schwingungen in dq0-Koordinaten führen.

Unter Einbeziehung der Induktivitätsmodelle nach Gln. (3.18) und (3.20) zusammen mit der Definition der dazugehörigen Koeffizienten von Gl. (3.46) bis Gl. (3.51) ergeben sich für die Komponenten der Induktivitätsmatrix folgende Werte.

$$L_{\mathrm{d}} = \Sigma L - \underbrace{\left(\Delta L_{\mathrm{gm}} + \Delta L_{\mathrm{sat}} \cos(2\chi)\right)}_{\Delta L} \tag{3.87}$$

$$L_{\mathrm{q}} = \Sigma L + \underbrace{\left(\Delta L_{\mathrm{gm}} + \Delta L_{\mathrm{sat}} \cos(2\chi)\right)}_{\Delta L} \tag{3.88}$$

$$L_{00} = \Sigma L_0 \tag{3.89}$$

$$M_{\mathrm{dq}} = -\Delta L_{\mathrm{sat}} \sin(2\chi) \tag{3.90}$$

$$M_{0\mathrm{d}} = -\Delta L_{0,\mathrm{gm}} \cos(3\theta) - \Delta L_{0,\mathrm{sat}} \cos(3\theta + 2\chi) \tag{3.91}$$

$$M_{0\mathrm{q}} = \Delta L_{0,\mathrm{gm}} \sin(3\theta) + \Delta L_{0,\mathrm{sat}} \sin(3\theta + 2\chi) \tag{3.92}$$

Die aufgestellten Näherungsgleichungen für die Induktivitäten in dq0-Koordinaten von Gl. (3.87) bis Gl. (3.92) spiegeln wieder, dass bei einer vernachlässigbaren Auslenkung des resultierenden Luftspaltfeldes von der d-Achse, was zum Beispiel bei $i_{\mathrm{q}} \to 0\,\mathrm{A}$ der Fall ist, die Querkopplungsanteile vernachlässigt werden können und der Betrag von ΔL seinen Maximalwert erreicht.

Wenn die Maschine im Drehzahlbereich oberhalb von $\frac{n_{\mathrm{N}}}{10}$ betrieben werden soll, dann sind auch die rotatorisch induzierten Spannungsanteile nicht vernachlässigbar. Die Induktivitätsmatrizen des rotorflussfrequenzabhängigen Anteils der Gl. (3.71) nehmen dabei folgende Form an.

$$\mathbf{T}_{\mathrm{dq0}}^{',-1} \left(\frac{\partial \mathbf{L}_{\alpha\beta0}}{\partial \theta}\mathbf{T}_{\mathrm{dq0}}^{'} + \mathbf{L}_{\alpha\beta0}\frac{\mathrm{d}\mathbf{T}_{\mathrm{dq0}}^{'}}{\mathrm{d}\theta}\right) = \begin{bmatrix} L_{\mathrm{d}\omega_{\mathrm{e}}} & M_{\mathrm{dq}\omega_{\mathrm{e}}} & M_{\mathrm{d0}\omega_{\mathrm{e}}} \\ M_{\mathrm{qd}\omega_{\mathrm{e}}} & L_{\mathrm{q}\omega_{\mathrm{e}}} & M_{\mathrm{q0}\omega_{\mathrm{e}}} \\ M_{\mathrm{0d}\omega_{\mathrm{e}}} & M_{\mathrm{0q}\omega_{\mathrm{e}}} & L_{\mathrm{0}\omega_{\mathrm{e}}} \end{bmatrix} \tag{3.93}$$

$$L_{d\omega_e} = \Delta L_{sat} \sin(2\chi) \tag{3.94}$$

$$L_{q\omega_e} = -\Delta L_{sat} \sin(2\chi) \tag{3.95}$$

$$L_{00\omega_e} = 0 \tag{3.96}$$

$$M_{dq\omega_e} = -\Sigma L - \Delta L_{gm} - \Delta L_{sat} \cos(2\chi) \tag{3.97}$$

$$M_{qd\omega_e} = \Sigma L - \Delta L_{gm} - \Delta L_{sat} \cos(2\chi) \tag{3.98}$$

$$M_{0d\omega_e} = 3\Delta L_{0,gm} \sin(3\chi) + 3\Delta L_{0,sat} \sin(3\theta + 2\chi) \tag{3.99}$$

$$M_{0q\omega_e} = 3\Delta L_{0,gm} \cos(3\chi) + 3\Delta L_{0,sat} \cos(3\theta + 2\chi) \tag{3.100}$$

$$M_{d0\omega_e} = 4\Delta L_{0,gm} \sin(3\chi) + 4\Delta L_{0,sat} \sin(3\theta + 2\chi) \tag{3.101}$$

$$M_{q0\omega_e} = 4\Delta L_{0,gm} \cos(3\chi) + 4\Delta L_{0,sat} \cos(3\theta + 2\chi) \tag{3.102}$$

Dabei zeigt sich, dass der rotatorisch induzierte Spannungsanteil im Gegensatz zu dem transformatorisch induzierten stärker von der Anisotropie und ihrer lastabhängigen Auslenkung χ beeinflusst wird, was mit zunehmender Drehzahl an Bedeutung für die induzierte Spannung gewinnt.

Bei symmetrischen und konstanten Strangimpedanzen entsprechend der Definitionen nach Gl. (3.56) bis (3.58) und unter der Annahme der Gegeninduktivität nach Gl. (3.61) vereinfachen sich die Matrizen zu den bekannten Formen, die die Plausibilität der angestellten Berechnungen stützen. Dabei tritt die diagonal-zyklische Symmetrie der Widerstands- und Induktivitätsmatrizen in Erscheinung, wie in Gl. (3.103) und Gl. (3.105) zu sehen.

$$\mathbf{T}_{dq0}^{',-1} \mathbf{R}_{\alpha\beta0} \mathbf{T}_{dq0}^{'} = \mathbf{R}_{dq0} = \mathbf{R}_{\alpha\beta0} = \begin{bmatrix} R_a & 0 & 0 \\ 0 & R_a & 0 \\ 0 & 0 & R_a \end{bmatrix}, \tag{3.103}$$

$$\mathbf{T}_{dq0}^{',-1} \mathbf{L}_{\alpha\beta0} \mathbf{T}_{dq0}^{'} = \mathbf{L}_{dq0} = \mathbf{L}_{\alpha\beta0} = \begin{bmatrix} L_a - M_{ab} & 0 & 0 \\ 0 & L_a - M_{ab} & 0 \\ 0 & 0 & L_a + 2M_{ab} \end{bmatrix} \tag{3.104}$$

$$= \begin{bmatrix} \frac{3}{2}L_a & 0 & 0 \\ 0 & \frac{3}{2}L_a & 0 \\ 0 & 0 & 0 \end{bmatrix} \tag{3.105}$$

Die Induktivitätsmatrizen des rotorflussfrequenzabhängigen Anteils führen in dem Fall zur folgenden Form.

$$\mathbf{T}_{dq0}^{',-1} \left(\frac{\partial \mathbf{L}_{\alpha\beta0}}{\partial\theta} \mathbf{T}_{dq0}^{'} + \mathbf{L}_{\alpha\beta0} \frac{d\mathbf{T}_{dq0}^{'}}{d\theta} \right) = \begin{bmatrix} 0 & -(L_a - M_{ab}) & 0 \\ L_a - M_{ab} & 0 & 0 \\ 0 & 0 & 0 \end{bmatrix} \tag{3.106}$$

$$= \begin{bmatrix} 0 & -\frac{3}{2}L_a & 0 \\ \frac{3}{2}L_a & 0 & 0 \\ 0 & 0 & 0 \end{bmatrix} \tag{3.107}$$

3.4 Zusammenfassung

In diesem Kapitel wird in drei Abschnitten die Bildung eines Modells der permanentmagneterregten Synchronmaschine erläutert, das in den folgenden Kapiteln für die Untersuchungen der lagegeberlosen Rotorlagebestimmungsverfahren herangezogen wird. Die Modellierung soll bei Berücksichtigung von relevanten Randeffekten zum einen eine Vergleichbarkeit der unterschiedlichen lagegeberlosen Verfahren erlauben und zum anderen die wesentlichen lageabhängigen Aspekte der Maschine abbilden.

Dazu erfolgt zunächst eine Diskussion der für die Modellierung zugrunde gelegten Randbedingungen. Anschließend wird der Induktivitätsbegriff, als eines der fundamentalen Elemente der Maschine, der für die lagegeberlose Lagebestimmung entscheidend ist, ausführlich behandelt.

Das im Abschluss aufgezeigte elektrische Motormodell eignet sich zur Beschreibung der elektrischen Verhältnisse in der Maschine im gesamten Drehzahlbereich und umfasst auch die strangstrombedingte Veränderung der Lageabhängigkeit der Induktivität. Dabei wird ein Ansatz verfolgt, der eine getrennte Behandlung der geometrisch hervorgerufenen und der sättigungsabhängigen Anisotropieanteile in den Induktivitätsverläufen erlaubt und den Einfluss der strombedingten Sättigung auf die Kreuzkopplung und die zum lagegeberlosen Betrieb nutzbare Anisotropie nachbildet.

Da die Bildung des Drehmoments nicht den Gegenstand der Untersuchungen der vorliegenden Arbeit darstellt, wird auf eine Modellierung des mechanischen Modells verzichtet und auf die einschlägige Literatur zu dem Thema verwiesen.

4 Vorevaluation von Ansätzen zur spannungsbasierten Rotorlageerfassung im Stillstand

In diesem Kapitel erfolgt die Vorevaluation von drei denkbaren Verfahren entsprechend dem Bild 4.1 zur rein spannungsbasierten Erfassung der Rotorlage vom Stillstand bis etwa 10% der Bemessungsdrehzahl n_N ohne einen Lagegeber. Die nachfolgend evaluierten Ansätze unterscheiden sich vor allem durch den Ort der Spannungsmessung in der Maschine.

Die durchgeführten Untersuchungen erfolgen unter Anwendung von analytischen Überlegungen auf Basis der Randbedingungen und Modelle aus Kapiteln 2 und 3. Aufgrund der Begrenzung des relevanten Drehzahlbereichs kann das Maschinenmodell nach Gl. (3.71) ohne drehzahlabhängige Komponenten berücksichtigt werden. Um die grundlegenden Zusammenhänge nachvollziehen zu können, empfiehlt es sich desweiteren, zunächst qualitative Voruntersuchungen auf Basis der Induktivitätsmodelle nach Gln. (3.18) und (3.20) durchzuführen und nur Betriebszustände einzubeziehen, in denen die Motorströme klein genug sind, um den Sättigungszustand des Blechpakets nicht signifikant zu verändern. Damit wird unter Berücksichtigung der folgenden Annahmen:

- $\omega_e \approx 0$

- $i_a \approx 0$

- $i_b \approx 0$

- $i_c \approx 0$

- $i_0 = 0$

- $\frac{d\hat{\Psi}_{PM}}{dt} = 0$

die Rotorlageabhängigkeit der Induktivitäten ausschließlich durch die Rotor- und Statorgeometrie und durch die Sättigungserscheinungen aufgrund des Rotormagnetflusses bestimmt. Desweiteren kann in dem Fall auch der Spannungsabfall an den Strangwiderständen vernachlässigt werden. Dadurch lässt sich das Maschinenmodell aus Gl. (3.71) zu einem Modell nach Gl. (4.1) vereinfachen, das nur durch die Gleichstrominduktivitätsmatrix charakterisiert wird.

$$\vec{u}_{dq0} = \mathbf{L}_{dq0} \frac{d\vec{i}_{dq0}}{dt} + \vec{u}_{n,dq0} \tag{4.1}$$

Mit Hilfe des beschriebenen vereinfachten Maschinenmodells werden folgende Möglichkeiten zur spannungsbasierten Rotorlageerfassung untersucht.

© Springer Fachmedien Wiesbaden GmbH, ein Teil von Springer Nature 2018
T. Werner, *Geberlose Rotorlagebestimmung in elektrischen Maschinen*,
https://doi.org/10.1007/978-3-658-22271-0_4

1. Nutzung von zwei Spulen eines Stranges

2. Auswertung eines stromlosen Strangs

3. Nutzung des Maschinensternpunktes

Dabei werden die Ansätze im Hinblick auf folgende Kriterien bewertet und gegenübergestellt.

- Nutzbarkeit des gewonnenen Signals zur Bestimmung der Rotor- bzw. Rotorflusslage

- Grundsätzliche Anforderungen an das Maschinendesign

- Implementierungsaufwand

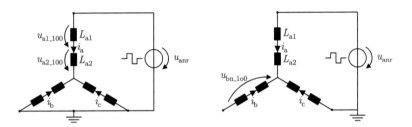

(a) Nutzung von zwei Spulen eines Strangs.

(b) Auswertung eines offenen Strangs.

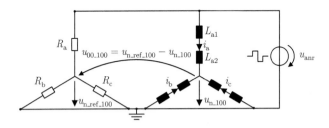

(c) Nutzung des Maschinensternpunktes und des Referenzwiderstandsnetzwerks.

Bild 4.1: Überblick über die im Rahmen der Vorevaluation gegenübergestellten Ansätze zur spannungsbasierten Rotorlagebestimmung.

Die Gegenüberstellung der Nutzbarkeit des Signals wird dabei unter der Annahme einer Anregung mit einem Spannungspuls durchgeführt. Diese Vorgehensweise resultiert aus der

Tatsache, dass zum einen der Ansatz 2 nur mit der pulsförmigen Anregung während des Betriebs in einem Antriebssystem eingesetzt werden kann und zum anderen die Analyse unter Anwendung dieser Anregungsmethode zusammen mit den anderen aufgelisteten Vergleichskriterien zunächst ausreichend erscheint, um aus den vorgestellten Ansätzen den vielversprechendsten für tiefergehende Untersuchungen auszuwählen.

4.1 Nutzung von zwei Spulen eines Strangs

In den meisten Fällen setzen sich die Stranginduktivitäten eines Motors aus mehreren seriell und/oder parallel geschalteten Spulen zusammen (s. Bild 4.1a), die am Statorumfang geometrisch versetzt angeordnet sind (s. Bild 4.2). Der Vergleich der Spannungen, die an den Spulen eines Stranges gleichzeitig abfallen, ermöglicht somit Rückschlüsse über die Rotorlage. Dies stellt die Grundlage des Ansatzes dar.

4.1.1 Nutzbarkeit des gewonnenen Signals zur Bestimmung der Rotorflusslage

Wie dem Bild 4.2 entnommen werden kann, weisen die Spulen eines Stranges nur bei unterschiedlichen Magnetisierungsrichtungen unterschiedliche Werte für jede Rotorlage auf. Somit bietet sich für die folgenden analytischen Voruntersuchungen zunächst die Nutzung der Konstellation nach Bild 4.2b bestehend aus einem zweipoligen Rotor und einer Zahnspulenwicklung mit sechs Nuten an. Zur optimalen Bestimmung der Lage nach

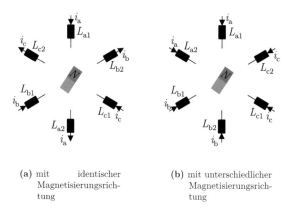

(a) mit identischer Magnetisierungsrichtung

(b) mit unterschiedlicher Magnetisierungsrichtung

Bild 4.2: Mögliche Spulenanordnungen am Beispiel einer zweipoligen Maschine mit sechs Nuten

diesem Verfahren wird ein rotorlageabhängiger Zusammenhang nach Gl. (4.2) verwendet.

$$K_{a\_100}(\theta) = u_{a1\_100}(\theta) - u_{a2\_100}(\theta) \tag{4.2}$$

Damit wird angestrebt, zum einen die Gleichanteile der Spannungen zu eliminieren und zum anderen den rotorlageabhängigen Anteil des Messwertes zu vergrößern. Bei einer Summation wäre das Verfahren gleichbedeutend mit der Auswertung der Gesamtstrangspannungen, die im Prinzip der Auswertung der Sternpunktspannung entspräche, wie im Abschnitt 4.3 gezeigt wird. Die Angabe _100 im Suffix der Variablen deutet darauf hin, dass sie aus der Anregung mit dem Schaltzustand 100 resultieren. Hierbei ist es denkbar, entweder das bereits geeignet anliegende PWM-Muster zu verwenden, das vom Grundschwingungsregler vorgegeben wird, oder die reguläre Einprägung kurzzeitig zu unterbrechen, um das gewünschte Muster einzuprägen. Damit wäre der Anregungsansatz vergleichbar mit dem aus der INFORM-Methode nach [92].

Um die Spulenspannungen u_{a1_100} und u_{a2_100} analytisch ermitteln zu können, empfiehlt es sich, jede Spule als einen Strang der Maschine aufzufassen, was bei dem Beispiel nach Bild 4.2b zu folgender Zustandsraumdarstellung mit einer m × m-Induktivitätsmatrix führt.

$$
\begin{bmatrix} u_{a1\_100} \\ u_{a2\_100} \\ u_{b1\_100} \\ u_{b2\_100} \\ u_{c1\_100} \\ u_{c2\_100} \end{bmatrix} = \begin{bmatrix} L_{a1} & M_{a1a2} & M_{a1b1} & M_{a1b2} & M_{a1c1} & M_{a1c2} \\ M_{afa2} & L_{a2} & M_{a2b1} & M_{a2b2} & M_{a2c1} & M_{a2c2} \\ M_{a1b1} & M_{a2b1} & L_{b1} & M_{b1b2} & M_{b1c1} & M_{b1c2} \\ M_{a1b2} & M_{a2b2} & M_{b1b2} & L_{b2} & M_{b2c1} & M_{b2c2} \\ M_{a1c1} & M_{a2c1} & M_{b1c1} & M_{b2c1} & L_{c1} & M_{c1c2} \\ M_{a1c2} & M_{a2c2} & M_{b1c2} & M_{b2c2} & M_{c1c2} & L_{c2} \end{bmatrix} \frac{\mathrm{d}}{\mathrm{d}t} \begin{bmatrix} i_{a\_100} \\ i_{a\_100} \\ i_{b\_100} \\ i_{b\_100} \\ i_{c\_100} \\ i_{c\_100} \end{bmatrix} \quad (4.3)
$$

Zur besseren Handhabung des Ausdrucks wird entsprechend der Gl. (4.4) eine Vereinfachung getroffen, in der die magnetische Kopplung zwischen Spulen, die nach Bild 4.2b nicht in direkter Nachbarschaft zueinander liegen, im Vergleich zu der Kopplung benachbarter Spulen als vernachlässigbar klein angenommen wird [90], was vor allem bei Maschinen mit Einschicht-Zahnspulenwicklung erkennbar wird.

$$
\begin{bmatrix} u_{a1\_100} \\ u_{a2\_100} \\ u_{b1\_100} \\ u_{b2\_100} \\ u_{c1\_100} \\ u_{c2\_100} \end{bmatrix} = \begin{bmatrix} L_{a1} & M_{a1a2} & 0 & 0 & 0 & M_{a1c2} \\ M_{a1a2} & L_{a2} & M_{a2b1} & 0 & 0 & 0 \\ 0 & M_{a2b1} & L_{b1} & M_{b1b2} & 0 & 0 \\ 0 & 0 & M_{b1b2} & L_{b2} & M_{b2c1} & 0 \\ 0 & 0 & 0 & M_{b2c1} & L_{c1} & M_{c1c2} \\ M_{a1c2} & 0 & 0 & 0 & M_{c1c2} & L_{c2} \end{bmatrix} \frac{\mathrm{d}}{\mathrm{d}t} \begin{bmatrix} i_{a\_100} \\ i_{a\_100} \\ i_{b\_100} \\ i_{b\_100} \\ i_{c\_100} \\ i_{c\_100} \end{bmatrix} \quad (4.4)
$$

Damit lässt sich eine analytische Beschreibung für den Faktor $K_{a\_100}(\theta)$ nach Gl. (4.5) aufstellen.

$$
K_{a\_100}(\theta) = (L_{a1} - L_{a2}) \frac{\mathrm{d}i_{a\_100}}{\mathrm{d}t} + \left(M_{a1c2} \frac{\mathrm{d}i_{c\_100}}{\mathrm{d}t} - M_{a2b1} \frac{\mathrm{d}i_{b\_100}}{\mathrm{d}t} \right) \quad (4.5)
$$

Um den Faktor $K_{a\_100}(\theta)$ als Funktion der angelegten Anregungsspannung u_{anr} beschreiben zu können, bietet sich eine weitere Zusammenfassung des Gleichungssystems aus Gl. (4.4) zu einer Form entsprechend der Gl. (4.6) an. Dabei kann auch schon die Bestromung entsprechend dem Bild 4.1a berücksichtigt werden.

$$
\begin{bmatrix} u_{\mathrm{an}} \\ u_{\mathrm{an}} - u_{\mathrm{anr}} \\ u_{\mathrm{an}} - u_{\mathrm{anr}} \end{bmatrix} = \begin{bmatrix} u_{\mathrm{a1\_100}} + u_{\mathrm{a2\_100}} \\ u_{\mathrm{b1\_100}} + u_{\mathrm{b2\_100}} \\ u_{\mathrm{c1\_100}} + u_{\mathrm{c2\_100}} \end{bmatrix}
$$

$$
= \begin{bmatrix} L_{\mathrm{a1}} + 2M_{\mathrm{a1a2}} + L_{\mathrm{a2}} & M_{\mathrm{a2b1}} & M_{\mathrm{a1c2}} \\ M_{\mathrm{a2b1}} & L_{\mathrm{b1}} + 2M_{\mathrm{b1b2}} + L_{\mathrm{b2}} & M_{\mathrm{b2c1}} \\ M_{\mathrm{a1c2}} & M_{\mathrm{b2c1}} & L_{\mathrm{c1}} + 2M_{\mathrm{c1c2}} + L_{\mathrm{c2}} \end{bmatrix} \frac{\mathrm{d}}{\mathrm{d}t} \begin{bmatrix} i_{\mathrm{a\_100}} \\ i_{\mathrm{b\_100}} \\ i_{\mathrm{c\_100}} \end{bmatrix}
$$

$$(4.6)$$

Des Weiteren muss folgender Zusammenhang miteinbezogen werden.

$$
\frac{\mathrm{d}\left(i_{\mathrm{a\_100}} + i_{\mathrm{b\_100}} + i_{\mathrm{c\_100}}\right)}{\mathrm{d}t} = 0 \tag{4.7}
$$

Die Gln. (4.5), (4.6) und (4.7) bilden ein lineares Gleichungssystem, mit dem der Faktor $K_{\mathrm{a\_100}}(\theta)$ als Funktion von u_{anr} bestimmt werden kann. Das daraus resultierende Ergebnis ist zunächst unüberschaubar und für eine qualitative Analyse des Verfahrens nicht anwendbar. Daher sind weitere Näherungen erforderlich, die in Anlehnung an die Induktivitätsmodelle aus Abschnitt 3.2.2 und entsprechend den numerischen Analysen in [90] auch für die Strangspulen entsprechend aufgebaut werden können. Das führt zur Beschreibung der Spuleninduktivitäten nach Gln. (4.8) und (4.9) in Drehstromkoordinaten, wo nur die Anteile berücksichtigt werden, die die größten Koeffizienten in Relation zu den restlichen Komponenten aufweisen.

$$
L_{i_x} = \frac{1}{\mathrm{n}} L_{i,0} - \frac{1}{\mathrm{n}} \hat{L}_{i,2} \cos\left(2\left(\left(\frac{2\pi}{\mathrm{m}}\mathrm{p}\right) g_{i_x} - \theta\right)\right) \tag{4.8}
$$

$$
M_{i_x j_y} = \frac{1}{\mathrm{n}} M_{ij,0} - \frac{1}{\mathrm{n}} \hat{M}_{ij,2} \cos\left(2\left(\left(\frac{2\pi}{\mathrm{m}}\mathrm{p}\right)\left(\frac{g_{i_x} + g_{i_y}}{2}\right) - \theta\right)\right) \tag{4.9}
$$

mit

g_{i_x} : = Reihenfolgennummer der Spule x des Stranges i entlang des Statorumlaufs

m : = Summe aller Spulen

n : = Anzahl der Spulen pro Strang

p : = Polpaarzahl des Motors

Bei Berücksichtigung der Verhältnisse entsprechend dem Bild 4.2b ergibt sich eine Approximation nach Gl. (4.10).

$$
K_{\mathrm{a\_100}}(\theta) \approx \tilde{K}_{\mathrm{a\_100}}(\theta) = A\left(B\cos\left(2\left(\theta + \frac{\pi}{12}\right)\right) + \underbrace{C}_{\approx 0}\cos\left(4\left(\theta - \frac{\pi}{24}\right)\right)\right) \tag{4.10}
$$

mit

$$A = \frac{u_{\mathrm{anr}}}{3\left(\hat{L}_{\mathrm{a},2} + 4\hat{M}_{\mathrm{ab},2}\right)^2 - 12\left(2L_{\mathrm{a},0} + M_{\mathrm{ab},0}\right)^2}$$

$$B = 4\sqrt{3}\left(\hat{L}_{\mathrm{a},2}\left(4L_{\mathrm{a},0} + M_{\mathrm{ab},0}\right) - \hat{M}_{\mathrm{ab},2}\left(2L_{\mathrm{a},0} + 5M_{\mathrm{ab},0}\right)\right)$$

$$C = 2\sqrt{3}\left(\hat{L}_{\mathrm{a},2}^2 + 3\hat{L}_{\mathrm{a},2}\hat{M}_{\mathrm{ab},2} - 4\hat{M}_{\mathrm{a},2}^2\right)$$

Die Koeffizienten $L_{\mathrm{a},0}$, $M_{\mathrm{ab},0}$ und $\hat{L}_{\mathrm{a},2}$, $\hat{M}_{\mathrm{ab},2}$ entsprechen denen der Stranginduktivitäten, um eine spätere Vergleichbarkeit der Verfahren zu erlauben und können unter Berücksichtigung der Spulenzahl n pro Strang auf die einzelnen Spulenkoeffizienten umgerechnet werden. Die gewonnene analytische Näherung bezieht sich auf die Anordnung der Spulen nach Bild 4.2b. Jedoch können Wicklungen mit geraden Spulenzahlen pro Strang auf diese Wicklungsanordnung zurückgeführt werden, sofern die Spulen in Serie geschaltet und im Stator nebeneinander angeordnet sind.

Durch die Anregungsspannung u_{anr} werden in der Anordnung nach Bild 4.1a nicht nur in den Spulen des ersten Stranges, sondern auch in den restlichen Spulen Spannungen induziert, die ebenfalls eine Rotorlageabhängigkeit aufweisen. Daher erscheint auf den ersten Blick die gleichzeitige Nutzung der nachfolgenden Faktoren sinvoll.

$$\begin{aligned} K_{\mathrm{b}\_100}(\theta) &= u_{\mathrm{b1}\_100} - u_{\mathrm{b2}\_100} \\ K_{\mathrm{c}\_100}(\theta) &= u_{\mathrm{c1}\_100} - u_{\mathrm{c2}\_100} \end{aligned} \tag{4.11}$$

Die näherungsweise Ermittlung der Werte aus Gl. (4.11) entsprechend der Vorgehensweise bei der Bestimmung von $K_{\mathrm{a}\_100}(\theta)$ führt zu einem Ergebnis nach Gln. (4.12) und (4.13), aus dem deutlich wird, dass $K_{\mathrm{b}\_100}(\theta)$ und $K_{\mathrm{c}\_100}(\theta)$ keine Phasenverschiebung um jeweils 120°_{el} gegenüber dem Faktor $K_{\mathrm{a}\_100}(\theta)$ aufweisen und einen ganz anderen und offsetbehafteten Verlauf darstellen, wenn sie aus der gleichzeitigen Messung während der Anregung mit u_{anr} stammen.

$$K_{\mathrm{b}\_100}(\theta) \approx \tilde{K}_{\mathrm{b}}(\theta) = A\left[B + C\cos\left(2\theta - \frac{\pi}{3}\right) + D\cos\left(2\theta\right) + E\cos\left(2\theta + \frac{\pi}{3}\right)\right] \tag{4.12}$$

$$K_{\mathrm{c}\_100}(\theta) \approx \tilde{K}_{\mathrm{c}}(\theta) = A\left[-B - C\cos\left(2\theta - \frac{\pi}{3}\right) + E\cos\left(2\theta\right) + D\cos\left(2\theta + \frac{\pi}{3}\right)\right] \tag{4.13}$$

mit

$$A = \frac{u_{\mathrm{anr}}}{3\left(\hat{L}_{\mathrm{a},2} + 4\hat{M}_{\mathrm{ab},2}\right)^2 - 12\left(M_{\mathrm{ab},0} + 2L_{\mathrm{a},0}\right)^2}$$

$$B = 3\hat{L}_{\mathrm{a},2}\left(\hat{L}_{\mathrm{a},2} + 4\hat{M}_{\mathrm{ab},2}\right) - 12M_{\mathrm{ab},0}\left(M_{\mathrm{ab},0} + 2L_{\mathrm{a},0}\right)$$

$$C = 8\left(\hat{L}_{\mathrm{a},2} + \hat{M}_{\mathrm{ab},2}\right)\left(L_{\mathrm{a},0} - M_{\mathrm{ab},0}\right)$$

$$D = 8L_{\mathrm{a},0}\left(\hat{L}_{\mathrm{a},2} - 2\hat{M}_{\mathrm{ab},2}\right) + 12M_{\mathrm{ab},0}\left(\hat{L}_{\mathrm{a},2} - \hat{M}_{\mathrm{ab},2}\right)$$

$$E = 4M_{\mathrm{ab},0}\left(5\hat{M}_{\mathrm{ab},2} - \hat{L}_{\mathrm{a},2}\right)$$

Bei näherer Betrachtung der Faktoren $K_{\mathrm{b}\_100}(\theta)$ und $K_{\mathrm{c}\_100}(\theta)$ drängt sich die Idee auf, durch eine Subtraktion oder Addition der beiden Komponenten eine besser nutzbare Abhängigkeit von der Rotorlage zu erhalten. Diese Überlegung führt zu folgenden Beschreibungen.

$$K_{\text{b\_100}}(\theta) - K_{\text{c\_100}}(\theta) \approx A \left[2B + F \cos \left(2\theta - \frac{\pi}{3} \right) \right] \tag{4.14}$$

$$K_{\text{b\_100}}(\theta) + K_{\text{c\_100}}(\theta) \approx A \left[G \cos \left(2\theta + \frac{\pi}{6} \right) + H \cos \left(4\theta - \frac{\pi}{6} \right) \right] \tag{4.15}$$

mit

$$F = 24 \left(\hat{L}_{\text{a},2} L_{\text{a},0} - 2\hat{M}_{\text{ab},2} M_{\text{ab},0} \right)$$
$$G = 8\sqrt{3} \left(\hat{L}_{\text{a},2} \left(L_{\text{a},0} + M_{\text{ab},0} \right) + \hat{M}_{\text{ab},2} \left(M_{\text{ab},0} - 2L_{\text{a},0} \right) \right)$$
$$H = 4\sqrt{3} \left(\hat{L}_{\text{a},2}^2 + 3\hat{L}_{\text{a},2} \hat{M}_{\text{ab},2} - 4\hat{M}_{\text{ab},2}^2 \right)$$

Bei der Addition der Faktoren nach Gl. (4.15) können die Schwankungsanteile vierter Ordnung gegenüber den Anteilen zweiter Ordnung nicht mehr vernachlässigt werden. Daher eignet sich der Wert $K_{\text{b\_100}}(\theta) + K_{\text{c\_100}}(\theta)$ zur Bestimmung der Rotorlage nicht besser als der Wert $K_{\text{a\_100}}(\theta)$. Eine interessante Eigenschaft weist dagegen der Verlauf der Differenz $K_{\text{b\_100}}(\theta) - K_{\text{c\_100}}(\theta)$ nach Gl. (4.14) auf. Er besitzt einen Schwankungsanteil zweiter Ordnung, der um 90° gegenüber der Schwankung von $K_{\text{a\_100}}(\theta)$ verschoben ist. Damit wäre es möglich, direkt aus einer Messung einen Raumzeiger zu gewinnen, der Rückschlüsse über die Rotorlage erlauben würde. Allerdings sind die Amplituden der Schwankungsanteile nicht identisch und der Wert $K_{\text{b\_100}}(\theta) - K_{\text{c\_100}}(\theta)$ beinhaltet zusätzlich einen Gleichanteil. Somit trägt auch die Differenz der Koeffizienten $K_{\text{b\_100}}(\theta)$ und $K_{\text{c\_100}}(\theta)$ nicht zur Verbesserung der Rotorlagebestimmung bei. Aus der Analyse des Bildes 4.2b wird ersichtlich, dass bei einer Anregung mit dem Schaltzustand 010 der Faktor $K_{\text{b\_010}}(\theta)$ einen identischen Verlauf annehmen wird wie $K_{\text{a\_100}}(\theta)$. Allerdings weist dann der Faktor $K_{\text{b\_010}}(\theta)$ aufgrund der unveränderten Rotorausrichtung eine Phasenverschiebung um $-120^\circ_{\text{el.}}$ gegenüber dem Verlauf von $K_{\text{a\_100}}(\theta)$ auf.

$$K_{\text{b\_010}}(\theta) = K_{\text{a\_100}} \left(\theta - \frac{2\pi}{3} \right) \tag{4.16}$$

$$\approx \tilde{K}_{\text{b}}(\theta) = A \left(B \cos \left(2 \left(\theta + \frac{\pi}{12} - \frac{2\pi}{3} \right) \right) + \underbrace{C}_{\approx 0} \cos \left(4 \left(\theta - \frac{\pi}{24} - \frac{2\pi}{3} \right) \right) \right) \tag{4.17}$$

Einen identischen Zusammenhang kann man auch beim Faktor $K_{\text{c\_001}}(\theta)$ beobachten, allerdings mit einer Phasenverschiebung von $-240^\circ_{\text{el.}}$ gegenüber dem Verlauf von $K_{\text{a\_100}}(\theta)$.

Aus den zuvor geschilderten Analysen geht hervor, dass bei einer schrittweisen Anregung mit den Schaltzuständen 100, 010 und 001 und mit $\hat{u}_{\text{anr}} = u_{\text{zk}}$ ein Raumzeiger entsprechend der Gl. (4.20) erzeugt werden kann, der zur rechentechnisch einfachen Bestimmung der

Rotorlage herangezogen werden kann.

$$\begin{bmatrix} K_\alpha \\ K_\beta \\ K_{00} \end{bmatrix} = \mathbf{T}_{\alpha\beta0}^{-1} \begin{bmatrix} K_{a\_100} \\ K_{b\_010} \\ K_{c\_001} \end{bmatrix} \tag{4.18}$$

$$\approx K \begin{bmatrix} \cos\left(-2\left(\theta + \frac{\pi}{12}\right)\right) \\ \sin\left(-2\left(\theta + \frac{\pi}{12}\right)\right) \\ 0 \end{bmatrix} \tag{4.19}$$

mit

$$K = AB = u_{zk} \frac{4\sqrt{3}\left(\hat{L}_{a,2}\left(4L_{a,0} + M_{ab,0}\right) - \hat{M}_{ab,2}\left(2L_{a,0} + 5M_{ab,0}\right)\right)}{3\left(\hat{L}_{a,2} + 4\hat{M}_{ab,2}\right)^2 - 12\left(M_{ab,0} + 2L_{a,0}\right)^2} \tag{4.20}$$

4.1.2 Grundsätzliche Anforderungen an das Maschinendesign

Wie dem Bild 4.2 entnommen werden kann, weisen die Spulen eines Stranges nur bei unterschiedlichen Magnetisierungsrichtungen unterschiedliche Werte für jede Rotorlage auf. Weitere Untersuchungen dazu zeigen auf, dass diese Anforderung vor allem von Maschinen mit Zweischicht-Zahnspulenwicklungen erfüllt wird, die einen nach [93] zu berechnenden Grundschwingungszonenwicklungsfaktor aufweisen, dessen Betrag ungleich 1 ist, und somit eine von 0, 5 abweichende Lochzahl haben.

Die Analyse der Spulenanordnung nach Bild 4.2b verdeutlicht auch, dass eine Differenz des elektrischen Winkels zwischen den Spulen eines Stranges von $90_{el.}^\circ$ zu der größten rotorflusslageabhängigen Signalamplitude führen würde, was zum Beispiel bei einer Maschine mit zwei Spulen pro Strang und sechs Polen umsetzbar wäre.

4.1.3 Implementierungsaufwand

Der Hauptnachteil des Messansatzes liegt in der Notwendigkeit, an zwei Spulen eines Stranges messen zu müssen. Um einen Raumzeiger generieren zu können, müssen Messungen an zwei Spulen mindestens eines weiteren Stranges durchgeführt werden. Das würde somit insgesamt mindestens sechs zusätzliche Messleitungen erfordern, die aus einer Maschine herausgeführt werden müssten. Des Weiteren müsste jeder Messwert entweder über eine Selektionsschaltung [13] und einen Analog-Digital-Umsetzer oder über mindestens vier zusätzliche Analog-Digital-Umsetzer digital erfasst werden.

Zusammenfassend wird deutlich, dass mit diesem Ansatz der Herstellungsaufwand für eine entsprechend geeignete Maschine nicht unerheblich erhöht wird und die Nachteile durch zusätzliche Leitungen, wie sie bei einem lagegebergestützten Betrieb auftreten, nicht beseitigt wären.

---

[13] z.B. Multiplexer

4.2 Auswertung eines stromlosen Strangs

Eine weitere Möglichkeit zur Bestimmung der Rotorflusslage stellt die Auswertung der Spannung an einem unbestromten Strang entsprechend dem Bild 4.1b dar, während die übrigen zwei Stränge in Reihe geschaltet und mit einer Anregungsspannung u_{anr} beaufschlagt werden. Ein ausreichend lange andauernder stromloser Zustand an einem der drei Stränge würde zum Beispiel bei einem Blockstrombetrieb auftreten. Einige Ansätze zur Nutzung des offenen Strangs werden in [44], [34], [37] vorgestellt.

Der in [44] aufgezeigte Ansatz basiert auf der Einprägung einer hochfrequenten und sinusförmigen Anregungsspannung im Frequenzbereich von 350 kHz. Dies erfordert neben dem Umrichter für den regulären Betrieb auch noch den Einsatz einer zusätzlichen Spannungsquelle, die solche hochfrequenten Spannungen erzeugen kann. Aufgrund des damit einhergehenden Aufwands ist das Verfahren für den praktischen Einsatz weniger relevant. Im Gegensatz dazu werden in [34] und [37] Möglichkeiten untersucht, mit rechteckförmigen Anregungsspannungen zu arbeiten, die keine zusätzliche Spannungsquelle neben dem Hauptumrichter erfordern und somit in bestehenden Antriebssystemen ohne größere Hardwareanpassungen umgesetzt werden können.

Das Verfahren nach [34] unterscheidet sich von dem nach [37] in der Wahl des Bezugspotentials zur Messung der Spannung an der jeweiligen Strangklemme. Während in [37] die Potentialdifferenz zwischen der offenen Klemme und der Masse ausgewertet wird, konzentrieren sich die Ansätze nach [34] auf die Auswertung der Spannung zwischen der Strangklemme und dem virtuellen Sternpunkt. Bei zugänglichem Sternpunkt des Motors kann das Verfahren auch mit der Messung der Strangspannung umgesetzt werden, das im folgenden beleuchtet wird.

4.2.1 Nutzbarkeit des gewonnenen Signals zur Bestimmung der Rotorflusslage

Zur anschaulichen Herleitung einer analytischen Beschreibung soll u_{anr} zunächst als ein positiver Spannungssprung mit einem Endwert von u_{zk} angenommen werden. Ähnlich den Untersuchungen im Abschnitt 4.1 wird auch hier ein entsprechendes Gleichungssystem nach Gl. (4.21) unter Berücksichtigung der Randbedingen aus Bild 4.1b erstellt, das die Bestimmung der Spannung u_{bn_1o0} erlaubt. Des Weiteren werden nur die Strang- und nicht mehr die Spuleninduktivitäten herangezogen, so dass hier die Induktivitätsmatrix nach Gl. (3.25) verwendet werden kann.

$$\begin{bmatrix} u_{an\_1o0} \\ u_{bn\_1o0} \\ u_{an\_1o0} - u_{anr} \end{bmatrix} = \begin{bmatrix} L_a & M_{ab} & M_{ac} \\ M_{ab} & L_b & M_{bc} \\ M_{ac} & M_{bc} & L_c \end{bmatrix} \frac{\mathrm{d}}{\mathrm{d}t} \begin{bmatrix} i_{a\_1o0} \\ 0 \\ -i_{a\_1o0} \end{bmatrix} \tag{4.21}$$

Die Erweiterung der Variablenindizes um _1o0 soll auf den eingeprägten Spannungszustand hinweisen. In dem vorliegenden Beispiel werden an der Klemme „a" der Wert u_{zk} und an der Klemme „c" 0 V angelegt. Die Klemme „b" bleibt offen und wird daher mit dem Buchstaben „o" gekennzeichnet.

Um die Rotorflussabhängigkeit von u_{bn_1o0} beschreiben zu können, werden die Induktivitätswerte in Form einer Fourierreihe bis zur zweiten Ordnung entsprechend den Gln. (3.18) und (3.20) angenähert und zur besseren Handhabung und Übersicht der stromabhängige Anteil der Induktivitätsänderung vernachlässigt. Daraus resultiert eine Approximation nach Gl. (4.23), bei der die Schwankungen im Nenner vernachlässigt werden, da sie in Relation zu den Gleichanteilen klein sind. Wie erwartet, wird der Zähler nur durch die Amplitude zweiter Ordnung der Gegeninduktivität bestimmt, da aufgrund des fehlenden Stroms im offenen Strang die Eigeninduktivitäten keinen Einfluss auf die erfasste Spannung haben.

$$u_{\text{bn\_1o0}} = u_{\text{anr}} \frac{\sqrt{3}\hat{M}_{\text{ab},2}}{2\left(M_{\text{ab},0} - L_{\text{a},0}\right) + \underbrace{\hat{L}_{\text{a},2}\cos\left(2\theta - \frac{\pi}{3}\right) - 2\hat{M}_{\text{ab},2}\cos\left(2\theta + \frac{\pi}{3}\right)}_{\approx 0}} \sin\left(2\theta - \frac{\pi}{3}\right)$$

$$\tag{4.22}$$

$$\approx u_{\text{anr}} \frac{\sqrt{3}}{2} \frac{\hat{M}_{\text{ab},2}}{L_{\text{a},0} - M_{\text{ab},0}} \sin\left(-2\theta + \frac{\pi}{3}\right) = u_{\text{anr}} \frac{\sqrt{3}}{2} \frac{\hat{M}_{\text{ab},2}}{\Sigma L} \sin\left(-2\theta + \frac{\pi}{3}\right) \tag{4.23}$$

Auch hier kann ein Raumzeiger mit der Rotorflusslageinformation generiert werden, wenn sequentiell ein Wert an einem weiteren offenen Strang, wie zum Beispiel bei Einprägung von $u_{\text{cn\_1o0}}$ erfasst und anschließend die Messdaten einer Transformation in das $\alpha\beta0$-Koordinatensystem unterzogen werden. Das bietet den Vorteil einer einfacheren und präziseren Bestimmung der Rotorflusslage aus den Messdaten.

4.2.2 Grundsätzliche Anforderungen an das Maschinendesign

Um einen stromlosen Strang zu erhalten, muss die Maschine eine Sternschaltung aufweisen. Des Weiteren wird aus der Analyse der Gl. (4.23) deutlich, dass die Gegeninduktivität zweiter Ordnung möglichst groß sein sollte, um ein optimal auswertbares Signal zu erhalten. Dabei ist es auch vorteilhaft, wenn der Gleichanteil der Gegeninduktivität näher an den Gleichanteil der Eigeninduktivität herankommt, um einen möglichst kleinen Nennerbetrag zu gewährleisten.

4.2.3 Implementierungsaufwand

Die Haupthürde für die Nutzbarkeit des Verfahrens liegt in der Forderung nach der Stromlosigkeit eines Stranges, so dass der Einsatzbereich hauptsächlich auf einen Betrieb mit Blockströmen begrenzt ist. Zusätzlich muss auch entweder der Sternpunkt zugänglich sein oder ein virtueller Sternpunkt über die Verwendung eines parallel zu den Motorklemmen in Stern geschalteten Widerstandsnetzwerks, um die Strangspannung erfassen zu können. Somit muss mindestens eine zusätzliche Spannungsmessleitung herausgeführt werden. Wenn aber alle Stränge zur Bestimmung der Rotorflusslage herangezogen werden sollen, um die Dynamik und Genauigkeit des Verfahrens zu optimieren, dann werden insgesamt vier Messpunkte zu berücksichtigen sein, die den Aufwand bei der Messdatenaufbereitung und -verwendung erhöhen.

4.3 Nutzung des Maschinensternpunktes

Wie der Tabelle 1.1 entnommen werden kann, stellt die Bestimmung der Rotorlage durch
direkte oder indirekte Verwendung des Maschinensternpunktes das am weitesten analysierte
Verfahren unter den spannungsbasierten Methoden dar.

Dazu bietet sich die Erfassung und Auswertung der am Sternpunkt anliegenden Neutralspannung des Motors u_n oder der Neutralspannung $u_\mathrm{n\_ref}$ am künstlichen Sternpunkt des
an den Motorklemmen anliegenden Ersatznetzwerks an. Der Nutzung der Neutralspannung
widmen sich vor allem die Arbeiten der Forschergruppe um Consoli. Der in [80] vorgestellte
Ansatz fußt auf der Erfassung der Potentialdifferenz zwischen dem Motorwicklungsstern-
punkt und der halben Zwischenkreisspannung, wie der Tabelle 1.1 entnommen werden
kann. Bei unzugänglichem Maschinensternpunkt wird auf den Sternpunkt des ohmschen
Ersatznetzwerks zurückgegriffen, wie in [30], [42] aufgezeigt. In allen genannten Fällen
handelt es sich im Grunde um die Messung der Neutralleiterspannung mit einer konstanten Potentialverschiebung um $\frac{u_\mathrm{zk}}{2}$. Um dabei die Lage ermitteln zu können, wird in die
Statorwicklung entweder ein im Bereich von $f_\mathrm{HF} = 0,5$ bis $3\,\mathrm{kHz}$ rotierender [29], [30], [42]
oder alternierender [32] Spannungszeiger eingeprägt und anschließend die Harmonischen in
der Neutralleiterspannung u_n ausgewertet.

Des Weiteren bietet sich die Bestimmung der Lastnullkomponente $u_\mathrm{00\_ld}$ entsprechend dem
Bild 4.1c an, die entweder aus der Differenz von $u_\mathrm{n\_ref}$ und u_n [28], [40], [41], [43], [38],
[39], [33] oder aus der Strangspannungssumme [28], [25], [26], [94] hervorgeht wie bereits
im Abschnitt 2.2.2 anhand des Zusammenhangs nach Gl. (2.63) erläutert und der hier
nochmal vergegenwärtigt wird.

$$u_\mathrm{00\_ld} = \frac{1}{3}(u_\mathrm{an} + u_\mathrm{bn} + u_\mathrm{cn}) = \frac{1}{3}(\underbrace{(u_\mathrm{a} + u_\mathrm{b} + u_\mathrm{c})}_{3u_\mathrm{n\_ref}} - 3u_\mathrm{n}) = u_\mathrm{n\_ref} - u_\mathrm{n} \qquad (4.24)$$

Aus der Analyse der Gl. (4.24) geht hervor, dass die Verfahren, die entweder auf der
direkten Differenz zwischen $u_\mathrm{n\_ref}$ und u_n fußen oder die Summe der Strangspannung
heranziehen, im Grunde stets die Nullkomponente $u_\mathrm{00\_ld}$ nutzen und somit identisch sind.
Die Unterschiede ergeben sich in der Anregungs- und Auswertungsmethodik, auf die im
weiteren Verlauf der Arbeit näher eingegangen wird.

4.3.1 Nutzbarkeit des gewonnenen Signals zur Bestimmung der Rotorlage

Um die zu erwartende Signalgüte bei dem genannten Ansatz ermitteln zu können, wird
zunächst das mathematische Gerüst erarbeitet, das zu einer allgemeingültigen Beschreibung
des untersuchten Zusammenhangs unabhängig vom Verlauf der angelegten Anregungsspannung führt. Dazu empfiehlt sich zunächst die Auflösung des Differentialgleichungssystems

Gl. (4.1) nach u_{00_trml} als Funktion von u_d und u_q entsprechend der Gl. (4.25).

$$u_{00\_trml} = u_{n\_ref} = \underbrace{\underbrace{\left(\frac{M_{0q}M_{qd} - M_{0d}L_q}{M_{dq}M_{qd} - L_dL_q}\right)}_{K_{u_{00,d}}} u_d + \underbrace{\left(\frac{M_{0d}M_{dq} - M_{0q}L_d}{M_{dq}M_{qd} - L_dL_q}\right)}_{K_{u_{00,q}}} u_q}_{u_{00\_ld}} + u_n \qquad (4.25)$$

Um die wesentlichen Einflussfaktoren der Gl. (4.25) ermitteln zu können, empfiehlt sich die Vernachlässigung der Produkte der Gegeninduktivitäten gegenüber den Produkten der Gegeninduktivitäten mit den Eigeninduktivitäten. Dies führt zu der Form nach Gl. (4.26), deren Gültigkeit in Kapitel 7 anhand von drei Maschinenbeispielen untermauert wird.

$$u_{00\_trml} = u_{n\_ref} \approx \underbrace{\underbrace{\left(\frac{M_{0d}}{L_d}\right)}_{\tilde{K}_{u_{00,d\_1}}} u_d + \underbrace{\left(\frac{M_{0q}}{L_q}\right)}_{\tilde{K}_{u_{00,q\_1}}} u_q}_{\tilde{u}_{00\_ld}} + u_n \qquad (4.26)$$

Damit wird ersichtlich, dass im Wesentlichen die Quotienten aus den Gegeninduktivitäten, die sich aus der magnetischen Kopplung zwischen L_d bzw. L_q und $\Sigma L_0 = L_{00}$ ergeben, und den Eigeninduktivitäten L_d bzw. L_q für den Verlauf der Nullkomponente u_{00_ld} bestimmend sind, wenn u_{00_ld} als Funktion der eingeprägten Spannung beschrieben wird.

Um aus der Gl. (4.26) einen angenäherten Zusammenhang zwischen der Nullkomponente und der Rotorlage ermitteln zu können, ist die Anwendung der Induktivitätskoeffizienten entsprechend der Gl. (3.81) bis Gl. (3.92) hilfreich, die aus der Näherung der Stranginduktivitäten durch Gleichanteile und Schwankungen zweiter Ordnung bezogen auf die Frequenz $\frac{d\theta}{dt}$ der Grundschwingung stammen. Dabei werden die strombedingten Sättigungsanteile für die folgenden Betrachtungen zunächst vernachlässigt. Dies führt zu der gesuchten Beschreibung nach Gl. (4.27)

$$u_{00\_trml} = u_{n\_ref} \approx \underbrace{\underbrace{\left(\frac{\Delta L_0}{\Delta L - \Sigma L}\cos(3\theta)\right)}_{\tilde{K}_{u_{00,d\_2}}} u_d + \underbrace{\left(\frac{\Delta L_0}{\Delta L + \Sigma L}\sin(3\theta)\right)}_{\tilde{K}_{u_{00,q\_2}}} u_q}_{\tilde{u}_{00\_ld}} + u_n \qquad (4.27)$$

mit

$$\Sigma L = \left(L_{a,0} - M_{ab,0}\right)$$

$$\Delta L = \frac{\left(\hat{L}_{a,2} + 2\hat{M}_{ab,2}\right)}{2}$$

$$\Delta L_0 = \frac{\left(\hat{L}_{a,2} - \hat{M}_{ab,2}\right)}{2}.$$

Mit der Gl. (4.27) lässt sich sowohl das Verfahren nach Consoli, das auf der Sternpunktmessung fußt, als auch die Methoden, die auf der Summenbildung der Strangspannungen oder der Differenz zwischen dem Motorsternpunkt und dem künstlichen Sternpunkt basieren, beschreiben, wie nachfolgend gezeigt. Daraus geht auch hervor, dass in allen Fällen ausschließlich die Lastnullspannung $\tilde{u}_{00\_ld}$ die Information über die gesuchte Rotorwinkellage im Stillstand beinhaltet, so dass die Verfahren stets den gleichen physikalischen Zusammenhang nutzen und sich nur in der messtechnischen Erfassung desjenigen unterscheiden.

$$u_n \approx u_{n\_ref} - \underbrace{\left(\frac{\Delta L_0}{\Delta L - \Sigma L} u_d \cos(3\theta) + \frac{\Delta L_0}{\Delta L + \Sigma L} u_q \sin(3\theta) \right)}_{\tilde{u}_{00\_ld}} \tag{4.28}$$

$$\tilde{u}_{00\_ld} = \frac{\Delta L_0}{\Delta L - \Sigma L} u_d \cos(3\theta) + \frac{\Delta L_0}{\Delta L + \Sigma L} u_q \sin(3\theta) \approx u_{n\_ref} - u_n \tag{4.29}$$

Mit der Beschreibung des approximierten Zusammenhangs zwischen der Nullspannung und den Werten u_d und u_q nach Gl. (4.27) lässt sich das Verhalten von u_{00_ld} bei unterschiedlichen Anregungsspannungen auf analytischem Wege charakterisieren. Bei einer Anregung entsprechend dem Bild 4.1c ergibt sich beispielhaft folgende Beschreibung der Anregungsspannungskomponenten.

$$\begin{bmatrix} u_{d\_100} \\ u_{q\_100} \\ u_{00\_trml\_100} \end{bmatrix} = \mathbf{T}_{dq0}^{'-1} \, \mathbf{T}_{\alpha\beta0}^{-1} \underbrace{\begin{bmatrix} u_{zk} - u_{n\_100} \\ -u_{n\_100} \\ -u_{n\_100} \end{bmatrix}}_{\vec{u}_{abc\_ld}} + \underbrace{\begin{bmatrix} u_{n\_100} \\ u_{n\_100} \\ u_{n\_100} \end{bmatrix}}_{\vec{u}_{n,abc}} = \underbrace{\begin{bmatrix} u_{zk} \frac{2\cos(\theta)}{3} \\ -u_{zk} \frac{2\sin(\theta)}{3} \\ \frac{1}{3} u_{zk} - u_{n\_100} \end{bmatrix}}_{\vec{u}_{dq0\_ld}} + \underbrace{\begin{bmatrix} 0 \\ 0 \\ u_{n\_100} \end{bmatrix}}_{\vec{u}_{n,dq0}}$$

$$\tag{4.30}$$

Damit kann unter Anwendung der Gln. (4.27) und (4.30) die gesuchte Nullkomponente u_{00_ld} als Funktion der Zwischenkreisspannung beschrieben werden.

$$u_{00\_trml\_100} = u_{n\_ref\_100} = \frac{1}{3} u_{zk} \approx \underbrace{\frac{2}{3} u_{zk} \frac{\Delta L_0 \left(\Sigma L \cos(-2\theta) + \Delta L \cos(4\theta) \right)}{\Delta L^2 - \Sigma L^2}}_{\tilde{u}_{00\_ld\_100}} + u_{n\_100}$$

$$\tag{4.31}$$

Aus der Analyse der Gl. (4.31) geht hervor, dass die aus dem Rechteckpuls nach Gl. (4.30) resultierende Nullspannung im Wesentlichen aus zwei Komponenten besteht. Die erste schwankt mit der zweifachen Grundschwingungsfrequenz und die zweite mit der vierfachen. Es kann davon ausgegangen werden, dass die erste Komponente bei den meisten Maschinen eine deutlich größere Amplitude aufweist als die zweite, da die erste durch ΣL von den Gleichanteilen der Induktivitäten und die zweite durch ΔL von den deutlich kleineren Induktivitätsschwankungsamplituden zweiter Ordnung bestimmt wird. Zusätzlich hängt auch hier die Empfindlichkeit der gewonnenen Nullspannung von ΔL_0 ab. Als Vorteil der direkten Messung der Phasennullspannung

$$u_{00\_ld\_100} = u_{n\_ref\_100} - u_{n\_100} \tag{4.32}$$

gegenüber der Auswertung der Sternspannung u_{n_100} nach Consoli kann hier angesehen werden, dass dem Signal keine Gleichanteile überlagert sind, die einer Filterung bedürfen würden und den nutzbaren Messbereich und somit auch die Empfindlichkeit der Analog-Digital-Umsetzer schmälern würden. Weitere Aspekte der Implementierung dieses Anregungsansatzes werden in Kapitel 8 einer detaillierten Analyse unterzogen.

4.3.2 Grundsätzliche Anforderungen an das Maschinendesign

Die Analyse der Gl. (4.27) zeigt auf, dass die Rotorlageabhängigkeit der Lastnullspannung u_{00_ld} maßgeblich vom Wert ΔL_0 bestimmt wird. Damit wird ersichtlich, dass eine Maschine eine besonders große Amplitudendifferenz der Schwankungen zweiter Ordnung der Eigen- und der Gegeninduktivität aufweisen sollte, wenn deren Nullkomponente zur Bestimmung der Rotorlage herangezogen werden soll. Wenn also $\hat{L}_{a,2}$ und $\hat{M}_{ab,2}$ gleich groß sein sollten, dann würde auch keine Erfassung der Rotorlage über u_{00_ld} mehr möglich sein.

Damit lassen sich für eine optimale Nutzbarkeit des Verfahrens bereits einige Motordesignrichtlinien erstellen, die in Kapitel 7 genauer erörtert werden.

4.3.3 Implementierungsaufwand

Wie aus Gl. (4.24) hervorgeht und in [1] vorgeschlagen, lässt sich die Nullspannung u_{00_ld} aus der Summe der Klemmenspannungen u_a, u_b und u_c abzüglich der Sternpunktspannung u_n bestimmen. Der Nullspannungsanteil stellt jedoch nur einen sehr kleinen Anteil gegenüber u_n dar. Um eine messtechnische Erfassung des gesuchten Signalanteils gewährleisten zu können, ist also demnach der Einsatz einer hochauflösenden Analog-Digital-Wandlung für vier Messsignale erforderlich, die alle einer eigenen Messleitung bedürfen.

In [33], [27] und im Abschnitt 2.2.2 wird daher aufgezeigt, dass die gesuchte Lastnullspannung auch durch eine direkte Messung zwischen dem Maschinensternpunkt und dem Sternpunkt eines in Stern geschalteten und elektrisch symmetrischen Widerstandsnetzwerks (s. Bild 4.1c) ermittelt werden kann. Das reduziert den Messaufwand auf zwei Messleitungen und ermöglicht den Einsatz von nur einem Analog-Digital-Umsetzer, wie in Kapitel 8 näher erläutert wird.

4.4 Zusammenfassung

Um eine abschließende Bewertung der analysierten Verfahren erstellen zu können, ist eine Zusammenfassung der Ergebnisse entsprechend der Tabelle 4.1 hilfreich. Daraus wird ersichtlich, dass kein Ansatz unter allen Gesichtspunkten vollständig überzeugend ist. Aus der Gegenüberstellung der Maschinenanforderungen geht hervor, dass der offene Strang bei Maschinen einsetzbar ist, die bei Verwendung des Sternpunktes kein nutzbares Signal mehr liefern würden.

Wenn der Implementierungsaufwand stärker gewichtet wird als die anderen Kriterien, dann erscheint die Nutzung des Sternpunktes in diesem Zusammenhang am sinnvollsten zu sein. Die starke Gewichtung des Implementierungsaufwands ist gerechtfertigt, wenn berücksichtigt wird, dass ein Umbau der Maschine oder die Umstellung auf eine Blockstromtaktung in dem zugrunde gelegten Betriebsfall nicht in Frage kommen und alle Ansätze in den anderen Merkmalen kein deutlich überragendes Verhalten erwarten lassen.

Daher konzentrieren sich die nachfolgenden Untersuchungen auf Verfahren, die die Nutzung des Maschinensternpunktes als Grundlage haben. Dabei wird die daraus extrahierbare Lastnullspannung entsprechend der Gl. (4.24) herangezogen, da sie die gesuchte Information über die Rotorlage aufweist. Zur besseren Handhabung der Zusammenhänge wird im weiteren Verlauf der Arbeit auf eine zusätzliche Indizierung der Lastnullspannung mit „_ld" verzichtet und die folgende Definition vorgenommen.

$$u_{00\_ld} = u_{00} \qquad (4.33)$$

Tabelle 4.1: Bewertung der Maschinenstellen, an denen das Spannungssignal zur Bestimmung der Rotorlage erfasst werden kann. (+: gut / einfach; 0: befriedigend / aufwendig; −: schlecht / sehr aufwendig)

Messstelle	zwei Spulen eines Strangs	offener Strang	Sternpunkt
Signalgüte	• −2te und 4te Ordn. in einem Signal. Die 4te Ordn. ist nach Gl. (4.17) vernachlässigbar. • Bewertung: 0	• Nur −2te Ordn. im Signal. • Abhängig von $\hat{M}_{ab,2}$ und $(L_{a,0} - M_{ab,0})$. • Bewertung: +	• −2te und 4te Ordn. in einem Signal. Die 4te Ordn. ist weniger vernachlässigbar. • Abhängig von ΔL_0 und ΣL_0. • Bewertung: −
Anforderungen an das Maschinendesign	• $\hat{L}_{a,2} \neq 0$; $\hat{M}_{ab,2} \neq 0$; $q \neq \frac{1}{2}$ • Stern- und Dreieckschaltung möglich. • Bewertung: 0	• $\hat{M}_{ab,2} \neq 0$; $M_{ab,0} \rightarrow L_{a,0}$ • Nur für eine Sternschaltung geeignet. • Bewertung: 0	• $L_{a,0} \neq M_{ab,0}$; $\hat{L}_{a,2} \neq \hat{M}_{ab,2}$ • Nur für eine Sternschaltung geeignet. • Bewertung: 0
Implementierungsaufwand	• Mindestens 6 Messleitungen aus 4 Statorspulen. • Anteil 4ter Ordn. muss gegebenenfalls entkoppelt werden. • Bewertung: −	• Bis zu 4 Messleitungen, wenn jeder Strang nacheinander gemessen werden soll. • Nur bei Blockstromtaktung sinnvoll einsetzbar. • Bewertung: −	• Reduktion auf 1 Messleitung vom Motorsternpunkt zum Umrichter möglich. • Anteil 4ter Ordn. muss vom Signal entkoppelt werden. • Bewertung: 0

5 Vorevaluation der Anregungsansätze

Nachdem in Kapitel 4 die möglichen Messpunkte in der Maschine einer analytischen Voruntersuchung im Hinblick auf deren Eignung zur lagegeberlosen Rotorlageerfassung unterzogen worden sind und darauf hin sich der Maschinensternpunkt als der vielversprechendste Messpunkt erwies, bedarf es eines Vergleichs der unterschiedlichen Anregungsansätze, die bei Verwendung des Sternpunktes möglich erscheinen und eine optimale Nutzung des rotorflusslageabhängigen Nullspannungsanteils nach Gl. (4.24) zum Ziel haben. Dabei bietet es sich an, die Ergebnisse auch für einen analytisch begründeten Vergleich mit den strombasierten Verfahren heranzuziehen. Dazu sollen lediglich die Unterschiede und die Gemeinsamkeiten des nullspannungsbasierten Verfahrens mit den konventionellen strombasierten Ansätzen aufgezeigt werden, ohne eine Bewertung zu geben, da dies aufgrund der Vielfalt der Abwandlungen der konventionellen Methoden kaum wissenschaftlich zufriedenstellend mit der nötigen Detailtiefe durchgeführt werden kann, ohne den Rahmen der vorliegenden Arbeit zu sprengen.

Um die qualitativen Voruntersuchungen durchführen zu können, erfolgt auch hier eine Eingrenzung der betrachteten Betriebspunkte auf diejenigen, die keine störenden Einflüsse durch die Strangströme, die Drehzahl oder die ohmschen Widerstände aufweisen.

5.1 Grundsätzlicher Vergleich mit strombasierten Verfahren

Bevor das nullspannungsbasierte Verfahren einem Vergleich mit den strangstrombasierten, im Einsatz mit den unterschiedlichen Anregungsansätzen, unterzogen wird, ist es aufschlussreich, zunächst die grundsätzlichen Zusammenhänge der Verfahren bei Annahmen von Idealzuständen und ohne den Einfluss der einzelnen Anregungsausprägungen gegenüberzustellen. Hierzu bietet sich zunächst die Anwendung des Zusammenhangs nach Gl. (5.1)

$$\frac{\mathrm{d}\vec{i}_{\mathrm{dq0}}}{\mathrm{d}t} = \mathbf{L}_{\mathrm{dq0}}^{-1} \left(\vec{u}_{\mathrm{dq0}} - \vec{u}_{\mathrm{n,dq0}} \right). \tag{5.1}$$

Unter der Annahme von

$$M_{\mathrm{dq}} = M_{\mathrm{qd}} \tag{5.2}$$

$$i_0 = 0\,\mathrm{A} \tag{5.3}$$

$$\omega_{\mathrm{mr}} \approx 0\,\mathrm{rad/s} \tag{5.4}$$

© Springer Fachmedien Wiesbaden GmbH, ein Teil von Springer Nature 2018
T. Werner, *Geberlose Rotorlagebestimmung in elektrischen Maschinen*,
https://doi.org/10.1007/978-3-658-22271-0_5

und bei Kenntnis der Spannungswerte u_d und u_q kann damit ein System aus drei Gleichungen mit drei Unbekannten $\frac{di_\mathrm{d}}{dt}$, $\frac{di_\mathrm{q}}{dt}$ und u_{00} gewonnen werden, das wie folgt aufgelöst werden kann.

$$
\begin{bmatrix} \frac{di_\mathrm{d}}{dt} \\[2mm] \frac{di_\mathrm{q}}{dt} \\[2mm] u_{00} \end{bmatrix} = \frac{1}{L_\mathrm{d} L_\mathrm{q} - M_\mathrm{dq}^2} \begin{bmatrix} L_\mathrm{q} & -M_\mathrm{dq} \\[2mm] -M_\mathrm{dq} & L_\mathrm{d} \\[2mm] L_\mathrm{q} M_{0\mathrm{d}} - M_{0\mathrm{q}} M_\mathrm{dq} & L_\mathrm{d} M_{0\mathrm{q}} - M_{0\mathrm{d}} M_\mathrm{dq} \end{bmatrix} \begin{bmatrix} u_\mathrm{d} \\[2mm] u_\mathrm{q} \end{bmatrix} \tag{5.5}
$$

Wenn zusätzlich folgende Verhältnisse vorliegen

$$
\frac{M_\mathrm{dq}}{L_\mathrm{d}} \approx 0 \tag{5.6}
$$

$$
\frac{M_\mathrm{dq}}{L_\mathrm{q}} \approx 0 \tag{5.7}
$$

$$
\frac{M_{0\mathrm{q}} M_\mathrm{dq}}{L_\mathrm{q} M_{0\mathrm{d}}} \approx 0 \tag{5.8}
$$

$$
\frac{M_{0\mathrm{d}} M_\mathrm{dq}}{L_\mathrm{d} M_{0\mathrm{q}}} \approx 0, \tag{5.9}
$$

dann vereinfacht sich der Zusammenhang nach Gl. (5.5) zu einer Form entsprechend der Gl. (5.10).

$$
\begin{bmatrix} \frac{di_\mathrm{d}}{dt} \\[2mm] \frac{di_\mathrm{q}}{dt} \\[2mm] u_{00} \end{bmatrix} \approx \frac{1}{L_\mathrm{d} L_\mathrm{q}} \begin{bmatrix} L_\mathrm{q} & 0 \\[2mm] 0 & L_\mathrm{d} \\[2mm] L_\mathrm{q} M_{0\mathrm{d}} & L_\mathrm{d} M_{0\mathrm{q}} \end{bmatrix} \begin{bmatrix} u_\mathrm{d} \\[2mm] u_\mathrm{q} \end{bmatrix} \tag{5.10}
$$

Bei Anwendung der Induktivitätskoeffizientenmodelle entsprechend der Gl. (3.81) bis Gl. (3.92) und bei Vernachlässigung der strombedingten Sättigungsanteile ergibt sich damit die folgende Beschreibung

$$
\begin{bmatrix} \frac{di_\mathrm{d}}{dt} \\[2mm] \frac{di_\mathrm{q}}{dt} \\[2mm] u_{00} \end{bmatrix} \approx \frac{1}{\Sigma L^2 - \Delta L^2} \begin{bmatrix} \Sigma L + \Delta L & 0 \\[2mm] 0 & \Sigma L - \Delta L \\[2mm] -\Delta L_0 \left(\Sigma L + \Delta L \right) \cos(3\theta) & \Delta L_0 \left(\Sigma L - \Delta L \right) \sin(3\theta) \end{bmatrix} \begin{bmatrix} u_\mathrm{d} \\[2mm] u_\mathrm{q} \end{bmatrix} \tag{5.11}
$$

mit

$$\Sigma L = \left(L_{a,0} - M_{ab,0} \right)$$
$$\Delta L = \frac{\left(\hat{L}_{a,2} + 2\hat{M}_{ab,2} \right)}{2}$$
$$\Delta L_0 = \frac{\left(\hat{L}_{a,2} - \hat{M}_{ab,2} \right)}{2}.$$

In αβ0-Koordinaten nimmt die hergeleitete Beziehung folgende Gestalt an.

$$
\begin{bmatrix} \frac{di_\alpha}{dt} \\[2mm] \frac{di_\beta}{dt} \\[2mm] u_{00} \end{bmatrix} \approx \frac{1}{\Sigma L^2 - \Delta L^2} \cdots
$$

$$
\begin{bmatrix} \Sigma L + \Delta L \cos(2\theta) & \Delta L \sin(2\theta) \\[3mm] \Delta L \sin(2\theta) & \Sigma L - \Delta L \cos(2\theta) \\[3mm] -\Delta L_0 \left(\Sigma L \cos(-2\theta) + \Delta L \cos(4\theta) \right) & -\Delta L_0 \left(\Sigma L \sin(-2\theta) + \Delta L \sin(4\theta) \right) \end{bmatrix} \begin{bmatrix} u_\alpha \\[3mm] u_\beta \end{bmatrix}
$$
$$(5.12)$$

Für die weitere Analyse der Zusammenhänge bietet es sich an, das Ergebnis entsprechend den Gln. (5.13) und (5.14) zu strukturieren.

$$
\frac{d}{dt} \begin{bmatrix} i_\alpha \\ i_\beta \end{bmatrix} \approx \frac{1}{\Sigma L^2 - \Delta L^2} \left[\Sigma L \begin{bmatrix} 1 & 0 \\ 0 & 1 \end{bmatrix} \begin{bmatrix} u_\alpha \\ u_\beta \end{bmatrix} + \Delta L \begin{bmatrix} \cos(2\theta) & \sin(2\theta) \\ \sin(2\theta) & -\cos(2\theta) \end{bmatrix} \begin{bmatrix} u_\alpha \\ u_\beta \end{bmatrix} \right]
$$
$$(5.13)$$

$$
u_{00} \approx -\frac{\Delta L_0}{\Sigma L^2 - \Delta L^2} \left[\Sigma L \begin{bmatrix} \cos(-2\theta) & \sin(-2\theta) \end{bmatrix} \begin{bmatrix} u_\alpha \\ u_\beta \end{bmatrix} + \Delta L \begin{bmatrix} \cos(4\theta) & \sin(4\theta) \end{bmatrix} \begin{bmatrix} u_\alpha \\ u_\beta \end{bmatrix} \right]
$$
$$(5.14)$$

Die Gln. (5.13) und (5.14) verdeutlichen aber auch, dass alle Ansätze wie erwartet die Existenz der rotor- bzw. rotorflusslageabhängigen Schwankung in den Induktivitäten erfordern, auch wenn sie sie unterschiedlich nutzen.

Die beiden Gleichungen erlauben des Weiteren eine Analyse der Unterschiede der null-spannungs- und strombasierten Verfahren im Hinblick auf die Anforderungen an das

Tabelle 5.1: Grundlegender Vergleich der strom- und der nullspannungsbasierten Ansätze.

Ansatz	strombasiert	nullspannungsbasiert
Nutzsignal abhängig von [1]	$\frac{1}{2}\left(\hat{L}_{\mathrm{a},2} + 2\hat{M}_{\mathrm{ab},2}\right)$	$\frac{1}{2}\left(\hat{L}_{\mathrm{a},2} - \hat{M}_{\mathrm{ab},2}\right)\left(L_{\mathrm{a},0} - M_{\mathrm{ab},0}\right)$ [2]
Enthaltene Signalanteile	Gleichanteil und 2te Ordnung.	-2te und 4te Ordnung.
Sonstiges	Winkelmodulation des Strom**raumzeigers**.	Amplitudenmodulation des **skalaren** Spannungswerts.

Maschinendesign, die in Kapitel 7 detailliert beleuchtet werden.
Ein Vergleich der Gl. (5.13) mit der Gl. (5.14) offenbart die fundamentalen Unterschiede zwischen den nullspannungs- und den strangstrombasierten Ansätzen, die sich vorwegnehmend auch in den nachfolgenden Analysen der unterschiedlichen Anregungsansätze zeigen und in der Tabelle 5.1 zusammengefasst sind.

5.2 Anregung mit einem Rechteckpuls

Wie im Abschnitt 4.3.1 bereits aufgezeigt, führt eine pulsförmige Anregung entsprechend dem Bild 4.1c zu einem Verlauf der Nullspannung nach Gl. (5.15). Wie bereits erläutert, setzt sich das gewonnene Signal aus zwei Komponenten zusammen, die zur Bestimmung der Rotorlage einer rechnergestützten Extraktion bedürfen. Da allerdings das Signal gleichtaktfrei und der Schwankungsanteil vierter Ordnung bei der untersuchten Maschinenklasse (siehe Abschnitt 7) in der Regel deutlich kleiner als die zweite Ordnung ist, bietet es eine nahezu vollständige Ausnutzung des Messbereichs der eingesetzten Analog-Digital-Wandler, was wiederum die Reduktion der Anforderungen und der Kosten des erforderlichen Messequipments unter Gewährleistung eines hohen Signal-Rausch-Abstandes verspricht.

$$u_{00\_100} \approx \frac{2}{3}u_{\mathrm{zk}}\frac{\Delta L_0\left(\Sigma L\cos\left(-2\theta\right) + \Delta L\cos\left(4\theta\right)\right)}{\Delta L^2 - \Sigma L^2} \tag{5.15}$$

Eine vergleichbare Anregung lässt sich mit dem Pulsmuster 010 im Strang b erzeugen, wie in der Gl. (5.16) beschrieben.

$$\begin{bmatrix} u_{\mathrm{d\_anr}} \\ u_{\mathrm{q\_anr}} \\ u_{00\_\mathrm{anr}} \end{bmatrix} = \begin{bmatrix} u_{\mathrm{d\_010}} \\ u_{\mathrm{q\_010}} \\ u_{00\_010} \end{bmatrix} = \mathbf{T}_{\mathrm{dq0}}^{-1}\,\mathbf{T}_{\alpha\beta0}^{-1}\begin{bmatrix} -u_{\mathrm{n\_010}} \\ u_{\mathrm{zk}} - u_{\mathrm{n\_010}} \\ -u_{\mathrm{n\_010}} \end{bmatrix} = \begin{bmatrix} u_{\mathrm{zk}}\frac{2\cos(\theta - \frac{2\pi}{3})}{3} \\ -u_{\mathrm{zk}}\frac{2\sin(\theta - \frac{2\pi}{3})}{3} \\ \frac{1}{3}u_{\mathrm{zk}} - u_{\mathrm{n\_010}} \end{bmatrix} \tag{5.16}$$

---

[1] Der Nenner $\Sigma L^2 - \Delta L^2$ ist bei beiden Ansätzen identisch und wird daher nicht in den Vergleich miteinbezogen.

[2] Bei Annahme, dass nur der Anteil -2ter Ordnung zur Bestimmung der Winkellage herangezogen wird.

Durch den Einsatz der entsprechenden Werte aus Gl. (5.16) in Gl. (4.27) ergibt sich ein Verlauf von u_{00_010}, der eine Phasenverschiebung gegenüber u_{00_100} um $-\frac{2\pi}{3}$ aufweist, wie der Gl. (5.17) entnommen werden kann.

$$u_{00\_010} \approx \frac{2}{3} u_{zk} \frac{\Delta L_0 \left(\Sigma L \cos \left(-2\theta - \frac{2\pi}{3} \right) + \Delta L \cos \left(4\theta - \frac{2\pi}{3} \right) \right)}{\Delta L^2 - \Sigma L^2} \tag{5.17}$$

Damit ist die Bildung eines Raumzeigers entsprechend der Gl. (5.20) möglich, der die Bestimmung der Rotorlage erlaubt. Das gewonnene Signal weist keinen Versatz zum Koordinatenursprung auf und weil nur die Ausrichtung des Zeigers zur Bestimmung der Rotorlage herangezogen wird, ist das Verfahren weitgehend unempfindlich gegenüber Schwankungen der Zwischenkreisspannung u_{zk} und erfordert keine explizite Kenntnis der Induktivitätsanteile.

Allerdings setzt sich der resultierende Raumzeiger aus zwei Raumzeigern zusammen, die unterschiedliche Rotationsgeschwindigkeiten und -richtungen aufweisen. Um die Lage des Rotorflusses präzise bestimmen zu können, ist daher eine Extraktion eines der beiden Komponenten aus dem resultierenden Raumzeiger erforderlich. Das bildet den wesentlichen Nachteil des Ansatzes. Eine entsprechende Lösung dazu wird in Kapitel 6 untersucht.

$$\begin{bmatrix} u_{00\_\alpha} \\ u_{00\_\beta} \\ u_{00\_00} \end{bmatrix} = \mathbf{T}_{\alpha\beta0}^{-1} \begin{bmatrix} u_{00\_100} \\ u_{00\_010} \\ -\left(u_{00\_100} + u_{00\_010} \right) \end{bmatrix} \tag{5.18}$$

$$\approx \frac{2}{3} u_{zk} \frac{\Delta L_0}{\Delta L^2 - \Sigma L^2} \begin{bmatrix} \Sigma L \cos\left(-2\theta\right) + \Delta L \cos\left(4\theta\right) \\ \Sigma L \sin\left(-2\theta\right) + \Delta L \sin\left(4\theta\right) \\ 0 \end{bmatrix} \tag{5.19}$$

$$\approx \frac{2}{3} u_{zk} \frac{\Delta L_0}{\Delta L^2 - \Sigma L^2} \begin{bmatrix} \Sigma L \begin{bmatrix} \cos\left(-2\theta\right) \\ \sin\left(-2\theta\right) \\ 0 \end{bmatrix} + \Delta L \begin{bmatrix} \cos\left(4\theta\right) \\ \sin\left(4\theta\right) \\ 0 \end{bmatrix} \end{bmatrix} \tag{5.20}$$

An dieser Stelle bietet sich der Vergleich mit den bereits bekannten strombasierten Verfahren, die auf einer ähnlichen Anregung fußen. Dieses Kriterium wird hier von der IN-FORM[14]-Methode [95] erfüllt, wie in Tabelle 5.2 zusammenfassend vorgestellt. Bei diesem Verfahren erfolgt die pulsförmige Einprägung einer Spannung an den Maschinenklemmen und eine Auswertung der gemessenen zeitlichen Änderung der Strangströme. Im Gegensatz zu dem, in der vorliegenden Arbeit untersuchten nullspannungsbasierten Verfahren eignet es sich sowohl für sterngeschaltete als auch für dreieckverschaltete Maschinen. Allerdings bedarf es dabei eines Strommessverfahrens, das die zeitliche Änderung des Stromes, die sich in dem Zeitraum der angelegten Pulsspannung einstellt, hinreichend genau und schnell in jedem der betroffenen Statorstränge erfassen kann. Das lässt sich auch durch Verwendung von Messverfahren umsetzen, die an zwei unterschiedlichen Zeitpunkten innerhalb des aktiv angelegten Spannungspulses den Strommesswert liefern und so die Bildung einer Näherung der zeitlichen Änderung des Stromes mit Hilfe von Differenzenquotienten erlauben. Aller-

---

[14]INdirect Flux detection by Online Reactance Measurement

Tabelle 5.2: Kurzbeschreibung der INFORM-Methode nach [96].

Methode	INFORM
Prinzip	• Einprägung jeweils eines Spannungspulses in jeden Strang über den Umrichter. • Messung und Auswertung der zeitlichen Änderung der Ströme in den jeweiligen Strängen.
angelegte Spannung	Sequentielle Einprägung von $\vec{u}_{\mathrm{anr_a},\alpha\beta0} = \frac{2}{3}u_{\mathrm{zk}}\mathrm{e}^{\mathrm{j}0}$, $\vec{u}_{\mathrm{anr_b},\alpha\beta0} = \frac{2}{3}u_{\mathrm{zk}}\mathrm{e}^{-\mathrm{j}\frac{2\pi}{3}}$, $\vec{u}_{\mathrm{anr_c},\alpha\beta0} = \frac{2}{3}u_{\mathrm{zk}}\mathrm{e}^{\mathrm{j}\frac{2\pi}{3}}$.
Ausgewertetes Signal	$$\Delta\vec{i}_{\mathrm{anr_a},\alpha\beta0} \approx \frac{2}{3}u_{\mathrm{zk}}\frac{\Delta t}{\Sigma L^2 - \Delta L^2}\left(\Sigma L - \underbrace{\Delta L\mathrm{e}^{\mathrm{j}2\theta}}_{\text{Nutzanteil}}\right)$$ $$\Delta\vec{i}_{\mathrm{anr_b},\alpha\beta0} \approx \frac{2}{3}u_{\mathrm{zk}}\frac{\Delta t}{\Sigma L^2 - \Delta L^2}\left(\Sigma L - \underbrace{\Delta L\mathrm{e}^{\mathrm{j}2\left(\theta-\frac{2\pi}{3}\right)}}_{\text{Nutzanteil}}\right)$$ $$\Delta\vec{i}_{\mathrm{anr_c},\alpha\beta0} \approx \frac{2}{3}u_{\mathrm{zk}}\frac{\Delta t}{\Sigma L^2 - \Delta L^2}\left(\Sigma L - \underbrace{\Delta L\mathrm{e}^{\mathrm{j}2\left(\theta+\frac{2\pi}{3}\right)}}_{\text{Nutzanteil}}\right)$$ Daraus folgt: $$2u_{\mathrm{zk}}\Delta t\frac{\Delta L}{\Sigma L^2-\Delta L^2}\mathrm{e}^{\mathrm{j}2\theta} \approx \Delta\vec{i}_{\mathrm{anr_a},\alpha\beta0} + \Delta\vec{i}_{\mathrm{anr_b},\alpha\beta0}\mathrm{e}^{\mathrm{j}\frac{2\pi}{3}} + \Delta\vec{i}_{\mathrm{anr_c},\alpha\beta0}\mathrm{e}^{-\mathrm{j}\frac{2\pi}{3}}$$

dings wird dabei nicht nur der Differenzstrom, sondern auch der zur Lagebestimmung nicht nutzbare Strommittelwert mitgemessen. Dies schmälert den zur Rotorlagebestimmung nutzbaren Messbereich der zu verwendenden Analog-Digital-Umsetzer, was die Forderung nach hochauflösenden und somit teureren Exemplaren nach sich zieht. Ein weiterer Ansatz besteht in der Verwendung von Sensoren, die direkt die Ableitung des Stromes messen, wie zum Beispiel die Rogowski-Spulen. Deren Vor- und Nachteile können detailliert der Tabelle 1 entnommen werden. Neben der Anforderung an ein geeignetes Strommessverfahren existiert die zusätzliche Problematik in der Forderung nach der Kenntnis der Stromänderung in allen drei Strängen.

Dazu wird in [96] eine bereits bewährte Methode vorgestellt, die es erlaubt, nur durch die Verwendung eines Stromsensors im Spannungszwischenkreis eines Umrichters die notwendigen Strangstromwerte ermitteln zu können. Damit wird die Anforderung an die Anzahl der einzusetzenden Stromsensoren zwar entspannt, allerdings muss der verbleibende Sensor präzise die gesuchte Änderung des Stromes trotz des überlagerten Grundschwingungsstromes vor allem im Lastfall der Maschine ermitteln. Des Weiteren kann nach [97] der Strom bei Verwendung nur des Sensors im Zwischenkreis nicht in der gesamten Raumzeigerebene des Stromes ermittelt werden.

Zusammenfassend wird dadurch erkennbar, dass mit dem Einsatz der INFORM-Methode sowohl der Messaufwand und somit die Kosten als auch die Systemstörquelle teilweise vom mechanischen Geber hin zum Stromsensor und der dazugehörigen Peripherie verlagert werden.

Abgesehen von den Anforderungen an die Strommesstechnik, kann mit der INFORM-Methode ebenfalls ein Raumzeiger generiert werden, der sowohl die Kenntnis der Anregungsraumzeigeramplitude als auch der Induktivitätsanteile erübrigt, wie der Tabelle 5.2 entnommen werden kann. Dabei wird in der Tabelle nur die Möglichkeit der Auswertung des Messsignals vorgestellt, die am anschaulichsten erscheint. Weitere Details und Variationen werden in [96] geschildert.

Mit den gewonnenen Beschreibungen werden auch die Unterschiede in den Anforderungen an das Maschinendesign der beiden Verfahren deutlich, wie sie zusammenfassend in der Tabelle 5.3 gegenübergestellt werden. Dabei wird vor allem deutlich, dass die INFORM-Methode im Gegensatz zu dem pulsbasierten u_{00}-Ansatz keinen Störanteil aufweist, der eine Entkopplung in der Beobachterstruktur erfordern würde. Allerdings darf dabei nicht vernachlässigt werden, dass der, mit der INFORM-Methode gewonnene Raumzeiger wie bereits erläutert erhöhte Anforderungen an die Stromsensorik stellt, die sich negativ auf den Signal-Rausch-Abstand des Nutzanteils auswirken.

Bei einer Maschine, die jedoch beiden Ansätzen (INFORM und nullspannungsbasiert) im ausreichenden Maße genügt, erscheint es denkbar, beide zu kombinieren und somit eine redundante geberlose Rotorlageerfassung zu ermöglichen.

5.3 Anregung mit einem rotierenden HF-Signal

Es ist auch denkbar, einen in Relation zu der Grundschwingungsfrequenz hochfrequent rotierenden Raumzeiger einzuprägen [13], [98] (s. Bild 5.1) und den damit generierten

---

[1]Gilt nur, wenn Absolutwerte und nicht die zeitlichen Ableitungen der Ströme gemessen werden, sonst irrelevant.

Tabelle 5.3: Grundlegender Vergleich der INFORM-Methode mit dem u_{00}-basierten Ansatz bei pulsförmiger Anregung.

Ansatz	INFORM	u_{00}-Ansatz bei pulsförmiger Anregung
Nutzsignal	$2u_{\mathrm{zk}}\Delta t \frac{\Delta L}{\Sigma L^2 - \Delta L^2}\mathrm{e}^{\mathrm{j}2\theta}$	$-\frac{2}{3}u_{\mathrm{zk}}\frac{\Delta L_0 \Sigma L}{\Sigma L^2 - \Delta L^2}\mathrm{e}^{-\mathrm{j}2\theta}$
Störanteil	keiner, wenn $\Delta t^{1)}$ und u_{zk} konstant bleiben	$-\frac{2}{3}u_{\mathrm{zk}}\frac{\Delta L_0 \Delta L}{\Sigma L^2 - \Delta L^2}\mathrm{e}^{\mathrm{j}4\theta}$

Nullspannungsverlauf zur Bestimmung der Rotorlage heranzuziehen [27], [99]. Der dazu nötige Anregungsraumzeiger kann wie folgt beschrieben werden.

$$\begin{pmatrix} u_{\mathrm{d\_anr}} \\ u_{\mathrm{q\_anr}} \\ u_{\mathrm{00\_anr}} \end{pmatrix} = \hat{u}_{\mathrm{anr}} \begin{pmatrix} \cos\left(\omega_{\mathrm{anr}}t - \theta\right) \\ \sin\left(\omega_{\mathrm{anr}}t - \theta\right) \\ 0 \end{pmatrix} \tag{5.21}$$

Allerdings muss der Anregungsraumzeiger der vom Grundschwingungsregler vorgegebenen

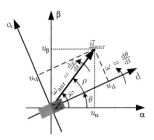

Bild 5.1: Prinzip der Anregung mit der rotierenden HF-Injektion

Spannung überlagert werden, so dass folgender resultierender Spannungsraumzeiger an die Maschinenstränge angelegt wird.

$$\begin{pmatrix} u_{\mathrm{d\_res}} \\ u_{\mathrm{q\_res}} \\ u_{00} \end{pmatrix} = \hat{u}_{\mathrm{anr}} \begin{pmatrix} \cos\left(\omega_{\mathrm{anr}}t - \theta\right) \\ \sin\left(\omega_{\mathrm{anr}}t - \theta\right) \\ 0 \end{pmatrix} + \begin{pmatrix} u_{\mathrm{d}} \\ u_{\mathrm{q}} \\ 0 \end{pmatrix} \tag{5.22}$$

Damit wird in der Nullspannung der betroffenen Maschine folgender Verlauf generiert.

$$u_{00\_rot} \approx \underbrace{\hat{u}_{anr}\frac{\Delta L_0 \Sigma L}{\Delta L^2 - \Sigma L^2}\cos\left(\omega_{anr}t + 2\theta\right)}_{\text{Nutzsignal für den potentiellen Rotorlagetracker}} + \hat{u}_{anr}\frac{\Delta L_0 \Delta L}{\Delta L^2 - \Sigma L^2}\cos\left(\omega_{anr}t + 4\theta\right) + \ldots$$

$$\underbrace{u_d \frac{\Delta L_0}{\Delta L - \Sigma L}\cos\left(3\theta\right) + u_q \frac{\Delta L_0}{\Delta L + \Sigma L}\sin\left(3\theta\right)}_{\text{Störung durch den Regler, die im Stillstand einem Offset entspricht}}$$

$$(5.23)$$

Wie anhand der Gl. (5.23) erkennbar, setzt sich das gewonnene Signal zusammen aus einem hochfrequenten Anteil und einem Anteil, der direkt von der Regelung erzeugt wird und mit der dreifachen Rotorlagefrequenz schwingt. Die Regelung wirkt sich somit bei großen oder hochdynamischen Stelleingriffen störend auf das Verfahren aus. Das Messsignal muss daher aufwendig gefiltert werden und es ist zu erwarten, dass es stark rauschanfällig und bei transienten Sollwertänderungen deutliche Abweichungen in der Bestimmung der Rotorlage aufweisen wird [4]. Weitere Schwierigkeiten und Abweichungen ergeben sich aus der nichtlinearen Sollwertübertragung des Umrichters, die vor allem bei kleinen Sollspannungsamplituden, also bei den hochfrequenten Anregungsspannungswerten relevant sind [100], [101], [67], [8].

Wie zuvor beschrieben, hängt auch bei dem hier vorgestellten Anregungsansatz die Güte des nutzbaren rotorlageabhängigen Signalanteils im Wesentlichen von der Differenz der Eigen- zu den Gegeninduktivitäten ab. An dieser Stelle bietet sich der Vergleich mit der strombasierten rotierenden HF-Injektion, die in der Tabelle 5.4 beschrieben wird. Zur besseren Übersicht sind die wesentlichen Vergleichsmerkmale in der Tabelle 5.5 nochmals zusammengefasst. Zusätzlich zu den bereits genannten Unterschieden zwischen den strom- und dem u_{00}-basierten Verfahren wird bei der rotierenden HF-Injektion deutlich, dass der u_{00}-gestützte Ansatz im Gegensatz zu dem strombasierten keine Reduktion der Nutzsignalamplitude mit steigender Anregungssignalfrequenz erfährt. Somit kann bei dem u_{00}-basierten Anregungsverfahren eine weitaus höhere Anregungsfrequenz verwendet werden, die zu einer Reduktion der hörbaren Geräusche und wahrnehmbaren Drehmomentpendelungen führt, ohne Einbußen in dem Signal-Rausch-Abstand hinnehmen zu müssen. Auf der anderen Seite ergibt sich bei Anwendung der rotierenden HF-Injektion beim u_{00}-Ansatz ein skalarer Wert im Gegensatz zum strombasierten rotHF- und zum u_{00}-Verfahren bei pulsförmiger Anregung aus Abschnitt 5.2. Damit hängt die Verwendbarkeit des u_{00}-Signals bei rotierender HF-Injektion direkt von der Amplitude des angelegten Anregungssignals ab. Um eine zufriedenstellende Güte des Signals zur Bestimmung der Rotorlage gewährleisten zu können, darf die Anregungsamplitude gegenüber dem Grundspannungssignal, das vom Grundspannungsregler vorgegeben wird, nicht zu klein sein. Somit sind auch bei dem u_{00}-basierten Ansatz wahrnehmbare Geräusche und Drehmomentstörungen zu erwarten, die vor allem bei höheren Sollspannungswerten aufgrund der notwendigerweise höheren Anregungsspannungsamplituden zunehmen werden. Des Weiteren ist bei dem u_{00}-gestützten rotHF-Ansatz problematisch, dass die mitgemessene Störung einen Schwankungsanteil enthält, der recht nah an der Nutzsignalfrequenz liegt, so dass die präzise Bestimmung der Rotorlage bei Drehzahlen nah am Stillstand weitgehend unrealistisch erscheint, ohne größere Einbußen in der Dynamik oder der Einfachheit der anschließenden Signalauswertung hinnehmen zu müssen.

Tabelle 5.4: Kurzbeschreibung der strombasierten rotierenden HF-Injektion [13].

Methode	strombasierte rotierende HF-Injektion
Prinzip	• Einprägung eines hochfrequent rotierenden Spannungs-raumzeigers über den Umrichter. • Messung und Auswertung der Strangströme.
angelegte Spannung	$\begin{pmatrix} u_{\mathrm{d\_res}} \\ u_{\mathrm{q\_res}} \\ u_{00} \end{pmatrix} = \hat{u}_{\mathrm{anr}} \begin{pmatrix} \cos\left(\omega_{\mathrm{anr}}t - \theta\right) \\ \sin\left(\omega_{\mathrm{anr}}t - \theta\right) \\ 0 \end{pmatrix} + \begin{pmatrix} u_{\mathrm{d}} \\ u_{\mathrm{q}} \\ 0 \end{pmatrix}$
Ausgewertetes Signal	$\vec{i}_{\alpha\beta 0} \approx \vec{i}_{\alpha\beta 0,1} - \dfrac{\hat{u}_{\mathrm{anr}}}{\omega_{\mathrm{anr}}\left(\Sigma L^2 - \Delta L^2\right)} \left(\Sigma L \mathrm{e}^{\mathrm{j}\left(\omega_{\mathrm{anr}}t + \frac{\pi}{2}\right)} - \underbrace{\Delta L \mathrm{e}^{\mathrm{j}\left(2\theta - \omega_{\mathrm{anr}}t + \frac{\pi}{2}\right)}}_{\text{Nutzanteil}} \right)$

Tabelle 5.5: Grundlegender Vergleich des strombasierten Verfahrens mit dem nullspannungs-basierten bei rotierender HF-Injektion.

Ansatz	rotHF strombasiert	rotHF u_{00}-basiert
Nutzsignal	$\dfrac{\hat{u}_{\mathrm{anr}}}{\omega_{\mathrm{anr}}} \dfrac{\Delta L}{\Sigma L^2 - \Delta L^2} \mathrm{e}^{\mathrm{j}\left(2\theta - \omega_{\mathrm{anr}}t + \frac{\pi}{2}\right)}$	$-\hat{u}_{\mathrm{anr}} \dfrac{\Delta L_0 \Sigma L}{\Sigma L^2 - \Delta L^2} \cos\left(\omega_{\mathrm{anr}}t + 2\theta\right)$
Störanteil	$\vec{i}_{\alpha\beta 0,1} - \dfrac{\hat{u}_{\mathrm{anr}}}{\omega_{\mathrm{anr}}} \dfrac{\Sigma L}{\Sigma L^2 - \Delta L^2} \mathrm{e}^{\mathrm{j}\left(\omega_{\mathrm{anr}}t + \frac{\pi}{2}\right)}$	$-\hat{u}_{\mathrm{anr}} \dfrac{\Delta L_0 \Delta L}{\Sigma L^2 - \Delta L^2} \cos\left(\omega_{\mathrm{anr}}t + 4\theta\right) +$ $u_{\mathrm{d}} \dfrac{\Delta L_0}{\Delta L - \Sigma L} \cos\left(3\theta\right) \quad + \quad \cdots$ $u_{\mathrm{q}} \dfrac{\Delta L_0}{\Delta L + \Sigma L} \sin\left(3\theta\right)$

5.4 Anregung mit einem alternierenden HF-Signal

Ein weiterer weit verbreiteter Anregungsansatz besteht in der Erzeugung eines Signals, das in der Raumzeigerdarstellung in die Richtung der geschätzten d-Achse zeigt und dessen

Amplitude mit einer Frequenz alterniert, die in Relation zu der Grundschwingungsfrequenz als hoch aufgefasst werden kann aber nicht höher als die PWM-Frequenz ist [102]. Aufgrund der besonderen Ausrichtung des Anregungssignals resultiert auch eine vergleichsweise geringe Störung des Drehmomentverlaufs der Maschine, was auch den entscheidenden Vorteil des Ansatzes darstellt (s. Bild 5.2). Aber auch hier wird die Anregungsspannung der regulären Grundschwingungsspannung überlagert, wie der Gl. (5.24) entnommen werden kann und was zu vergleichbaren Schwierigkeiten führt, wie bei der rotierenden HF-Injektion. Im Zusammenhang mit dem u_{00}-basierten Ansatz wurde die Verwendung der alternierenden Injektion erstmals in [43] veröffentlicht. Der Einsatz der Potenzialdifferenz zwischen dem Motorsternpunkt und $\frac{u_{zk}}{2}$[15] zusammen mit der alternierenden Injektion wurde noch früher in [32] präsentiert.

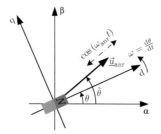

Bild 5.2: Prinzip der Anregung mit der alternierenden HF-Injektion

$$\begin{pmatrix} u_{d\_res} \\ u_{q\_res} \\ u_{00} \end{pmatrix} = \hat{u}_{anr} \cos\left(\omega_{anr}t\right) \begin{pmatrix} \cos\left(\tilde{\theta} - \theta\right) \\ \sin\left(\tilde{\theta} - \theta\right) \\ 0 \end{pmatrix} + \begin{pmatrix} u_d \\ u_q \\ 0 \end{pmatrix} \qquad (5.24)$$

Aus der Anregung resultiert ein Nullspannungsverlauf, wie er in der Gl. (5.25) beschrieben ist.

$$
\begin{aligned}
u_{00\_alt} \approx{} & \frac{\Delta L_0}{\Delta L - \Sigma L} \hat{u}_{anr} \cos\left(\tilde{\theta} - \theta\right) \cos\left(3\theta\right) \cos\left(\omega_{anr}t\right) + \dots \\
& \underbrace{\frac{\Delta L_0}{\Delta L + \Sigma L} \hat{u}_{anr} \sin\left(\tilde{\theta} - \theta\right) \sin\left(3\theta\right) \cos\left(\omega_{anr}t\right) + \dots}_{\text{Nutzsignal für den potentiellen Rotorlagetracker}} \\
& \underbrace{\frac{\Delta L_0}{\Delta L_0 - \Sigma L} u_d \cos\left(3\theta\right) + \frac{\Delta L_0}{\Delta L_0 + \Sigma L} u_q \sin\left(3\theta\right)}_{\text{Störung durch den Regler, die im Stillstand einem Offset entspricht}}
\end{aligned}
\qquad (5.25)
$$

Wie bei der rotierenden HF-Injektion setzt sich auch hier das Signal aus einer Nutz- und drei Störkomponenten zusammen. Allerdings erscheint die Extraktion des Nutzsignals

---

[15] Was einer Verschiebung von u_{00} um einen Offset aus u_{n_ref} und $\frac{u_{zk}}{2}$ entspricht.

bei der alternierenden HF-Injektion noch schwieriger aufgrund der Tatsache zu sein, dass einer der Störanteile exakt die gleiche Frequenz aufweist, wie die Nutzkomponente, und zusätzlich über eine größere Amplitude verfügt als der Nutzanteil. Auch eine Umformung der Gl. (5.25) entsprechend der Gl. (5.26) führt zu keinem Ergebnis, das eine bessere Auswertbarkeit des Signals bei kleinen Drehzahlen verspricht, da sich dann der Nutzanteil aus einer Summe zweier, bezogen auf die Frequenz nah beieinander liegender skalarer Anteile zusammensetzt.

$$
u_{00\_\mathrm{alt}} \approx \underbrace{\left(\frac{\Delta L_0 \Sigma L}{\Delta L^2 - \Sigma L^2} \cos\left(\tilde{\theta} + 2\theta\right) + \frac{\Delta L_0 \Delta L}{\Delta L^2 - \Sigma L^2} \cos\left(\tilde{\theta} - 4\theta\right) \right) \hat{u}_{\mathrm{anr}} \cos\left(\omega_{\mathrm{anr}} t\right)}_{\text{Nutzsignal für den potentiellen Rotorlagetracker}} + \dots
$$

$$
\underbrace{\frac{\Delta L_0}{\Delta L - \Sigma L} u_{\mathrm{d}} \cos\left(3\theta\right) + \frac{\Delta L_0}{\Delta L + \Sigma L} u_{\mathrm{q}} \sin\left(3\theta\right)}_{\text{Störung durch den Regler, die im Stillstand einem Offset entspricht}}
$$

$$(5.26)$$

Wie in den vorherigen Abschnitten, bietet es sich an, auch hier die Unterschiede zu der strombasierten alternierenden HF-Injektion (s. Tabelle 5.6) näher zu beleuchten, wie in der Tabelle 5.7 zusammenfassend dargestellt.

Tabelle 5.6: Kurzbeschreibung der strombasierten alternierenden HF-Injektion [13].

Methode	alternierende HF-Injektion
Prinzip	• Einprägung eines hochfrequent amplitudenalternierenden Spannungsraumzeigers in Richtung der geschätzten d-Achse über den Umrichter. • Messung und Auswertung der Strangströme.
angelegte Spannung	$\begin{pmatrix} u_{\mathrm{d\_res}} \\ u_{\mathrm{q\_res}} \\ u_{00} \end{pmatrix} = \hat{u}_{\mathrm{anr}} \cos\left(\omega_{\mathrm{anr}} t\right) \begin{pmatrix} \cos\left(\tilde{\theta} - \theta\right) \\ \sin\left(\tilde{\theta} - \theta\right) \\ 0 \end{pmatrix} + \begin{pmatrix} u_{\mathrm{d}} \\ u_{\mathrm{q}} \\ 0 \end{pmatrix}$
Ausgewertetes Signal	$\vec{i}_{\alpha\beta 0} \approx \vec{i}_{\alpha\beta 0,1} - \dfrac{\hat{u}_{\mathrm{anr}}}{\omega_{\mathrm{anr}} \left(\Sigma L^2 - \Delta L^2\right)} \sin\left(\omega_{\mathrm{anr}} t\right) \left(\Sigma L + \underbrace{\Delta L \mathrm{e}^{\mathrm{j}\left(2\theta - 2\tilde{\theta}\right)}}_{\text{Nutzanteil}} \right)$

Dabei wird deutlich, dass es viele Parallelen in den Unterschieden zwischen den strom- und u_{00}-gestützten Methoden bei Anwendung der rotierenden oder alternierenden HF-Injektion gibt. Wie bei der rotierenden HF-Injektion, wird auch hier vor allem deutlich, dass das strombasierte Verfahren einen Raumzeiger und der auf u_{00} fußende Ansatz einen schwingenden Skalar als Ergebnis liefert. Damit können auch hier keine Auswertungsmaßnahmen herangezogen werden, die bereits bei den strombasierten Verfahren verwendet werden.

Tabelle 5.7: Grundlegender Vergleich der strombasierten und der nullspannungsbasierten Verfahren bei Anwendung der alternierenden HF-Injektion.

Ansatz	altHF strombasiert	altHF u_{00}-basiert (nach Gl. (5.25))
Nutzsignal	$\frac{\hat{u}_{\mathrm{anr}}}{\omega_{\mathrm{anr}}} \frac{\Delta L}{\Sigma L^2 - \Delta L^2} \sin\left(\omega_{\mathrm{anr}} t\right) \mathrm{e}^{\mathrm{j}2\left(\theta - \tilde{\theta}\right)}$	$\hat{u}_{\mathrm{anr}} \frac{\Delta L_0}{\Delta L + \Sigma L} \sin\left(\tilde{\theta} - \theta\right) \sin\left(3\theta\right) \cos\left(\omega_{\mathrm{anr}} t\right)$
Störanteil	$\vec{i}_{\alpha\beta0,1} - \frac{\hat{u}_{\mathrm{anr}}}{\omega_{\mathrm{anr}}} \frac{\Sigma L}{\Sigma L^2 - \Delta L^2} \sin\left(\omega_{\mathrm{anr}} t\right)$	$\hat{u}_{\mathrm{anr}} \frac{\Delta L_0}{\Delta L - \Sigma L} \cos\left(\tilde{\theta} - \theta\right) \cos\left(3\theta\right) \cos\left(\omega_{\mathrm{anr}} t\right)$ $+ u_{\mathrm{d}} \frac{\Delta L_0}{\Delta L - \Sigma L} \cos\left(3\theta\right) + u_{\mathrm{q}} \frac{\Delta L_0}{\Delta L + \Sigma L} \sin\left(3\theta\right)$

5.5 Zusammenfassung

Um die Nullspannung zur Bestimmung der Rotorlage optimal nutzen zu können, ist unter anderem auch die Anwendung von geeigneten Anregungsverfahren von entscheidender Bedeutung. Nach der Herleitung der fundamentalen Gleichungen für die Nutzung der Rotorlageabhängigkeit der Strangströme und der Nullspannung wird zum einen eine grundsätzliche Gegenüberstellung der Verwendbarkeit der beiden Medien für den genannten Zweck als auch deren Analyse bei Vorliegen der folgenden drei Möglichkeiten im Hinblick auf die Nutzsignalausbeute, die zu erwartende Störanfälligkeit und die Implementierbarkeit beziehungsweise den Auswertungsaufwand ermöglicht.

1. Pulsspannungsinjektion

2. rotierende Hochfrequenzinjektion (rotHF)

3. alternierende Hochfrequenzinjektion (altHF)

Die für die nachfolgenden Abschnitte relevanten Ergebnisse der Untersuchungen können zusammenfassend der Tabelle 5.8 entnommen werden, in der die Nullspannungssignale unter Berücksichtigung der herangezogenen Anregungsmethoden dargestellt sind. Dabei wird deutlich, dass nur bei Einsatz der pulsförmigen Injektion ein Nullspannungsraumzeiger generiert werden kann, der bei einem vergleichsweise geringen Auswertungsaufwand die beste Nutzbarkeit des gewonnenen Signals zur Bestimmung der Rotor- bzw. Rotorflusslage bietet [15] . Das bildet auch die Grundlage für die Fokussierung auf die pulsbasierte Injektion im weiteren Verlauf der Arbeit.

Damit sind aber auch die Nachteile der pulsbasierten Anregung mit dem Einsatz des Nullspannungssignals verbunden, wie im Folgenden aufgelistet.

- zusätzliche Schaltverluste [24]

- Verkleinerung des nutzbaren Spannungsraumzeigers aufgrund der Verkürzung der nutzbaren PWM-Periode[16]

- wahrnehmbare Geräuschemissionen

---

[16] Das gilt aber auch für HF-basierte Anregungsverfahren.

Tabelle 5.8: Zusammenfassender Vergleich der untersuchten Anregungsverfahren bei Verwendung der Nullspannung.

Ansatz	Pulsspannungsinjektion	rotHF	altHF
Nutzsignal	$-\frac{2}{3} u_{zk} \frac{\Delta L_0 \Sigma L}{\Sigma L^2 - \Delta L^2} e^{-j2\theta}$	$-\hat{u}_{anr} \frac{\Delta L_0 \Sigma L}{\Sigma L^2 - \Delta L^2} \cos(\omega_{anr} t + 2\theta)$	$\hat{u}_{anr} \frac{\Delta L_0}{\Delta L + \Sigma L} \sin\left(\hat{\theta} - \theta\right) \sin(3\theta) \cos(\omega_{anr} t)$
Störanteil	$-\frac{2}{3} u_{zk} \frac{\Delta L_0 \Delta L}{\Sigma L^2 - \Delta L^2} e^{j4\theta}$	$-\hat{u}_{anr} \frac{\Delta L_0 \Delta L}{\Sigma L^2 - \Delta L^2} \cos(\omega_{anr} t + 4\theta) \;+\; \ldots$ $u_{d} \frac{\Delta L_0}{\Delta L - \Sigma L} \cos(3\theta) + u_{q} \frac{\Delta L_0}{\Delta L + \Sigma L} \sin(3\theta)$	$\hat{u}_{anr} \frac{\Delta L_0}{\Delta L - \Sigma L} \cos\left(\hat{\theta} - \theta\right) \cos(3\theta) \cos(\omega_{anr} t)$ $+ u_{q} \frac{\Delta L_0}{\Delta L - \Sigma L} \cos(3\theta) + u_{q} \frac{\Delta L_0}{\Delta L + \Sigma L} \sin(3\theta)$
Auswertungsaufwand	<ul><li>Trennung von zwei Raumzeigern nötig.</li><li>Amplitude des Störanteils oft kleiner als des Nutzanteils.</li><li>Kein Gleichanteil.</li><li>Keine Überlagerung des Grundschwingungsanteils.</li></ul>	<ul><li>Extraktion des Nutzsignals aus einer skalaren Schwingung mit drei Störanteilen nötig.</li><li>Die Frequenz eines Störanteils liegt sehr nah an der Frequenz des Nutzanteils.</li><li>Direkte Störungen durch den Reglereingriff.</li></ul>	<ul><li>Extraktion des Nutzsignals aus einer skalaren Schwingung mit drei Störanteilen nötig.</li><li>Die Frequenz eines Störanteils entspricht exakt der Frequenz der Nutzanteils.</li><li>Direkte Störungen durch den Reglereingriff.</li></ul>

6 Signalauswertung bei Anwendung der Pulsspannungsinjektion

Nachdem im vorhergehenden Kapitel 5 die Analyse der Anregungsmöglichkeiten ergab, dass sich die Pulsspannungsinjektion als die vielversprechendste erweist, erfolgt in dem vorliegenden Abschnitt eine Untersuchung der Möglichkeiten für die Extraktion der Lageinformation aus den durch die Injektion generierten Nullspannungssignalen. Die Auswertung des messtechnisch gewonnenen Signals auf der Softwareebene lässt sich in vier Schritte gliedern und entsprechend setzt sich auch die Auswertefunktion aus vier Modulen zusammen (s. Bild 6.1). Dabei stellen die beiden letzten Schritte die größte Herausforderung im Vergleich zu den ersten beiden dar, so dass im weiteren Verlauf des Kapitels vor allem auf sie eingegangen wird. Es existieren mehrere Ansätze zur Extraktion der Rotorlageinforma-

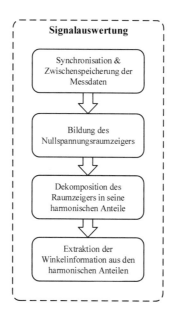

Bild 6.1: Skizze der Softwaremodule zur Auswertung der messtechnisch gewonnenen Signale und zur Bestimmung der Rotorlage.

tion aus dem gewonnenen Raumzeiger, wie er in Gl. (5.20) beschrieben ist. Die zunächst

© Springer Fachmedien Wiesbaden GmbH, ein Teil von Springer Nature 2018
T. Werner, *Geberlose Rotorlagebestimmung in elektrischen Maschinen*,
https://doi.org/10.1007/978-3-658-22271-0_6

naheliegende Möglichkeit basiert auf der Vernachlässigung der schwächer ausgeprägten Harmonischen 4ter-Ordnung, wie in [38] geschildert, wo eine arctan-Funktion mit nachgelagerter PLL-Struktur verwendet wird, um hauptsächlich die Harmonische −2ter Ordnung zu ermitteln (s. Bild 6.2). Allerdings kann sich das Verhältnis zwischen der −2ten und der 4ten Ordnung bei Belastung des Motors ungünstig verschieben, so dass die getroffene Vernachlässigung dann zu noch größeren Fehlern führt. Daher erscheint es vorteilhafter, ein Verfahren anzuwenden, das die Möglichkeit bietet, die harmonischen Anteile im Betrieb von einander zu separieren und sowohl deren Amplituden als auch Phasen zu bestimmen. Dazu bietet sich ein zweistufiger Ansatz, der nachfolgend anhand der Bestimmung der −2ten Harmonischen aus dem gewonnenen $\vec{u}_{00\_x00,\alpha\beta0}$[17])-Raumzeiger erläutert wird und zur Ermittlung der 4ten Harmonischen analog verwendet werden könnte.

Aufgrund der unverhältnismäßig stärkeren Fehler des arctan-basierten Ansatzes gegenüber den Fehlern der übrigen Verfahren, wird die Darstellung der Ergebnisse der simulativen Analysen der, auf der arctan-Funktion fußenden Methode nicht weiterverfolgt.

6.1 Bestimmung der -2ten Harmonischen

Zunächst erfolgt eine Darstellung des $\vec{u}_{00\_x00,\alpha\beta0}$-Raumzeigers in einem mit $-2\tilde{\theta}$ drehenden kartesischen Koordinatensystem unter der Annahme:

$$-2\tilde{\theta} = -2\theta + \delta \text{ mit } \delta \to 0, \tag{6.1}$$

so dass sich folgende Form des Raumzeigers ergibt:

$$\vec{u}_{00\_x00,\mathrm{dq}(-2)} \approx \frac{2}{3} u_{\mathrm{zk}} \frac{\Delta L_0}{\Delta L^2 - \Sigma L^2} \begin{bmatrix} \Sigma L \cos\left(6\theta - \delta\right) + \Delta L \cos\left(-\delta\right) \\ \Sigma L \sin\left(6\theta - \delta\right) + \Delta L \sin\left(-\delta\right) \\ 0 \end{bmatrix} \tag{6.2}$$

$$\approx \frac{2}{3} u_{\mathrm{zk}} \frac{\Delta L_0}{\Delta L^2 - \Sigma L^2} \begin{bmatrix} \Sigma L \cos\left(6\theta - \delta\right) + \Delta L \\ \Sigma L \sin\left(6\theta - \delta\right) - \delta \Delta L \\ 0 \end{bmatrix}, \text{ wenn } \delta \to 0. \tag{6.3}$$

Für den weiteren Schritt hin zur Bestimmung der −2ten-Harmonischen ist vor allem der mittlere Term des gewonnenen Vektors nötig, in dem die folgende Annahme angewendet wird.

$$\sin\left(-\delta\right) \approx -\delta \text{ bei } \delta \to 0 \tag{6.4}$$

---

[17])Die Kennzeichnung _x00 weist darauf hin, dass der Raumzeiger aus der Auswertung der Einfachschaltzustände generiert wurde, während derer eine Phase mit u_{zk} und die restlichen beiden mit GND verbunden wurden.

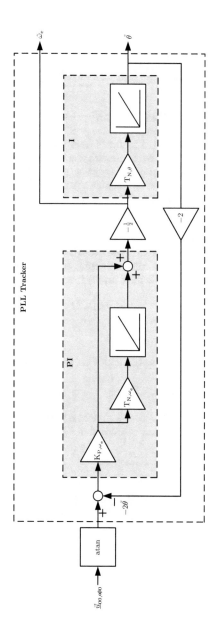

Bild 6.2: Ansatz nach [38] zur Extraktion des Winkels aus einem Raumzeiger mit nur einer harmonischen Komponente.

Wie in der Gl. (6.5) aufgezeigt, setzt er sich aus einer harmonischen [18] und einer linearen Komponente zusammen.

$$u_{00q(-2)} \approx \frac{2}{3} u_{zk} \frac{\Delta L_0}{\Delta L^2 - \Sigma L^2} \left(\underbrace{\Sigma L \sin(6\theta - \delta)}_{\epsilon_{harm}} - \underbrace{\delta \Delta L}_{\epsilon_{lin}} \right) \tag{6.5}$$

Die gesuchte Information über die Abweichung des geschätzten Winkels $\tilde{\theta}$ vom tatsächlichen θ lässt sich aus der linearen Komponente über eine gewöhnliche PLL-Struktur extrahieren, wie sie auch im Bild 6.2 skizziert ist. Die nichtlineare Komponente hingegen stellt eine Störung in der Lageschätzung dar, deren Beseitigung eine besondere Herausforderung darstellt. Dazu bietet sich unter anderem die Verwendung eines adaptiven und nichtlinearen Filterverfahrens, das auf der Grundidee des Harmonic Activated Neural Filters (HANN) mit nachgeschalteter Adaption mittels eines Gradientenabstiegsverfahrens (GDM [19]) basiert. Der Ansatz ist ausführlich in [48] erläutert und wird in [4] im Zusammenhang mit dem SS-MRAS[20]-Ansatz zur adaptiven Bestimmung der Motorparameter und der Rotorlage bei strommessbasierten HF-Verfahren eingesetzt. Die Besonderheit des Verfahrens liegt vor allem in der Adaption des Filters mit Hilfe der GDM, deren Grundidee anhand eines linearen Beispielsystems nachfolgend erläutert werden soll. Ein Fehler aus der Schätzung eines derartigen Systems lässt sich wie folgt beschreiben:

$$\epsilon = y(x,a) - y(x,\tilde{a}) \tag{6.6}$$
$$= ax - \tilde{a}x \tag{6.7}$$
$$= (a - \tilde{a})x. \tag{6.8}$$

Die Strategie zur Schätzung des Parameters $\tilde{a}$ zielt auf die Reduktion der Fehlerenergie ab.

$$E = \frac{1}{2}\epsilon^2 \tag{6.9}$$

Eine Ableitung der Energiefunktion nach dem gesuchten Parameter $\tilde{a}$ ergibt den gesuchten Zusammenhang zwischen der Änderung von $\tilde{a}$ und der Änderung des Fehlers ϵ:

$$\frac{\partial E}{\partial \tilde{a}} = -\epsilon \left(\frac{\partial y(x,\tilde{a})}{\partial \tilde{a}} \right) \tag{6.10}$$

Damit die Fehlerenergie ihr Minimum erreichen kann, wird die Änderung des Parameters $\tilde{a}$ nach dem negativen Gradienten der Fehlerenergiefunktion ausgerichtet und mit einem Verstärkungsfaktor, der im Umfeld der Theorie der Neuronalen Netze auch als Lerngeschwindigkeit bekannt ist, skaliert. Daraus resultiert folgende Vorschrift für die Bestimmung des Schätzparameters $\tilde{a}$.

$$\frac{d\tilde{a}}{dt} \overset{!}{=} \eta\epsilon \left(\frac{\partial y(x,\tilde{a})}{\partial \tilde{a}} \right) \tag{6.11}$$

---

[18] also nichtlinearen
[19] Gradient Descent Method
[20] Self-Sensing Model Reference Adaptive System

Damit wird auch erkennbar, dass der Parameter in dem Maße verstärkt wird, in dem er zur Minimierung der Fehlerenergie beiträgt. Allerdings muss dazu zumindest die Grundstruktur des betroffenen Systems im ausreichenden Umfang modelliert werden, was dem Grey-Box-Ansatz [48] entspricht. Im Hinblick auf die Eliminierung des harmonischen Fehlers in der Rotorlageschätzung der vorliegenden Arbeit wird das beschriebene Gradientenabstiegsverfahren innerhalb der HANN-Struktur entsprechend dem Bild 6.3 eingesetzt. Wie bereits in [4] erläutert, weisen die integrierende Struktur des PLL-Trackers und die Rückführung der geschätzten Lage, wie im Bild 6.3 skizziert, ein Hochpassverhalten bezogen auf den resultierenden Schätzfehler ϵ_{res} auf. Zur Anpassung der Gradientenberechnung an die Dynamik der Fehlerschätzung wird auch dabei eine identische Hochpassarchitektur herangezogen. Ein weiterer Aspekt muss bei der Festlegung der Lernschrittweite η berücksichtigt werden. Sie bestimmt auch die Geschwindigkeit der Parameteranpassung der GDM und dabei darf sie nicht höher sein als die des PLL-Trackers, um eine Resonanzüberhöhung bei der Winkelbestimmung zu vermeiden. Damit darf die Lerngeschwindigkeit nicht zu hoch gewählt werden (s. Bild 6.6). Um den Rechenaufwand minimal zu halten, wird in [4] empfohlen, eine automatische Nachführung der Schätzparameter des GDM zu vernachlässigen und mit festen Werten zu rechnen. Die Untersuchungen im Rahmen der Arbeit zeigen jedoch auf (s. Bilder 6.5 und 6.6), dass es nicht möglich ist, einen festen Parametersatz sowohl für die optimale Lerngeschwindigkeit als auch für die Verstärkungsfaktoren der P- und I-Anteile des Trackers und des Hochpasses zu finden, der in allen relevanten Derhzahlbereichen eine zufriedenstellende Schätzung gewährleistet. Als Rechenressourcen schonende Alternative dazu erweist sich die stufenweise und drehzahlabhängige Umschaltung zumindest der Lerngeschwindigkeit der GDM zwischen empirisch bestimmten optimalen Parametern, was einer Umschaltung anhand einer Umsetzungstabelle entspricht, so dass sich eine Schätzerstruktur ergibt, wie sie im Bild 6.4 skizziert ist. Dabei wird vor allem nahe Stillstand die Lerngeschwindigkeit deutlich erhöht, um die Schätzempfindlichkeit der harmonischen Anteile in dem Bereich zu verbessern, ohne Überschwingungen im oberen Drehzahlbereich zu verursachen (s. Bild 6.6).

Neben der Frequenz stellt auch die Variation der Amplitudenverhältnisse zwischen der Harmonischen der -2ten und 4ten Ordnung im Betrieb nahe Stillstand eine weitere Herausforderung dar. Eine derartige Verhältnisänderung ist nicht drehzahlabhängig und kann zum Beispiel während eines Drehmomentsprungs oder einer Verschiebung der Motortemperatur auftreten, da in dem Fall sowohl eine Änderung sowohl der Magnetfeldstärke als auch der Statorsättigung zu beachten sind. Das hat eine Veränderung der Amplitude des linearen Fehleranteils ϵ_{lin} (s. Bild 6.4) gegenüber dem harmonischen Fehleranteil nach Gl. (6.5) zur Folge, was auch die Anpassung der PLL-Tracker und der PI-Anteile der GDM erfordert. Die angestellten Untersuchungen zeigen auf, dass in dem Fall allein die Nachführung der GDM-Schrittweite nur mäßige Ergebnisse liefert (s. Bilder 6.5 und 6.6), so dass eine komplexere Nachführung der Parameter notwendig erscheint.

6.2 Zusammenfassung

Für die Extraktion der Lageinformation aus den messtechnisch erfassten Signalen werden drei mögliche Ansätze diskutiert, wie nachfolgend aufgelistet.

- Arctan-Funktion mit nachgeschaltetem PLL-Tracker (s. Bild 6.2)

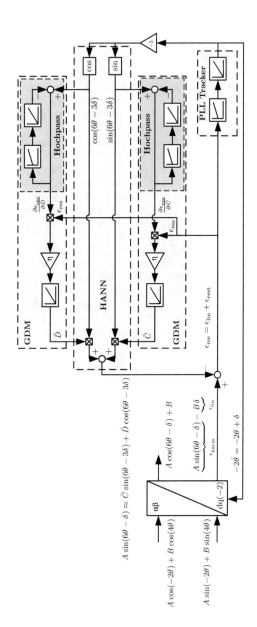

Bild 6.3: Aufbau des HANN-basierten Rotorlageschätzers mit integrierter Adaption der Schätzparameter über ein Gradientenabstiegsverfahren mit konstanter Lernschrittweite.

- HANN mit konstanter GDM und einem PLL-Tracker (s. Bild 6.3)
- HANN mit umschaltbarer GDM und einem PLL-Tracker (s. Bild 6.4)

Aufgrund der deutlich stärker ausgeprägten Fehleranfälligkeit der Arctan-basierten Winkelbestimmung gegenüber den beiden anderen geschilderten Methoden bei Vorliegen eines Signals, das Harmonische aufweist, deren Frequenzen nah beieinander liegen und deren Amplituden sich immer stark voneinander unterscheiden, wird sie nicht weiterverfolgt. Daher erfolgt ein Einblick in die Möglichkeiten aus dem Gebiet der Neuronalen Netze anhand des HANN-Ansatzes. Neben der höheren Genauigkeit weist das Verfahren eine geringere Beeinträchtigung der Rotorlageschätzdynamik auf, da vorrangig die harmonischen Störanteile gedämpft werden, ohne die Bandbreite der Lageschätzung im gleichen Maße einzuschränken. Aufgrund der Hochpasscharakteristik des HANN-Ansatzes ist auch hier eine Schätzung der harmonischen Fehler nur bei einer Rotation des Motorläufers möglich. Dabei muss die Periode der zu filternden Harmonischen vollständig durchlaufen werden. Des Weiteren weist der harmonische Fehleranteil eine drehzahlabhängige Dynamik auf, so dass die GDM-Schrittweite einer Anpassung im Betrieb bedarf. Dazu wird der im Rahmen der Arbeit entworfene Ansatz einer empirisch ermittelten Umsetzungstabelle, die zur drehzahlabhängigen und stufenweisen Umschaltung der GDM-Schrittweise herangezogen wird, analysiert. Die vorgestellte Anpassung der HANN stellt dabei einen Kompromiss zwischen geringer Rechenintensität und robuster Schätzung im gesamten relevanten Drehzahlbereich dar. Die simulativen Untersuchungen belegen eine Verbesserung der Lageschätzung nahe Stillstand, ohne die Schätzung im höherem Drehzahlbereich zu verschlechtern.

Doch auch mit der drehzahlabhängigen Anpassung der GDM wird ein Anfangsoffset im Stillstand nicht erkannt. Dies ist zwar weniger kritisch, wenn bei Reglerfreigabe sofort eine Veränderung des Drehzahlsollwerts erfolgt, aber bei einem Maximalsollwert des Drehmoments im Stillstand wäre ein, auf dem Verfahren fußender Antrieb nicht im Stande den Sollwert zu erreichen. Dies gilt auch für den arctan-basierten Auswerteansatz nach [38]. Damit erfüllt der Ansatz zwar nicht die Anforderungen an einen Traktionsantrieb, ist aber ausreichend für Anwendungen, in denen ein länger andauerndes maximales Moment im Stillstand nicht relevant ist.

Des weiteren sind auch die Verschiebungen der Amplitudenverhältnisse zwischen der Harmonischen der -2ten und 4ten Ordnung im Betrieb zu berücksichtigen, deren Einfluss auf den Schätzfehler einzig durch die Nachführung der GDM-Schrittweite nicht zufriedenstellend beseitigt werden kann. Durch das vielfältige Ursachenspektrum für die Veränderungen der Amplitudenverhältnisse erscheint eine rechenarme Parameteranpassung in dem Fall kaum möglich zu sein.

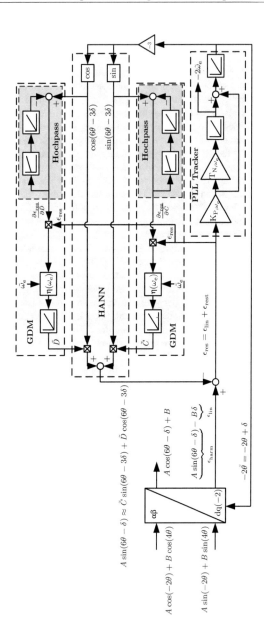

Bild 6.4: Aufbau des verwendeten HANN-basierten Rotorlageschätzers mit integrierter Adaption der Schätzparameter über ein Gradienten-abstiegsverfahren mit umschaltbarer Lernschrittweite.

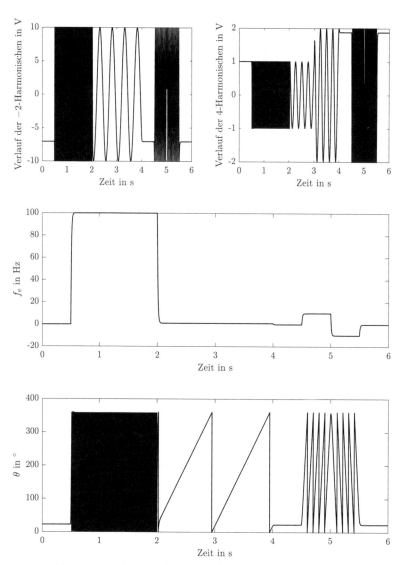

Bild 6.5: Verlauf der Drehzahl, des Winkels und der simulierten Anteile des Messsignals für die Untersuchung des HANN-basierten Schätzverfahrens. Bei der Harmonischen der 4ten Ordnung verändert sich bei t=3 s sprunghaft sowohl die Amplitude als auch der Phasenwinkel. In dem Bereich zwischen 2 s und 4 s beträgt die Frequenz $f_e = 1\,\text{Hz}$.

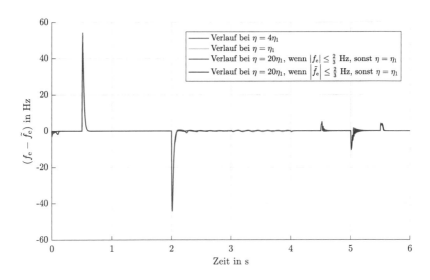

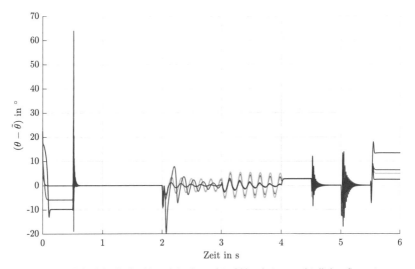

Bild 6.6: Verlauf des Drehzahl- und des Lageschätzfehlers bei unterschiedlichen Strategien der Lerngeschwindigkeitsverstellung. Der im Rahmen der Arbeit bestimmte Absolutwert von η_1 beträgt 500. Er ist aber für das Verständnis der Umschaltstrategie zweitrangig.

7 Anforderungen an das Maschinendesign

Nachdem in den vorhergehenden Kapiteln die grundsätzliche Nutzbarkeit des Maschinensternpunkts, die Möglichkeiten zur zielführenden Anregung des Motors und die Methoden zur Filterung und Auswertung des Messsignals beleuchtet worden sind, erfolgt im vorliegenden Abschnitt der Arbeit eine Analyse der Anforderungen an das Maschinendesign, die der optimalen Nutzbarkeit der Nullspannung zur Bestimmung der Rotorlage entgegenkommen würden.

Aufgrund der kaum überschaubaren, großen Anzahl der Stellmöglichkeiten beim Maschinendesign bezüglich der geberlosen Rotorlagebestimmung bei unterschiedlichen strom- und spannungsbasierten Verfahren bedarf es für eine detaillierte und umfassende Analyse einer eigenen wissenschaftlichen Abhandlung. Daher wird in diesem Abschnitt nicht der Anspruch auf Vollständigkeit hinsichtlich des Themenkomplexes erhoben, sondern es soll vielmehr ein erster Einblick in die wesentlichen Zusammenhänge vermittelt und erste grundlegende Kriterien erarbeitet werden, die von einer elektrischen Maschine erfüllt werden müssen, um eine u_{00}-basierte Rotorlagebestimmung umsetzen zu können. Dazu erscheint es zielführend, zunächst eine Definition der erforderlichen Induktivitätsverhältnisse in der Maschine zu erarbeiten, anhand derer weitere konstruktive Maßnahmen bestimmt werden können, die zur Umsetzung der optimalen u_{00}-basierten Rotorlagebestimmung erforderlich sind.

Dazu erfolgt in dem vorliegenden Kapitel eine in drei Abschnitten gegliederte Herleitung. Zuerst erfolgt die Darstellung der Kenndaten von drei Beispielmotoren, anhand derer im zweiten Abschnitt die Induktivitätsmodelle einer numerisch und messtechnisch basierten Verifikation unterzogen werden, um eine Grundlage zur Bestimmung der Anforderungen an die Induktivitätsverhältnisse zu bieten, die im dritten Abschnitt des Kapitels dargelegt wird. In dem Zusammenhang wird auch der Frage nachgegangen, welche Induktivitätsverhältnisse von den strombasierten Verfahren gefordert werden und inwiefern sie mit den Kriterien der u_{00}-basierten vereinbar sind, um einen Parallelbetrieb mit beiden Methoden zur redundanten lagegeberlosen Bestimmung der Rotorlage umsetzen zu können.

Desweiteren bieten die numerischen Berechnungen auch die Möglichkeit zur Untersuchung, inwiefern die Rotorlageabhängigkeit der Induktivitäten und die Tauglichkeit der herangezogenen Motoren für die lagegeberlosen Verfahren von der Rotor- und Statorgeometrie und inwiefern sie von der Sättigung durch den Permanentmagnetfluss bestimmt werden, was in dem vierten Abschnitt beleuchtet wird.

7.1 Kenndaten der herangezogenen Beispielmotoren

Für die Verifikation der zugrunde gelegten Annahmen für die Herleitung der Anforderungen an das Maschinendesign werden im Rahmen der Arbeit drei Motoren herangezogen (s.

© Springer Fachmedien Wiesbaden GmbH, ein Teil von Springer Nature 2018
T. Werner, *Geberlose Rotorlagebestimmung in elektrischen Maschinen*,
https://doi.org/10.1007/978-3-658-22271-0_7

Bild 7.1). Während die Motoren M1 (s. Bild 7.1a) und M2 (s. Bild 7.1b) physikalisch vorliegen und daher auch messtechnisch erfasst werden können, liegen vom Motor M3 (s. Bild 7.1c) nur die numerisch gewonnenen Daten vor. Der Motor M3 unterscheidet sich vom Motor M1 nur im Rotordesign. Der Rotor des Motors M1 besteht aus einem Ringmagneten, so dass sowohl in der q- als auch in der d-Richtung ein großer magnetischer Widerstand in Erscheinung tritt. Im Gegensatz dazu sind im Motor M3 die Bereiche zwischen den Magneten gefüllt mit Eisen, so dass die Induktivität in q-Richtung deutlich ausgeprägter als in der d-Richtung ist.

Die für die folgenden Untersuchungen wesentlichen Kenndaten der Motoren M1 und M2 können der Tabelle 7.1 entnommen werden.

Tabelle 7.1: Kenndaten der im Rahmen der Arbeit messtechnisch verifizierbaren und untersuchten Motoren. Die angegebenen $L_{d''}$- und $L_{q''}$-Werte resultieren aus der Ausrichtung des $d''q''0$-Koordinatensystems entsprechend dem Bild 7.2.

Motornummer	Motor 1	Motor 2
max. Drehmoment	5 Nm	17 Nm
Bemessungsdrehzahl	3000 1/min	1000 1/min
Wicklungstyp	Zahnspulenwicklung	Zahnspulenwicklung
Nutzahl	9	12
Induktivität @$I = 0$ A	$L_{d''} \approx L_{q''} = 103\,\mu\text{H}$	$L_{d''} \approx 155\,\mu\text{H}$ $L_{q''} \approx 210\,\mu\text{H}$
Rotortyp	SPM-Typ: magnetisiertes Magnetrohr auf einem Blechpaket (s. Bild 7.1a)	IPM-Typ: im Blechpaket vergrabene Magnete (s. Bild 7.1b)
Polpaarzahl	3	5

7.2 Verifikation der Induktivitätsmodelle anhand der FEM-Daten der Beispielmotoren

Zur Überprüfung der Induktivitätsmodelle werden Daten aus den FEM-Berechnungen der Motoren herangezogen. Zur besseren Handhabung der resultierenden analytischen Ausdrücke und Vergleichbarkeit der Maschinen, wird im Folgenden statt des dq0-Koordinatensystems das $d''q''0$-System verwendet, das an dem Minimum des Induktivitätswerts in Phase „a" bei $I = 0$ A ausgerichtet ist, wie im Bild 7.2 skizziert. Damit wird auch der Einfluss der Querkopplungen minimiert und der detektierbare $L_{d''}$-$L_{q''}$-Unterschied maximiert. Wie bereits in Gl. (5.5) des Abschnitts 5.1 geschildert, ergeben sich unter der Annahme von

$$M_{d''q''} = M_{q''d''} \tag{7.1}$$

$$i_0 = 0\,\text{A} \tag{7.2}$$

$$\omega_{\text{mr}} \approx 0\,\text{rad/s} \tag{7.3}$$

(a) Rotor des Motors 1: Oberflächenmagnettyp mit $\mu \approx 1$ zwischen den Polen

(b) Rotor des Motors 2: mit Taschenmagneten und einer sinuspolähnlichen Polkontur

(c) Rotor des Motors 3: Oberflächenmagnettyp mit eingelassenen Magneten und somit höherer Induktivität in Querrichtung

Bild 7.1: Rotorquerschnitte der Beispielmotoren, die im Rahmen der Arbeit zur messtechnisch und numerisch basierten Verifikation der Modelle herangezogen werden. Während die Motoren M1 und M2 physikalisch vorliegen, stellt der Motor M3 eine Abwandlung des Motors M1 dar, die nur numerisch mit Hilfe des Programms „FEMAG" untersucht wird.

und bei Kenntnis der Spannungswerte $u_{\mathrm{d}''}$ und $u_{\mathrm{q}''}$ die Zusammenhänge entsprechend der Gl. (7.4) bis Gl. (7.7), die um eine Beschreibung mit den Koeffizienten $K_{i_{\mathrm{d}'',\mathrm{d}''}}$, $K_{i_{\mathrm{d}'',\mathrm{q}''}}$, $K_{i_{\mathrm{q}'',\mathrm{q}''}}$ und $K_{u_{00,\mathrm{d}''}}$, $K_{u_{00,\mathrm{q}''}}$ erweitert sind. Die genannten Koeffizienten weisen keine Einheiten auf und erlauben einen Vergleich der numerisch und analytisch gewonnenen Modelle zur Beschreibung des Zusammenhangs zwischen den Motorinduktivitäten und den u_{00}- und strangstrombasierten Winkelbestimmungsansätzen. Des Weiteren bieten sie die Möglichkeit eines Vergleichs unterschiedlich ausgeprägter Motoren im Hinblick auf ihre Tauglichkeit für einen lagegeberlosen Betrieb, wenn für die Normierung identische $L_{\mathrm{d}'',0}$- und $L_{\mathrm{q}'',0}$-Werte herangezogen werden.

$$
\begin{bmatrix} \frac{\mathrm{d}i_{\mathrm{d}''}}{\mathrm{d}t} \\[2mm] \frac{\mathrm{d}i_{\mathrm{q}''}}{\mathrm{d}t} \end{bmatrix} = \frac{1}{L_{\mathrm{d}''}L_{\mathrm{q}''} - M_{\mathrm{d}''\mathrm{q}''}^2} \begin{bmatrix} L_{\mathrm{d}'',0}L_{\mathrm{q}''} & -L_{\mathrm{q}'',0}M_{\mathrm{d}''\mathrm{q}''} \\[2mm] -L_{\mathrm{d}'',0}M_{\mathrm{d}''\mathrm{q}''} & L_{\mathrm{q}'',0}L_{\mathrm{d}''} \end{bmatrix} \begin{bmatrix} \frac{u_{\mathrm{d}''}}{L_{\mathrm{d}'',0}} \\[2mm] \frac{u_{\mathrm{q}''}}{L_{\mathrm{q}'',0}} \end{bmatrix} \tag{7.4}
$$

$$
= \begin{bmatrix} K_{i_{\mathrm{d}'',\mathrm{d}''}} & K_{i_{\mathrm{d}'',\mathrm{q}''}} \\[2mm] K_{i_{\mathrm{d}'',\mathrm{q}''}} & K_{i_{\mathrm{q}'',\mathrm{q}''}} \end{bmatrix} \begin{bmatrix} \frac{u_{\mathrm{d}''}}{L_{\mathrm{d}'',0}} \\[2mm] \frac{u_{\mathrm{q}''}}{L_{\mathrm{q}'',0}} \end{bmatrix} \tag{7.5}
$$

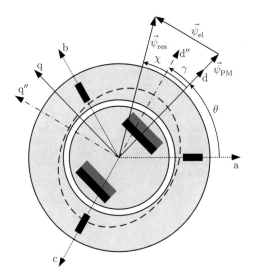

Bild 7.2: Modell eines zweipoligen Motors mit einer dreisträngigen Wicklung und permanent-magneterregtem Rotor mit vergrabenen Magneten unter Angabe der Bezugsachsen für die Definition der d''-Achse, die für die Berechnung der $L_{d''}$ und $L_{q''}$ in dem vorliegenden Kapitel herangezogen wird. Die gestrichelte Ellipse markiert beispielhaft den Wert des fiktiven Luftspaltes oder der Welle des magnetischen Widerstands an der jeweiligen Stelle entlang des Umfangs. Die Ausrichtung $\gamma + \theta$ der durch die Ellipse skizzierten Welle wird sowohl durch den Sättigungszustand des Motorblechpakets als auch durch die geometrischen Gegebenheiten des Rotors und des Stators bestimmt.

$$u_{00} = \frac{1}{L_{d''}L_{q''} - M_{d''q''}^2} \begin{bmatrix} L_{q''}M_{0d''} - M_{0q''}M_{d''q''} & L_{d''}M_{0q''} - M_{0d''}M_{d''q''} \end{bmatrix} \begin{bmatrix} u_{d''} \\ u_{q''} \end{bmatrix} \tag{7.6}$$

$$= \begin{bmatrix} K_{u_{00,d''}} & K_{u_{00,q''}} \end{bmatrix} \begin{bmatrix} u_{d''} \\ u_{q''} \end{bmatrix} \tag{7.7}$$

Unter folgenden Annahmen

$$\frac{M_{d''q''}}{L_{d''}} \approx 0 \tag{7.8}$$

$$\frac{M_{d''q''}}{L_{q''}} \approx 0 \tag{7.9}$$

$$\frac{M_{0q''}M_{d''q''}}{L_{q''}M_{0d''}} \approx 0 \tag{7.10}$$

$$\frac{M_{0d''}M_{d''q''}}{L_{d''}M_{0q''}} \approx 0 \tag{7.11}$$

vereinfachen sich die Gleichungen (7.4) bis (7.7) zu

$$\begin{bmatrix} \frac{di_{d''}}{dt} \\ \frac{di_{q''}}{dt} \end{bmatrix} \approx \frac{1}{L_{d''}L_{q''}} \begin{bmatrix} L_{d'',0}L_{q''} & 0 \\ 0 & L_{q'',0}L_{d''} \end{bmatrix} \begin{bmatrix} \frac{u_{d''}}{L_{d'',0}} \\ \frac{u_{q''}}{L_{q'',0}} \end{bmatrix} \tag{7.12}$$

$$\approx \begin{bmatrix} K_{i_{d'',d''}\_1} & K_{i_{d'',q''}\_1} \\ K_{i_{d'',q''}\_1} & K_{i_{q'',q''}\_1} \end{bmatrix} \begin{bmatrix} \frac{u_{d''}}{L_{d'',0}} \\ \frac{u_{q''}}{L_{q'',0}} \end{bmatrix} \tag{7.13}$$

$$u_{00} \approx \frac{1}{L_{d''}L_{q''}} \begin{bmatrix} L_{q''}M_{0d''} & L_{d''}M_{0q''} \end{bmatrix} \begin{bmatrix} u_{d''} \\ u_{q''} \end{bmatrix} \tag{7.14}$$

$$\approx \begin{bmatrix} K_{u_{00,d''}\_1} & K_{u_{00,q''}\_1} \end{bmatrix} \begin{bmatrix} u_{d''} \\ u_{q''} \end{bmatrix}. \tag{7.15}$$

Eine weitere Stufe der Vereinfachung der Zusammenhänge bietet sich bei Approximation der Induktivitätsverläufe entsprechend der Gl. (3.81) bis Gl. (3.92) und bei Berücksichtigung der Ausrichtung der d''-Achse entsprechend dem Bild 7.2, so dass die sättigungsbedingten

Anteile entfallen und die folgenden Beschreibungen gewonnen werden können.

$$\begin{bmatrix} \frac{\mathrm{d}i_{\mathrm{d}''}}{\mathrm{d}t} \\ \frac{\mathrm{d}i_{\mathrm{q}''}}{\mathrm{d}t} \end{bmatrix} \approx \frac{1}{\Sigma L^2 - \Delta L^2} \begin{bmatrix} L_{\mathrm{d}'',0}\left(\Sigma L + \Delta L\right) & 0 \\ 0 & L_{\mathrm{q}'',0}\left(\Sigma L - \Delta L\right) \end{bmatrix} \begin{bmatrix} \frac{u_{\mathrm{d}''}}{L_{\mathrm{d}'',0}} \\ \frac{u_{\mathrm{q}''}}{L_{\mathrm{q}'',0}} \end{bmatrix} \tag{7.16}$$

$$\approx \begin{bmatrix} K_{i_{\mathrm{d}'',\mathrm{d}''\_2}} & K_{i_{\mathrm{d}'',\mathrm{q}''\_2}} \\ K_{i_{\mathrm{d}'',\mathrm{q}''\_2}} & K_{i_{\mathrm{q}'',\mathrm{q}''\_2}} \end{bmatrix} \begin{bmatrix} \frac{u_{\mathrm{d}''}}{L_{\mathrm{d}'',0}} \\ \frac{u_{\mathrm{q}''}}{L_{\mathrm{q}'',0}} \end{bmatrix} \tag{7.17}$$

$$u_{00} \approx \frac{1}{\Sigma L^2 - \Delta L^2} \begin{bmatrix} -\Delta L_0\left(\Sigma L + \Delta L\right)\cos(3\theta) & \Delta L_0\left(\Sigma L - \Delta L\right)\sin(3\theta) \end{bmatrix} \begin{bmatrix} u_{\mathrm{d}''} \\ u_{\mathrm{q}''} \end{bmatrix} \tag{7.18}$$

$$\approx \begin{bmatrix} K_{u_{00,\mathrm{d}''\_2}} & K_{u_{00,\mathrm{q}''\_2}} \end{bmatrix} \begin{bmatrix} u_{\mathrm{d}''} \\ u_{\mathrm{q}''} \end{bmatrix} \tag{7.19}$$

mit

$$\Sigma L = \left(L_{\mathrm{a},0} - M_{\mathrm{ab},0}\right)$$

$$\Delta L = \frac{\left(\hat{L}_{\mathrm{a},2} + 2\hat{M}_{\mathrm{ab},2}\right)}{2}$$

$$\Delta L_0 = \frac{\left(\hat{L}_{\mathrm{a},2} - \hat{M}_{\mathrm{ab},2}\right)}{2}.$$

Den Bildern 7.3 bis 7.5 kann die anhand der Motoren M1 bis M3 durchgeführte Gegen-überstellung der erläuterten und mit unterschiedlichen Approximationstiefen gewonnenen Koeffizienten entnommen werden. Dabei ist erkennbar, dass die Koeffizienten $K_{i_{\mathrm{d}'',\mathrm{d}''\_2}}$, $K_{i_{\mathrm{d}'',\mathrm{q}''\_2}}$ und $K_{i_{\mathrm{q}'',\mathrm{q}''\_2}}$ weitgehend dem Mittelwert der Koeffizienten $K_{i_{\mathrm{d}'',\mathrm{d}''}}$, $K_{i_{\mathrm{d}'',\mathrm{q}''}}$ und $K_{i_{\mathrm{q}'',\mathrm{q}''}}$ entsprechen und die Schwankung sechster Ordnung nicht aufweisen. Die Schwankung resultiert aus der Querkopplungsinduktivität $M_{\mathrm{d}''\mathrm{q}''}$, wie den in Bildern 4 bis 12 dargestellten FFT-Ergebnissen aus den numerisch gewonnenen Daten der drei Motoren entnommen werden kann. Die Amplitude der Schwankung beträgt maximal 4 % des Mittelwertes, so dass die Nutzung der Approximation nach Gln. (7.16) und (7.17) für die Analyse der strangstrombasierten Verfahren zulässig ist.

Bei dem Vergleich der unterschiedlich gewonnenen Koeffizienten für das u_{00}-basierte Ver-fahren werden teilweise größere Abweichungen erkennbar, wie in den Bildern 7.3 bis 7.5 dargestellt. Bei den Motoren M1 und M3 wird deutlich, dass die Verläufe der Koeffizienten $K_{u_{00,\mathrm{d}''}}$ und $K_{u_{00,\mathrm{q}''}}$ zwar nicht zufriedenstellend durch die Approximation nach Gln. (7.18) und (7.19) beschrieben werden, aber dafür sind sie auch vernachlässigbar klein. Aufgrund der kleinen Werte haben auch die nicht vermeidbaren Abweichungen in der numerischen Berechnung einen größeren Einfluss auf das Ergebnis. Die Grundtendenz, dass die Verläufe der Koeffizienten vernachlässigbar kleine Werte aufweisen wird in jeder Approxiamtionsstufe wiedergegeben, so dass deren Verwendung für die weitergehende Analyse der Motoren M1 und M3 erlaubt ist.

Bei dem Motor M2 weisen die Verläufe der Koeffizienten $K_{u_{00,\mathrm{d}''}}$ und $K_{u_{00,\mathrm{q}''}}$ (s. Bild 7.4) Amplituden auf, die gegenüber den Ergebnissen aus den Motoren M1 und M3 rund um den Faktor $2 \cdot 10^3$ bis $4 \cdot 10^4$ größer sind. Dabei bildet die Approximation nach Gln. (7.18) und (7.19) die Verläufe der Koeffizienten $K_{u_{00,\mathrm{d}''}}$ und $K_{u_{00,\mathrm{q}''}}$ nahezu exakt nach, so dass deren Verwendung auch für die weiteren Untersuchungen des Motors M2 zulässig ist.

7.3 Grundlegende Anforderungen an die Motorinduktivitätsverhältnisse

Nach der im Abschnitt 7.2 durchgeführten Analyse der Nutzbarkeit der Approximationen nach Gln. (7.16) bis (7.19), werden sie im Folgenden für die Untersuchung der Zusammenhänge zwischen den Induktivitätsverhältnissen und den lagegeberlosen Verfahren herangezogen.

Hierzu bietet die Darstellung der relevanten Gleichungen in αβ0-Koordinaten geeignete Einblicke zur Analyse der Beziehungen, wie den Gln. (7.21) und (7.23) entnommen werden kann.

$$
\begin{bmatrix} \frac{\mathrm{d}i_\alpha}{\mathrm{d}t} \\ \frac{\mathrm{d}i_\beta}{\mathrm{d}t} \end{bmatrix} \approx \frac{1}{\Sigma L^2 - \Delta L^2} \left[\Sigma L \begin{bmatrix} 1 & 0 \\ 0 & 1 \end{bmatrix} \begin{bmatrix} u_\alpha \\ u_\beta \end{bmatrix} + \Delta L \begin{bmatrix} \cos(2\theta) & \sin(2\theta) \\ \sin(2\theta) & -\cos(2\theta) \end{bmatrix} \begin{bmatrix} u_\alpha \\ u_\beta \end{bmatrix} \right]
\tag{7.20}
$$

$$
\approx A_{i_\mathrm{disturb}} \begin{bmatrix} 1 & 0 \\ 0 & 1 \end{bmatrix} \begin{bmatrix} \frac{u_\alpha}{L_{\mathrm{a},0}} \\ \frac{u_\beta}{L_{\mathrm{a},0}} \end{bmatrix} + A_{i_\mathrm{usable}} \begin{bmatrix} \cos(2\theta) & \sin(2\theta) \\ \sin(2\theta) & -\cos(2\theta) \end{bmatrix} \begin{bmatrix} \frac{u_\alpha}{L_{\mathrm{a},0}} \\ \frac{u_\beta}{L_{\mathrm{a},0}} \end{bmatrix}
\tag{7.21}
$$

$$
u_{00} \approx -\frac{\Delta L_0}{\Sigma L^2 - \Delta L^2} \left[\Sigma L \begin{bmatrix} \cos(-2\theta) & \sin(-2\theta) \end{bmatrix} \begin{bmatrix} u_\alpha \\ u_\beta \end{bmatrix} + \Delta L \begin{bmatrix} \cos(4\theta) & \sin(4\theta) \end{bmatrix} \begin{bmatrix} u_\alpha \\ u_\beta \end{bmatrix} \right]
\tag{7.22}
$$

$$
\approx A_{u_{00,-2}} \begin{bmatrix} \cos(-2\theta) & \sin(-2\theta) \end{bmatrix} \begin{bmatrix} u_\alpha \\ u_\beta \end{bmatrix} + A_{u_{00,4}} \begin{bmatrix} \cos(4\theta) & \sin(4\theta) \end{bmatrix} \begin{bmatrix} u_\alpha \\ u_\beta \end{bmatrix}
\tag{7.23}
$$

Die Verstärkungsfaktoren A_{i_disturb}, A_{i_usable}, $A_{u_{00,-2}}$ und $A_{u_{00,4}}$ resultieren aus den Induktivi-

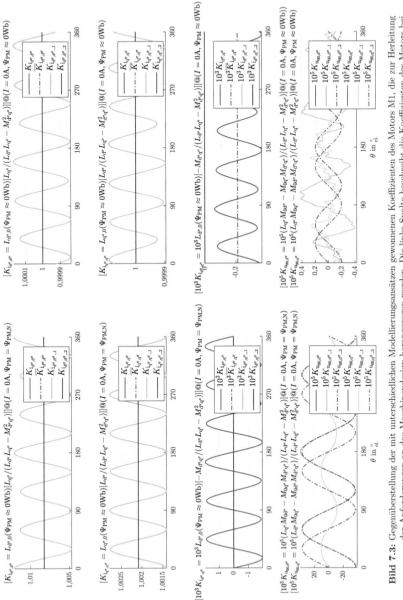

Bild 7.3: Gegenüberstellung der mit unterschiedlichen Modellierungsansätzen gewonnenen Koeffizienten des Motors M1, die zur Herleitung der Anforderungen an das Maschinendesign herangezogen werden. Die linke Spalte beschreibt die Koeffizienten des Motors bei voller PM-Induktion und die rechte Spalte stellt die Ergebnisse bei vernachlässigbar kleiner PM-Induktion dar.

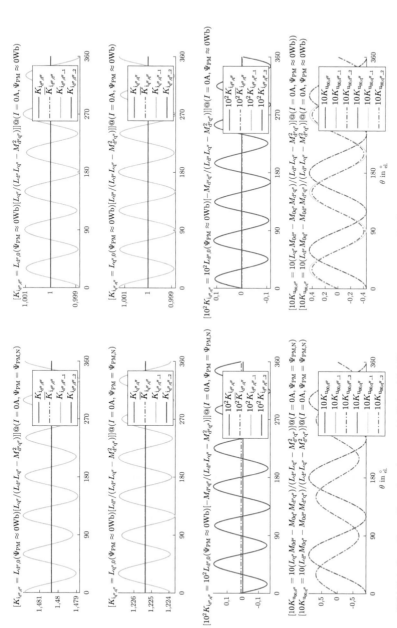

Bild 7.4: Gegenüberstellung der mit unterschiedlichen Modellierungsansätzen gewonnenen Koeffizienten des Motors M2, die zur Herleitung der Anforderungen an das Maschinendesign herangezogen werden. Die linke Spalte beschreibt die Koeffizienten des Motors bei voller PM-Induktion und die rechte Spalte stellt die Ergebnisse bei vernachlässigbar kleiner PM-Induktion dar.

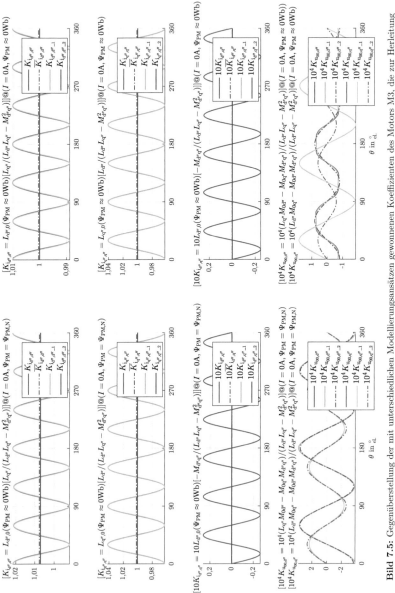

Bild 7.5: Gegenüberstellung der mit unterschiedlichen Modellierungsansätzen gewonnenen Koeffizienten des Motors M3, die zur Herleitung der Anforderungen an das Maschinendesign herangezogen werden. Die linke Spalte beschreibt die Koeffizienten des Motors bei voller PM-Induktion und die rechte Spalte stellt die Ergebnisse bei vernachlässigbar kleiner PM-Induktion dar.

tätsverhältnissen in den Motoren und können wie folgt beschrieben werden.

$$A_{i_{\text{disturb}}} = \frac{\Sigma L}{\Sigma L^2 - \Delta L^2} = \frac{1 - K_0}{(1 - K_0)^2 - \left(\frac{K_{\text{h}}}{2}\right)^2 (1 + 2K_2)^2} \tag{7.24}$$

$$A_{i_{\text{usable}}} = \frac{\Delta L}{\Sigma L^2 - \Delta L^2} = \frac{\frac{K_{\text{h}}}{2}(1 + 2K_2)}{(1 - K_0)^2 - \left(\frac{K_{\text{h}}}{2}\right)^2 (1 + 2K_2)^2} \tag{7.25}$$

$$A_{u_{00,-2}} = -\frac{\Delta L_0 \Sigma L}{\Sigma L^2 - \Delta L^2} = -\frac{\frac{K_{\text{h}}}{2}(1 - K_2)(1 - K_0)}{(1 - K_0)^2 - \left(\frac{K_{\text{h}}}{2}\right)^2 (1 + 2K_2)^2} \tag{7.26}$$

$$A_{u_{00,4}} = -\frac{\Delta L_0 \Delta L}{\Sigma L^2 - \Delta L^2} = -\frac{\left(\frac{K_{\text{h}}}{2}\right)^2 (1 - K_2)(1 + 2K_2)}{(1 - K_0)^2 - \left(\frac{K_{\text{h}}}{2}\right)^2 (1 + 2K_2)^2} \tag{7.27}$$

$$\frac{A_{u_{00,4}}}{A_{u_{00,-2}}} = \frac{A_{i_{\text{usable}}}}{A_{i_{\text{disturb}}}} = \frac{\Delta L}{\Sigma L} = \frac{K_{\text{h}}}{2}\frac{1 + 2K_2}{1 - K_0} \tag{7.28}$$

mit

$$K_0 = \frac{M_{\text{ab,0}}}{L_{\text{a,0}}} \tag{7.29}$$

$$K_{\text{h}} = \frac{\hat{L}_{\text{a,2}}}{L_{\text{a,0}}} \tag{7.30}$$

$$K_2 = \frac{\hat{M}_{\text{ab,2}}}{\hat{L}_{\text{a,2}}} \tag{7.31}$$

Die Koeffizienten K_0, K_{h} und K_2 stellen die Induktivitätsverhältnisse dar, die nach Gln. (7.24) bis (7.28) maßgeblich die Nutzbarkeit des jeweiligen Motors für die lagegeberlosen Verfahren bestimmen. Für die weitere Analyse bietet es sich an, den Wertbereich der Koeffizienten auf einen physikalisch umsetzbar erscheinenden einzugrenzen, wie im Folgenden aufgezeigt.

$$-\frac{1}{2} \leq K_0 \leq 0 \tag{7.32}$$

$$0 \leq K_{\text{h}} \leq \frac{1}{2} \tag{7.33}$$

$$0 \leq K_2 \leq 1 \tag{7.34}$$

7.3.1 Bestimmung des optimalen Koeffizientenverhältnisses für die strombasierte Lageerfassung

Das Koeffizientenverhältnis gilt als optimal, wenn dabei sowohl die Nutzsignalverstärkung als auch der Abstand der Nutzsignalamplitude zu der Störsignalamplitude deutlich ausgeprägt sind.

In dem durch die Gln. (7.32) bis (7.34) vorgegebenen Suchraum ergeben sich die Verläufe der Verstärkungsfaktoren entsprechend dem Bild 7.6. Für die strangstrombasierten Verfahren wird dabei deutlich, dass der Koeffizient K_0 und somit auch der Gleichanteil der Gegeniduktivität $M_{\text{ab},0}$ einen Wert nahe Null aufweisen sollten, um eine gute Nutzbarkeit des jeweiligen Motors für lagegeberlose Winkelerfassung zu gewährleisten. Dagegen sollte der Koeffizient K_{h} und somit die Schwankung zweiter Ordnung der Selbstinduktivität $\hat{L}_{\text{a},2}$ den technisch größtmöglichen Wert annehmen. Auch bei dem Koeffizienten K_2 und somit beim Verhältnis $\frac{M_{\text{ab},2}}{\hat{L}_{\text{a},2}}$ steigt die Güte des Signals für den strangstrombasierten lagegeberlosen Betrieb mit der Erhöhung des Wertes. Zusammenfassend lassen sich demnach folgende Motordesignziele für die strombasierte Lageerfassung zusammenstellen.

$$M_{\text{ab},0} \to 0 \tag{7.35}$$

$$\hat{L}_{\text{a},2} \to \frac{L_{\text{a},0}}{2} \tag{7.36}$$

$$\hat{M}_{\text{ab},2} \to \hat{L}_{\text{a},2} \tag{7.37}$$

Damit lässt sich auch das theoretisch maximal erreichbare Verhältnis zwischen dem Nutz- und dem Störanteil des Stromsignals für den lagegeberlosen Betrieb ermitteln, das bei Umsetzung der genannten Designziele erreicht und der Gl. (7.38) entnommen werden kann. Einen detaillierten Überblick über die damit erreichbaren Verstärkungsfaktoren bietet die Tabelle 7.2.

$$\max\left(\frac{A_{i_{\text{usable}}}}{A_{i_{\text{disturb}}}}\right) = \max\left(\frac{\Delta L}{\Sigma L}\right) = \frac{3}{4} \tag{7.38}$$

7.3.2 Bestimmung des optimalen Koeffizientenverhältnisses für die nullspannungsbasierte Lageerfassung

Für die Umsetzung der u_{00}-basierten Lageerfassung kann dem Bild 7.6 entnommen werden, dass der Koeffizient K_0 und somit der Gegeninduktivitätsgleichanteil $M_{\text{ab},0}$ identisch zu den Vorgaben der strombasierten Verfahren gegen Null streben sollte. Tendenziell weist die u_{00}-Schwankung -2ter-Ordnung in $\alpha\beta0$-Koordinaten eine größere Amplitude auf als die der vierten Ordnung, so dass es sich anbietet, das Maschinendesign danach auszurichten. Der ersten Spalte der Darstellungen im Bild 7.6 folgend sollte dazu der Koeffizient K_2 gegen Null streben und um eine hohe Amplitude des Nutzsignals zu gewährleisten, muss der Koeffizient K_{h} gegen $0,5$ tendieren. Damit ergeben sich folgende Ziele für die Induktivitätsanteile der Maschine.

$$M_{\text{ab},0} \to 0\,\text{H} \tag{7.39}$$

$$\hat{L}_{\text{a},2} \to \frac{L_{\text{a},0}}{2} \tag{7.40}$$

$$\hat{M}_{\text{ab},2} \to 0\,\text{H} \tag{7.41}$$

Bei Erfüllung der Designziele entsprechend den Gln. (7.39) bis (7.41) ergibt sich folgendes Verhältnis zwischen dem Nutz- und Störanteil des u_{00}-basierten Signals.

$$\frac{A_{u_{00,-2}}}{A_{u_{00,4}}} = \frac{\Sigma L}{\Delta L} = 4 \tag{7.42}$$

Ein detaillierter Überblick über die sich dabei ergebenden Werte der Verstärkungsfaktoren wird in der Tabelle 7.2 gegeben. Es sind auch Verhältnisse möglich, in denen $\frac{A_{u_{00,-2}}}{A_{u_{00,4}}}$ noch größere Werte einnimmt. Dann nimmt jedoch auch der Verstärkungsfaktor $A_{u_{00,-2}}$ deutlich ab.

Die Gl. (7.28) erweckt den Eindruck, als wären die Motordesignziele für ein strombasiertes und ein $u_{00,4}$-basiertes identisch. Ein genauer Blick auf die Verläufe im Bild 7.6 verdeutlicht jedoch, dass bei $K_2 \to 1$ der Nutzanteil des strombasierten Verfahrens sein Maximum erreicht und der Nutzanteil eines $u_{00,4}$-basierten gegen Null strebt. Somit wird deutlich, dass die Nutzung der $u_{00,4}$-Komponente zur Bestimmung der Rotorlage unter keinen Umständen zielführend sein kann.

Verifikation der analytisch gewonnenen Anforderungen

Zur Verifikation der für die Umsetzung des u_{00}-basierten Verfahrens definierten Motordesignziele werden zum einem die numerisch generierten Induktivitätsverläufe der drei Beispielmotoren herangezogen und zum anderen werden die anhand der numerischen Berechnungen ermittelten $\vec{u}_{00}$-Verläufe mit den messtechnisch gewonnenen einem Vergleich unterzogen. Dazu werden die physikalisch vorliegenden Motoren M1 und M2 eingesetzt. Die detaillierte Erläuterung der umgesetzten Schritte zur messtechnischen Bestimmung der $\vec{u}_{00}$-Verläufe wird in Kapitel 8 vorgenommen.

Bei Anwendung der numerisch gewonnenen Daten ergeben sich für die drei Beispielmotoren die Koeffizientenwerte entsprechend dem Bild 7.7. Der Motor M1 weist aufgrund der Geometrie des Rotors und seiner Ringmagnetisierung keine Schwankung in der Selbstinduktivität auf, so dass $L_{a,2}$ und damit einhergehend K_h vernachlässigbar klein sind. Daher sind alle seine Verstärkungsfaktoren entsprechend dem Bild 7.7 vernachlässigbar klein.

Unter den drei Motoren erfüllen die Koeffizienten des Motors M2 am besten die Anforderungen nach Gln. (7.39) bis (7.41) für die Umsetzung des u_{00}-basierten Verfahrens. Aufgrund von $K_0 \approx 0$ und der deutlich ausgeprägten Amplitude von $L_{a,2}$ weist der Motor M2 eine ebenso gute Eignung für eine strombasierte Rotorlagebestimmung wie der Motor M3 auf, wie in der dritten Spalte des Bildes 7.7 zu sehen. Im Motor M3 nähert sich der Koeffizient K_2 dem Wert 1, so dass sein Verstärkungsfaktor für die u_{00}-basierte Rotorlagebestimmung nahe Null liegt aber dafür seine Verstärkung für strombasierte Lageerfassung deutlich ausgeprägt ist. Die Verstärkung $A_{i_{usable}}$ des Motors M3 könnte noch größer ausfallen, wenn der Koeffizient K_0 kleinere Werte aufweisen würde.

Die Überprüfung des u_{00}-basierten Verfahrens anhand der numerisch und messtechnisch gewonnenen $\vec{u}_{00}$-Verläufe untermauert die Nutzbarkeit der dazu aufgestellten Kriterien an die Induktivitätsverhältnisse in den Motoren, wie den Bildern 7.8 und 7.9 entnommen werden kann.

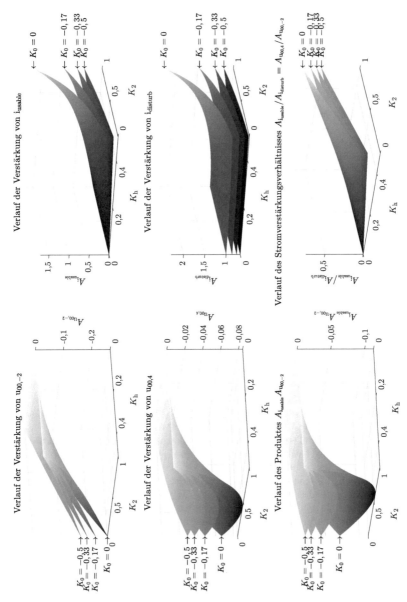

Bild 7.6: Einfluss der Motor-Induktivitätsverhältnisse K_0, K_2 und K_h auf die Signalverstärkungen beim u_{00}- und beim strangstrombasierten Verfahren.

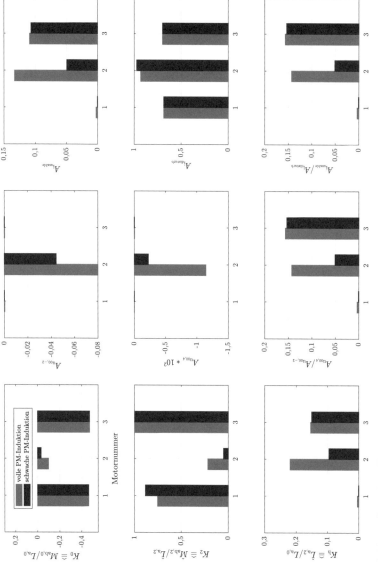

Bild 7.7: Gegenüberstellung der numerisch gewonnenen Motor-Induktivitätsverhältnisse K_0, K_2 und K_h und der Signalverstärkungen beim u_{00}- und beim strangstrombasierten Verfahren anhand der drei Beispielmotoren M1 bis M3.

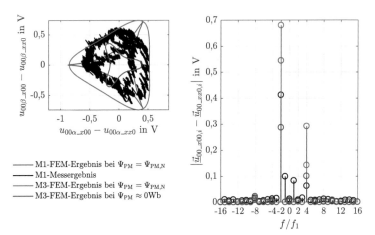

Bild 7.8: Gegenüberstellung der messtechnisch und analytisch gewonnenen Trajektorien von $\vec{u}_{00\_x00} - \vec{u}_{00\_xx0}$ bei Verwendung der Motoren M1 und M3. Das Messsignal des Motors M1 wird von der analogen Schaltung um den Faktor 6 verstärkt. Die numerisch gewonnenen Ergebnisse sind um den Faktor 139 vergrößert. Messtechnische Randbedingungen sind: $n \approx 0\,\mathrm{U/min}$, $|\underline{\vec{u}}_{\mathrm{anr}}| = 1\,\mathrm{V}$, $I \approx 0\,\mathrm{A}$.

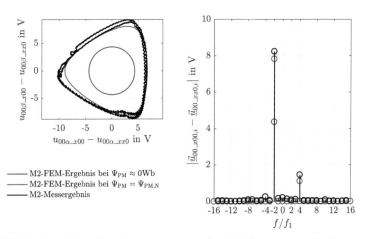

Bild 7.9: Gegenüberstellung der messtechnisch und analytisch gewonnenen Trajektorien von $\vec{u}_{00\_x00} - \vec{u}_{00\_xx0}$ bei Verwendung des Motors M2. Das Messsignal wird von der analogen Schaltung um den Faktor 6 verstärkt. Um eine Vergleichbarkeit der Verläufe zu gewährleisten, sind die numerisch gewonnenen Ergebnisse um den Faktor 6, 1 vergrößert. Messtechnische Randbedingungen sind: $n \approx 0\,\mathrm{U/min}$, $|\underline{\vec{u}}_{\mathrm{anr}}| = 0{,}7\,\mathrm{V}$, $I \approx 0\,\mathrm{A}$.

7.3.3 Vergleich der aufgestellten Induktivitätskriterien für das strom- und das nullspannungsbasierte Verfahren

Die Gegenüberstellung der aufgestellten Anforderungen an die Induktivitätsverhältnisse für das strom- und das spannungsbasierte Verfahren verdeutlicht, dass sich die Kriterien nur in dem Zielwert für den Koeffizient K_2 unterscheiden. Der Unterschied verdeutlicht dabei, dass eine Optimierung des Motordesigns für die strangstrombasierte Lageerfassung mit einer Verschlechterung der Induktivitätsverhältnisse für die u_{00}-basierte Lagebestimmung einhergeht und umgekehrt.

Falls der Wunsch nach einem redundanten lagerlosen Betrieb mit gleichzeitig strangstrom- und u_{00}-basiertem Ansatz bestehen sollte, so kann der Motor nach dem maximalen Betrag des Produktes $A_{i_{usable}} A_{u_{00}}$ ausgelegt werden. Das Ergebnis kann dem Bild 7.6 unten in der ersten Spalte entnommen werden. Da das Resultat einen Kompromiss zwischen den Optima der beiden Verfahren darstellt, sollten die Kriterien K_0 und K_h, die für beide Methoden zur Erhöhung der Verstärkungsfaktoren führen dabei möglichst nah an den Zielvorgaben entsprechend der Tabelle 7.2 liegen. Damit lässt sich bei gegebenen Werten von K_0 und K_h die gesamte Aufgabe reduzieren auf die Suche nach dem optimalen Wert von K_2 für die Umsetzung eines redundanten Betriebs. Die Herleitung einer allgemeinen Beschreibung für den Koeffizienten K_2, die seine Abhängigkeit von K_h und K_0 zur Bestimmung des Betragsmaximums von $A_{i_{usable}} A_{u_{00}}$ beschreibt führt zu einem unhandlichen Ausdruck, der sich jedoch bei gegebenen Werten von K_h und K_0 stark vereinfacht. So ergibt sich bei

$$K_0 \to 0 \tag{7.43}$$

$$K_h \to \frac{1}{2} \tag{7.44}$$

ein Wert von $K_2 \approx 0,597$, der auch dem Bild 7.6 entnommen werden kann. Die so ermittelten Koeffizienten führen zu Verstärkungsfaktoren, wie sie in der Tabelle 7.2 zusammengefasst sind.

7.4 Einfluss der Motorgeometrie und der Eisensättigung durch die PM-Induktion auf die Verfahren

Die numerisch ermittelten Induktivitätsverläufe der herangezogenen Beispielmotoren, wie sie den Bildern 2 bis 14 entnommen werden können, erlauben eine Analyse der Auswirkungen des Permanentmagnetflusses der Rotoren auf die strangstrom- und u_{00}-basierten Verfahren. Eine Gegenüberstellung der Koeffizienten und Verstärkungsfaktoren entsprechend dem Bild 7.7 verdeutlicht, dass die Motoren M1 und M3 keine ausgeprägte Abhängigkeit vom Rotormagnetfluss in ihrer Tauglichkeit für den lagegeberlosen Betrieb aufweisen. Die damit errechneten $\vec{u}_{00}$-Verläufe, die dem Bild 7.8 entnommen werden können, weisen zwar in Abhängigkeit vom Rotormagnetfluss eine unterschiedliche Aufteilung der Ordnungsanteile auf, aber die Amplitudenwerte der einzelnen Anteile bleiben vernachlässigbar klein. Damit sind die Induktivitätsverhältnisse in den Motoren M1 und M3 weitgehend durch die Motorgeometrie geprägt.

Tabelle 7.2: Gegenüberstellung der hergeleiteten Anforderungen an die Induktivitätsverhältnisse und der theoretischen Grenzen der erreichbaren Verstärkungsfaktoren für eine optimale Nutzbarkeit der Motoren für das jeweilige Verfahren des lagegeberlosen Betriebs.

Ansatz	nur strangstrombasiert	nur u_{00}-basiert	strangstrom- und u_{00}-basiert
$K_0 = \frac{M_{\mathrm{ab},0}}{L_{\mathrm{a},0}}$	$\to 0$	$\to 0$	$\to 0$
$K_{\mathrm{h}} = \frac{\hat{L}_{\mathrm{a},2}}{L_{\mathrm{a},0}}$	$\to \frac{1}{2}$	$\to \frac{1}{2}$	$\to \frac{1}{2}$
$K_2 = \frac{\hat{M}_{\mathrm{ab},2}}{\hat{L}_{\mathrm{a},2}}$	$\to 1$	$\to 0$	$\to 0,597$
$A_{i_{\mathrm{disturb}}}$	$\approx 2,286$	$\approx 1,067$	$\approx 1,43$
$A_{i_{\mathrm{usable}}}$	$\approx 1,714$	$\approx 0,267$	$\approx 0,784$
$A_{u_{00,-2}}$	0	$\approx -0,267$	$\approx -0,144$
$A_{u_{00,4}}$	0	$\approx -0,067$	$\approx -0,079$
$\frac{A_{u_{00,4}}}{A_{u_{00,-2}}} = \frac{A_{i_{\mathrm{usable}}}}{A_{i_{\mathrm{disturb}}}}$	$\frac{3}{4}$	$\frac{1}{4}$	$\approx 0,5484$

Im Gegensatz dazu ist beim Motor M2 eine deutliche Abhängigkeit der Induktivitäten vom Rotormagnetfluss erkennbar (s. Bild 9), die sich auch in den Koeffizienten- und Verstärkungswerten niederschlägt, wie im Bild 7.7 zu sehen. Abgesehen vom Koeffizienten K_h erfüllt der Motor M2 die in Tabelle 7.2 dargestellten Anforderungen für die u_{00}-basierte Rotorlageerfassung besser bei schwacher Permanentmagnetinduktion als bei voller. Das äußert sich auch darin, dass der Motor M2 bei vernachlässigbarem Rotormagnetfluss einen $\vec{u}_{00}$-Verlauf zwar mit kleinerer Amplitude aber dafür mit einer deutlich kleineren Störung durch den $\vec{u}_{00,4}$-Anteil aufweist, wie im Bild 7.9 dargestellt. Damit wird deutlich, dass die Induktivitätsverhältnisse im Motor M2 und seine Eignung für den lagegeberlosen Betrieb sowohl durch seine Geometrie als auch durch die permanentmagnetbedingte Sättigung des Eisens bestimmt wird.

7.5 Zusammenfassung

In diesem Kapitel werden erste grundsätzliche und von der Art des Anregungssignals losgelöste Anforderungen an das Maschinendesign erarbeitet, um eine optimale lagegeberlose Bestimmung der Rotorlage in Abhängigkeit vom verwendeten Medium[21] gewährleisten zu können.

Dazu werden zunächst die eingesetzten Induktivitätsmodelle anhand von drei Beispielmotoren (s. Bild 7.1) einer Verifikation unterzogen. Zur messtechnischen Prüfung der Modelle erfolgt eine Gegenüberstellung der numerisch und messtechnisch ermittelten $\vec{u}_{00}$-Verläufe, wie sie den Bildern 7.8 und 7.9 entnommen werden können. Anschließend wird der Zusammenhang zwischen den modellierten Induktivitätsverhältnissen und den für den lagegeberlosen Betrieb verwendeten Signalkomponenten des Strangstroms und der Nullspannung beleuchtet. Die daraus gewonnenen Erkenntnisse erlauben die Definition und Gegenüberstellung der gesuchten Kriterien an die Induktivitätsverhältnisse des Motors für die strangstrom- und u_{00}-basierte Rotorlageerfassung, die in Tabelle 7.2 zusammengefasst sind.

Da das Induktivitätsverhalten sowohl eine Funktion der Motorgeometrie und der Wicklungsanordnung als auch der magnetischen Eigenschaften des verwendeten Eisens ist, wird mit Hilfe der numerischen Berechnungen der drei Beispielmotoren auch analysiert, inwieweit die Rotorlageabhängigkeit der Induktivitätsschwankungen und der $\vec{u}_{00}$-Verläufe auf die Motorgeometrie, die Wicklungsanordnung und die Sättigung des Eisens durch den Rotormagnetfluss zurückgeführt werden können. In der Bandbreite der herangezogenen Beispielmotoren wird deutlich, dass der Rotormagnetfluss die Rotorlageabhängigkeit der Verläufe zwar unterschiedlich stark beeinflusst, aber weniger bedeutend ist als die Motorgeometrie und die Wicklungsanordnung.

Die im Rahmen des Kapitels angestellten Untersuchungen ergeben, dass sowohl für das strangstrom- als auch für das u_{00}-basierte Verfahren folgende Verhältnisse beim Motordesign

---

[21] Spannung oder Strom

angestrebt werden sollten.

$$K_0 = \frac{M_{\mathrm{ab},0}}{L_{\mathrm{a},0}} \to 0 \tag{7.45}$$

$$K_{\mathrm{h}} = \frac{\hat{L}_{\mathrm{a},2}}{L_{\mathrm{a},0}} \to \frac{1}{2} \tag{7.46}$$

Der einzige Unterschied zwischen den Verfahren besteht in der Anforderung an das Verhältnis

$$K_2 = \frac{\hat{M}_{\mathrm{ab},2}}{\hat{L}_{\mathrm{a},2}}, \tag{7.47}$$

so dass hauptsächlich dadurch entschieden wird, für welche der beiden Methoden zur Bestimmung der Rotorlage sich die jeweilige Maschine am besten eignet. Wie im Abschnitt 7.3.3 aufgezeigt, sind auch Motoren denkbar, die sowohl für strom- als auch spannungsbasierte Verfahren herangezogen werden können. Wenn jedoch die bestmögliche Nutzbarkeit eines Motors für den geberlosen Betrieb erwünscht ist, dann eignet sich ein entsprechender Motor entweder nur für die strom- oder nur für die u_{00}-basierte Rotorlageerfassung. Dabei wird deutlich, dass bei Berücksichtigung des u_{00}-basierten Verfahrens auch Motoren ohne einen dedizierten Rotorlagegeber betrieben werden können, die mit den strombasierten Methoden einem entsprechenden Betrieb bisher kaum zugänglich waren.

Aufgrund der Normierung der in dem vorliegenden Kapitel erarbeiteten Methoden und Kennzahlen auf den Gleichanteil der Gleichstromselbstinduktivität $L_{\mathrm{a},0}$ sind die Ergebnisse sowohl für einen Vergleich von strangstrom- mit den u_{00}-basierten Verfahren als auch für eine Gegenüberstellung von Motoren unterschiedlicher Leistungsklassen geeignet.

Mit den aufgestellten Kriterien an die Induktivitätsverhältnisse erscheint es auch denkbar, Zielfunktionen ableiten zu können, die unter Anwendung der numerischen Berechnungsverfahren eine automatisierte Suche nach dem geeigneten Motordesign für den lagegeberlosen Betrieb ermöglichen.

8 Implementierung des Verfahrens

Nachdem in den vorhergehenden Kapiteln die unterschiedlichen Aspekte zur spannungsgestützten Bestimmung der Rotorlage auf der Grundlage von analytischen und numerischen Untersuchungen beleuchtet worden sind, werden hier die gewonnenen Erkenntnisse herangezogen, um einen Ansatz zur technischen Umsetzung des Verfahrens aufzuzeigen und zu evaluieren. Nach der Erläuterung der im Rahmen der Arbeit dazu aufgebauten Versuchsumgebung wird näher auf die Erzeugung eines Anregungssignals, die Erfassung der Nullspannungswerte und die anschließende Aufbereitung und Auswertung der gewonnenen Daten eingegangen, wie im Bild 8.1 skizziert. Die nachfolgenden Abschnitte sind den genannten Schwerpunkten entsprechend gegliedert.

Um später eine fundierte Bewertung des gesamten Verfahrens zur Lagebestimmung zu ermöglichen, müssen die Fehlereinflüsse und Toleranzen der verwendeten Glieder der umgesetzten Messkette weitgehend bekannt sein. Daher werden nachfolgend auch die Tests an den im Rahmen der Arbeit selbstentwickelten Subkomponenten geschildert, die für die Funktionsweise des gesamten Verfahrens entscheidend sind, um eine Beurteilung der Funktionsgüte der jeweiligen Teilkomponente selbst zu ermöglichen, bevor sie in die Gesamtmesskette integriert wird.

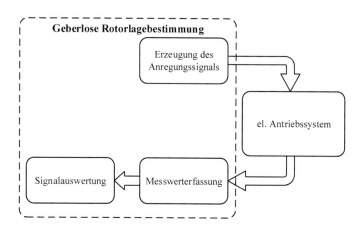

Bild 8.1: Skizze der in Kapitel 8 untersuchten Glieder der Messkette zur nullspannungsbasierten Erfassung der Rotorlage.

© Springer Fachmedien Wiesbaden GmbH, ein Teil von Springer Nature 2018
T. Werner, *Geberlose Rotorlagebestimmung in elektrischen Maschinen*,
https://doi.org/10.1007/978-3-658-22271-0_8

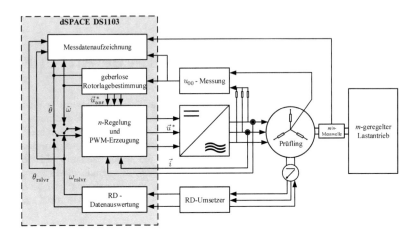

Bild 8.2: Schematische Darstellung des Versuchsaufbaus.

8.1 Aufbau des Versuchsstands

Die Versuche werden an einem Antriebssystem durchgeführt, dessen Architektur im Bild 8.2 skizziert ist. Nachfolgend wird auf die einzelnen Komponenten des Versuchsaufbaus näher eingegangen. Dabei ist hervorzuheben, dass die Komponenten keinen geregelten klimatischen Bedingungen unterworfen werden. Des Weiteren ist es für die ersten grundsätzlichen Untersuchungen des im Rahmen der Arbeit entwickelten Verfahrens zunächst ausreichend, die einzelnen Komponenten unterhalb ihrer Nennleistung zu betreiben. Während der Messungen bei Raumtemperatur werden daher keine thermisch kritischen Betriebspunkte erreicht, die eine erste Verifikation der analytischen Vorüberlegungen verfälschen würden.

Prüfling Als Prüflings- und Analyseplattform wird ausschließlich der Motor 2 herangezogen (s. Tabelle 7.1), da er entsprechend den Voruntersuchungen in Kapitel 7 für das vorgestellte Verfahren die beste Eignung unter den im Rahmen der Arbeit vorliegenden Maschinen verspricht.

Umrichter Als Stellglied wird ein modular aufgebauter zweistufiger Spannungszwischenkreisumrichter verwendet (s. Bild 8.3). Das System setzt sich aus drei Modulen (Interfaceplatine, Gateansteuerplatine und Leistungsschalterplatine) zusammen, um eine hohe Flexibilität und schnelle Anpassung des Umrichters an die unterschiedlichen Versuchsanforderungen gewährleisten zu können. Die Halbbrückenschalter sind aus jeweils einem diskreten MOS-FET aufgebaut. Die Zwischenkreisspannung wird über eine geregelte Konstantspannungsquelle bereitgestellt. Zur Gateansteuerung wird der Treiber „TLE 6280GP" [103] von der Infineon Technologies AG eingesetzt, dessen Verriegelungszeit und Ansprechverhalten der Überspannungsüberwachung über die auf der Treiberplatine angebrachten variablen Widerstände auf den jeweils optimalen Wert justiert werden können. Der Treiber erfordert jeweils ein Ansteuersignal pro Halbbrücke. Die Signale werden von einem Rapid-Prototyping System vom Typ DS1103 [104] der dSPACE GmbH erzeugt und über die Interfaceplatine an die Halbbrücken übertragen.

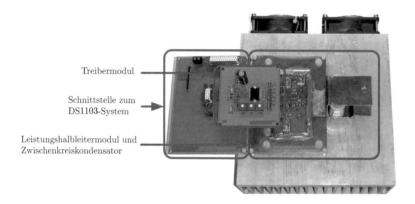

Treibermodul

Schnittstelle zum
DS1103-System

Leistungshalbleitermodul und
Zwischenkreiskondensator

Bild 8.3: Der im Rahmen der Arbeit eingesetzte modulare und luftgekühlte Testumrichter nach [105] zur Verifikation des Verfahrens zur Rotorlagebestimmung. Da die Modularität des Umrichters die Hauptanforderung darstellt, ist der hierfür benötigte Bauraum für die Testzwecke irrelevant.

Antriebssteuerung Für die Steuerung des Prüflings und die Aufzeichnung der relevanten Messdaten wird das oben bereits genannte Rapid-Prototyping System vom Typ DS1103 eingesetzt. Zur Regelung der Prüflingsdrehzahl ist eine Kaskadenstruktur implementiert und die Sollwerte werden über eine asynchrone und zentrierte Online-PWM-Modulation mit einem dreiecksförmigen Trägersignal [63], die ebenfalls in der DS1103 umgesetzt wird, an die Gateansteuerung weitergeleitet. Zur Erfassung der Phasenströme werden nur zwei Stromsensoren verwendet und der dritte dient der Überwachung des Zwischenkreisstroms, um eine automatische Abschaltung des Systems beim Überstrom im Zwischenkreis einleiten zu können.

Lastmotor Als Lastmotor wird ein Servo-Synchronmotor vom Typ MCS14D36 [106] der Lenze SE Holding eingesetzt (s. Tabelle 8.1). Das Bemessungsmoment des Motors liegt zwar unter dem Wert des Prüflings, ist aber für erste Implementierungsversuche vollkommen ausreichend, wie in Kapitel 9 aufgezeigt wird.

M/n-Messwelle Zur weiteren Verifikation der eingeprägten Drehmomente und Drehzahlen beinhaltet der Testaufbau eine zusätzliche Messwelle der Kistler Holding AG zwischen dem Prüflings- und Lastantrieb. Das verwendete Modell (4503A 050L A1B10D1) zeichnet sich durch eine Drehmomentmessbereichsumschaltung zwischen 50 Nm und 5 Nm bei

Tabelle 8.1: Kenndaten des im Rahmen der Arbeit als Lastmotor eingesetzten Modells (MCS14D36RS1P1).

Bemessungsdrehzahl	$3600\,1/\text{min}$
Bemessungsmoment	$7,5\,\text{Nm}$
Maximalmoment	$11\,\text{Nm}$
Massenträgheitsmoment des Rotors	$11,423\,\text{kgcm}^2$
Bremsmoment der Haltebremse	$18\,\text{Nm}$

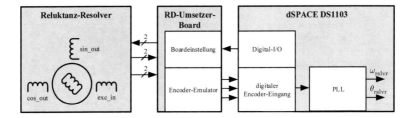

Bild 8.4: Stuktur der implementierten Messkette zur Auswertung des in den Motor 2 integrierten Reluktanz-Resolvers.

Genauigkeitsklassen von $0,1\,\%$ und $0,2\,\%$ bezogen auf den Grenzwert aus [107]. Dadurch weist es eine hohe mechanische Robustheit bei hoher Messgenauigkeit im unteren Drehmomentbereich auf. Im Rahmen der Arbeit wird der Sensor vor allem für die Aufzeichnung des angelegten Drehmoments eingesetzt.

Lagegeber Bei dem an der Prüflingswelle angebrachten Lagegeber handelt es sich um einen 10-poligen Reluktanzresolver mit einer Genauigkeit von rund $\pm 1^\circ_{\text{el.}}$ laut Datenblatt des Herstellers. Der Resolver wird über ein RD-Umsetzerboard [108] mit dem dSPACE-System zur Regelung des Antriebs verbunden (s. Bild 8.4). Als RD-Umsetzerchip auf dem Board wird das Modell AD2S1210 [109] eingesetzt, das eine Auflösung von bis zu 16 bit bei einer Genauigkeit der Winkelbestimmung von $\pm 0,042^\circ_{\text{el.}}$ aufweist. Damit ist der zu erwartende Winkelfehler hauptsächlich auf den Resolver selbst zurückzuführen. Dabei verfügt der AD2S1210 über integrierte Kompensationsalgorithmen, die folgende resolver-, messschaltungs- und verkabelungsimmanente Fehlereinflüsse auf den Messwert entlang der gesamten Messkette reduzieren [110].

- Amplitudendifferenz zwischen dem sin- und cos-Signal

- Offset und/oder Phasenversatz zwischen den beiden differenziellen Signalen jeweils in dem sin- und cos-Kanal

- Stationärer und geschwindigkeitsabhängiger Phasenversatz zwischen dem Anregungssignal und den modulierten Hochfrequenzanteilen der sin- und cos-Verläufe

- Offsetunterschiede zwischen sin- und cos-Werten

Allerdings führt die im AD2S1210 integrierte Filter- und Winkeltrackerstruktur zu Dynamikeinbußen, die sich in einem Schleppfehler während des Beschleunigungsvorgangs äußern. Dabei reagiert der Baustein mit der steigenden Winkelauflösung träger und verursacht größere Messfehler [110]. In der vorliegenden Arbeit wird jedoch die höchste Auflösung von 16 bit gewählt, da der Untersuchungsschwerpunkt auf dem unteren Drehzahlbereich liegt und auch die Beschleunigung des Antriebs durch die angepasste Sollwertvorgabe eingegrenzt werden kann, ohne relevante Dynamikeinbußen zu verursachen. Wie bereits zu Beginn des Kapitels erläutert, spielen die Temperatureinflüsse hier noch keine Rolle, da die thermisch kritischen Bereiche nicht erreicht werden.

Der RD-Umsetzer stellt die aufbereiteten Werte zum einen über eine digitale Kommunikationsschnittstelle und zum anderen über einen emulierten Inkrementalgeberausgang zur Verfügung. Das dSPACE-System weist 6 digitale Inkrementalgebereingänge mit einer Auflösung von bis zu 24 bit auf, die eine ausreichende Genauigkeit und Schnelligkeit bieten. Daher wird für die folgenden Untersuchungen der emulierte Inkrementalgeberausgang des RD-Boards für die Anbindung an die Steuerung verwendet. Da im Rahmen der durchgeführten Grundlagenuntersuchungen der Offset des Geberwinkels und somit auch sein Referenzwert vor jedem Testdurchlauf über eine Referenzfahrt bestimmt wird, stellt der durch den Inkrementalgebereingang bereitgestellte relative Winkel keinen Nachteil dar. Der über den Encodereingang erfasste Winkel wird anschließend einer zusätzlichen Filterung über eine PLL-Struktur auf der ASW[22]-Ebene der Antriebsregelung unterzogen. Die Struktur und Parameter des PLL-Trackers sind mit den Einstellungen für die geberlose Lagebestimmung identisch (s. Bild 6.2).

8.2 Verifikation der resolverbasierten Referenzmessung

Nach der vorangegangenen Erläuterung der einzelnen Komponenten der Messkette wird im vorliegenden Abschnitt auf die verwendete Methode zur Verifikation der resolverbasierten Messung und der damit erreichbaren Messgenauigkeit eingegangen. Für die Untersuchung wird der Prüfling auf eine Solldrehzahl von $200 \, \mathrm{min}^{-1}$ geregelt. Die Klemmen der mit dem Prüfling verbundenen Lastmaschine bleiben dabei offen, um Störungen durch Rastmomente klein zu halten.

Um anhand der Messdaten die Güte der Resolvermesskette beurteilen zu können, ist eine Untersuchung bezüglich der möglichen Einflussfaktoren auf die gewonnenen Daten nötig. Zum einen können sie in dem Versuchsaufbau und dem Prüfling selbst liegen und zum anderem in der Messkette begründet sein. Um die Einflüsse separat beleuchten zu können, wird im Rahmen der Arbeit ein Prozess durchlaufen, wie er in Bild 8.5 geschildert ist. Eine wesentliche Ursache für die Drehzahlschwankungen stellen die Drehmomentschwankungen dar. Daher erfolgt zunächst die Verifikation der Drehmomentmessung. Im Bild 8.6 sind im Drehmomentverlauf Schwingungen erkennbar, die jedoch aufgrund ihrer Frequenz nicht durch Rastmomente der beiden Motoren verursacht werden können. Auch die To-

---

[22] Applikationssoftware

leranz der Drehmomentmesswelle liegt mit 0,2 % bezogen auf den Endwert von 5 Nm[23)]
deutlich unterhalb der messtechnisch erfassten Schwankungen. Daher kann angenommen
werden, dass die Quelle für die Drehmomentstörung in der Regelung und der dazugehörigen
Rotorlagemessung selbst liegt. Dem im Bild 8.7 dargestellten Histogramm der Drehmomentschwankung um den Mittelwert entsprechend, liegen über 99 % der Abweichungen unterhalb
der Schwelle von 0,12 Nm. Unter der Annahme von folgenden Parametern lässt sich die
maximal mögliche Rotorlagestörung aufgrund der Drehmomentschwankung abschätzen,
wie in Gl. (8.1) dargestellt.

- Gesamtmassenträgheit (Prüfling-, Last-, und Messwellenrotor): $J_{ges} = 17,75\,\mathrm{kgcm}^2$

- Mittlere Dauer der maximalen Kurzzeitstörung: $t = 13\,\mathrm{ms}$

$$\theta_{\mathrm{stoer\_max}} = \frac{1}{2}\frac{M_{\mathrm{stoer\_max}}}{J_{ges}}t^2 \approx 1,64^{\circ}_{\mathrm{el.}}. \tag{8.1}$$

Entsprechend dem Histogramm aus Bild 8.7 liegt die maximale Abweichung des gemessenen
Rotorlagewinkels von seiner Regressionsgeraden im Bereich von $\pm 2,5^{\circ}_{\mathrm{el.}}$. Bei Abzug des
durch die Drehmomentschwankungen verursachten Störanteils von $\approx \pm 1,64^{\circ}_{\mathrm{el.}}$ bleiben
rund $1^{\circ}_{\mathrm{el.}}$, die der laut Datenblatt spezifizierten maximalen Abweichung des Resolvers
entsprechen. Des Weiteren kann dem Histogrammverlauf entnommen werden, dass der
Fehler nicht normal verteilt ist, so dass von systematischen Fehleranteilen ausgegangen
werden kann, die im Rahmen der Arbeit jedoch nicht weiter verfolgt werden, da deren
Ursachen vielfältig sind und die dadurch hervorgerufenen Abweichungen weitgehend in
dem vom Datenblatt erlaubten Bereich von $\pm 1^{\circ}_{\mathrm{el.}}$ liegen. Der Fehler liegt dabei auch in
dem von den Antriebssystemanforderungen zulässigen Bereich.

8.3 Injektion des Anregungssignals

Wie in Kapitel 5 bereits erläutert, erzeugt nur die Pulsspannungsinjektion einen Nullspannungszeiger, der die beste Nutzbarkeit zur Ermittlung der Rotorlage bei vergleichsweise
geringem Auswertungsaufwand in Relation zu den untersuchten Möglichkeiten verspricht.
Daher erfolgt hier die Konzentration auf die pulsförmige Anregung. Dabei bieten sich
grundsätzlich zwei mögliche Richtungen zur Integration der pulsförmigen Anregung in ein
elektrisches Antriebssystem. Zum einen kann das reguläre PWM-Pulsmuster zur Einprägung des Anregungssignals in regelmäßigen Zeitabständen unterbrochen werden, wie es
bei [95] der Fall ist und was unter Umständen auch Anpassungen am Modulator oder der
bestehenden Hardware erfordern könnte. Zum anderen kann aber das Anregungssignal in
das reguläre PWM-Pulsmuster integriert werden [38].
Im dem vorliegenden Abschnitt wird der zweite Ansatz untersucht und es wird dabei
der Frage nachgegangen, inwieweit das Anregungssignal ohne zusätzlichen Hardwareaufwand und ohne Anpassungen des PWM-Modulators in einem bestehenden elektrischen
Antriebssystem bei Vorliegen einer Sinus-Dreieckmodulation [24)] umgesetzt werden kann.
Dazu wird der Ansatz der Einprägung des Anregungssignals durch entsprechende Anpassung der Spannungssollwerte vor dem PWM-Modulator verfolgt, wie in Bild 8.8 skizziert.

[23)]Entspricht 0,01 Nm.
[24)]Bei Blocktaktung siehe [37]

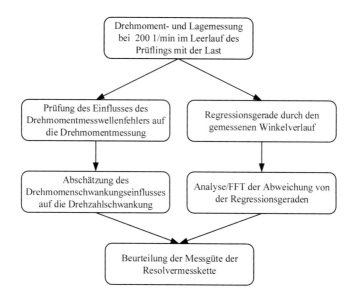

Bild 8.5: Abfolge der Schritte zur umgesetzten Gütebewertung der resolverbasierten Messung

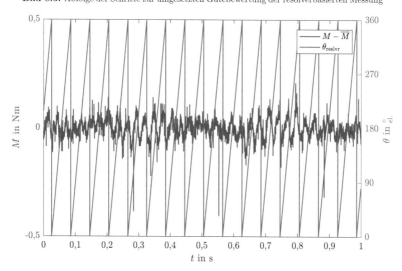

Bild 8.6: Schwankung des gemessenen Drehmomens und der dazugehörige gemessene elektrische Rotorwinkelverlauf. Der Mittelwert des Drehmoments $(\overline{M} = -0{,}136\,\mathrm{Nm})$ wurde bereits abgezogen.

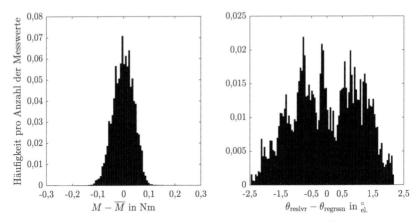

Bild 8.7: Histogramme der Drehmomentschwankung um den Mittelwert $\overline{M} = -0{,}136\,\mathrm{Nm}$ und der Abweichung des gemessenen Rotorwinkels von der Regressionsgeraden.

Um die einzelnen Fragen der technischen Umsetzung systematisch einer eigenen Analyse unterziehen zu können, soll im weiteren Verlauf zunächst angenommen werden, dass der aus der Signaleinprägung resultierende Nullspannungsverlauf jederzeit und verzerrungsfrei messtechnisch erfasst werden kann. Zum Einstieg in das Anregungsverfahren bietet sich

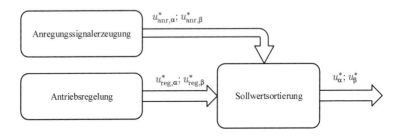

Bild 8.8: Signalflussplan zur Erzeugung eines Anregungssignals in einer bestehenden Regler- und Modulatorstruktur. Der Sollwertsortierer ordnet die Weitergabe der Anregungs- bzw. der Antriebsreglersignale nacheinander und wird mit f_{PWM} getriggert.

zunächst die Analyse des Systemverhaltens bei Einprägung nur eines Anregungspulses über die Anordnung nach Bild 8.8 an. Dabei soll zunächst angenommen werden, dass die Reglersollwerte bei Null liegen und folgendes Anregungssignal angelegt wird.

$$\vec{u}_{\mathrm{anr\_100}}^{*} = \begin{pmatrix} u_{\mathrm{anr},\alpha}^{*} \\ 0 \\ 0 \end{pmatrix} = \mathbf{T}_{\alpha\beta0}^{-1} \begin{pmatrix} u_{\mathrm{anr,a}}^{*} \\ 0 \\ 0 \end{pmatrix} \tag{8.2}$$

Damit wird innerhalb einer PWM-Periode im zeitlichen Mittel ein Zeiger erzeugt, der auf der Raumzeigerebene in Richtung der Motorphase „a" zeigt, wie im Bild 8.9 skizziert, so dass sich innerhalb der PWM-Periode eine Schaltzustandsabfolge ergibt, wie sie im Bild 8.10 aufgezeigt ist. Entsprechend den Ausführungen in Kapitel 4.3 kann in dem beispielhaft dargestellten Schaltverlauf nur der Schaltzustand 100 genutzt werden, der innerhalb der gezeigten PWM-Periode in den Zeitbereichen 2 und 4 auftritt und zu der Gruppe der aktiven Schaltzustände gehört. Unter der Annahme, dass die Sternpunktspannung, die

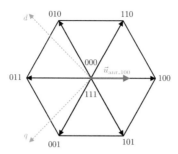

Bild 8.9: Ausrichtung und Beispiellänge des Anregungsraumzeigers in der Raumzeigerebene im zeitlichen Mittel über der PWM-Periode beim Anlegen des Spannungswertes nach Gl. (8.2).
Die Zahlen an den Pfeilen der Raumzeigerebene entsprechen den Schaltzuständen am Ausgang des Umrichters. Das Zentrum der Raumzeigerebene wird mit den Schaltzuständen 000 und 111 erreicht, die auch als passive Schaltzustände bezeichnet werden, da während dieser Zustände kein Energietransfer zwischen dem Ausgang und dem Eingang des Umrichters aufgrund fehlender Potentialdifferenz zwischen den Phasen des Umrichters stattfindet.
Orange markiert ist das kartesische Koordinatensystem, deren d-Achse in Richtung des Permanentmagnetflusses zeigt.

sich in den Zeitbereichen 2 und 4 einstellt, erfasst und gespeichert werden kann, würde sich folgender rotorlageabhängiger Wert ermitteln lassen.

$$u_{00\_100\_2} = u_{00\_100\_4} = \frac{2}{3} u_{\mathrm{zk}} \frac{\Delta L_0 \left(\Sigma L \cos\left(-2\theta \right) + \Delta L \cos\left(4\theta \right) \right)}{\Delta L^2 - \Sigma L^2} \tag{8.3}$$

mit

$$\Sigma L = \left(L_{\mathrm{a},0} - M_{\mathrm{ab},0} \right)$$
$$\Delta L = \frac{\left(\hat{L}_{\mathrm{a},2} + 2\hat{M}_{\mathrm{ab},2} \right)}{2}$$
$$\Delta L_0 = \frac{\left(\hat{L}_{\mathrm{a},2} - \hat{M}_{\mathrm{ab},2} \right)}{2}$$

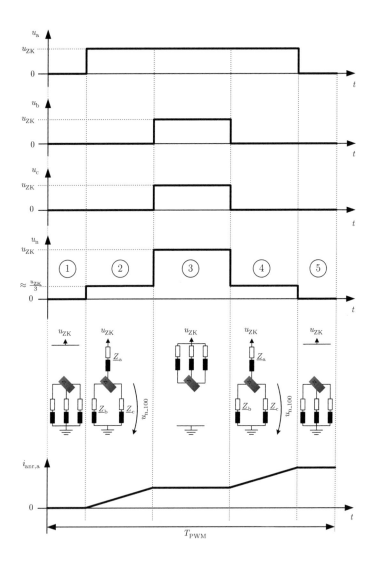

Bild 8.10: Einprägung eines Anregungsspannungspulses innerhalb einer PWM-Periode bei
Verwendung einer symmetrierten PWM und eines Anregungssignals entsprechend
der Gl. (8.2).

Die beschriebene Gleichung ist bereits aus dem Kapitel 5.2 bekannt. Damit wäre bereits die Bestimmung der Rotorlage unter Verwendung einer PLL-Struktur denkbar (s. Bild 8.11). Allerdings ist der Wert abhängig von den u_{zk}-Schwankungen, so dass eine Messung von u_{zk} erforderlich ist. Des Weiteren würde die Anregung in stets eine Richtung zu einem Störstrom führen, der im Mittel ungleich Null ist. Daher erscheint es vorteilhafter, wie bereits im Abschnitt 5.2 aufgezeigt durch geschickte Reihenfolge und Anzahl von unterschiedlich ausgerichteten Anregungssollraumzeigern und eine entsprechende Erfassung der daraus resultierenden u_{00_xxx}-Werte einen $\vec{u}_{00}$-Verlauf zu gewinnen. Im Folgenden sollen die möglichen Ansätze dazu beleuchtet und anhand der nachfolgenden Kriterien beurteilt werden.

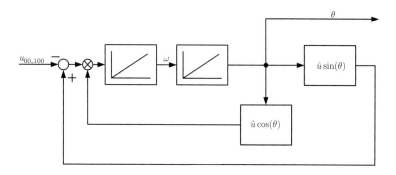

Bild 8.11: PLL-Struktur zur Erfassung des Phasenwinkels eines sinusförmig verlaufenden Signals

- Anregungszeitdauer, um einen Nullspannungsraumzeiger generieren zu können

- Anforderungen an die Messtechnik

- Stärke und Frequenz der Störströme

- Störung des Reglerraumzeigers

- Verfügbarkeit in jedem Betriebspunkt

- Notwendigkeit zur Anpassung des Modulators

Der nächstliegende Ansatz besteht in der Addition der Anregungssollwerte mit den Reglersollwerten[25] und in der seriellen Anregung in alle drei Phasenrichtungen (a, b, c), wie im Bild 8.12 und Bild 8.13 skizziert, so dass aus den dabei gemessenen u_{00}-Werten ein Raumzeiger mit der Rotorlageinformation gewonnen werden kann. Damit werden aber die Regler-

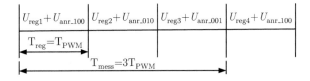

Bild 8.12: Anregungsmodus 1: Überlagerung des Anregungsraumzeigers und des Reglerraumzeigers zur Generierung der Anregung. Erst nach dem Durchlauf der drei Anregungsrichtungen und somit nach drei PWM-Perioden liegt der gesuchte Nullspannungsraumzeiger vor. Somit gilt: $f_{\mathrm{mess}} = \frac{f_{\mathrm{PWM}}}{3}$.

und die Anregungsraumzeiger direkt gekoppelt, so dass sie sich gegenseitig stören und so der Ansatz der Addition der beiden Raumzeigertypen nur bei kleinen Reglersollwerten nutzbar ist, wie im Bild 8.13 skizziert. Neben den unerwünschten Interferenzen der Regelung mit den Anregungssignalen wird im Mittel auch ein Störstrom mit der hauptsächlichen Frequenz f_{PWM} erzeugt und im zeitlichen Mittel die nutzbare Länge des für die Regelung notwendigen Spannungsraumzeigers beeinträchtigt. Daher erscheint es unabdingbar, zum einen die Anregung und die Reglersollwerteinprägung zu entkoppeln und zum anderen den erforderlichen Zeitraum für die Anregungsraumzeiger zu reduzieren. Dazu bietet sich die Berücksichtigung der Gl. (5.18) an. Wie darin bereits aufgezeigt, reichen zur Bildung eines nutzbaren Nullspannungsraumzeigers nur zwei Nullspannungswerte, die während der aktiven Schaltzustände der um 120° phasenverschobenen Anregungsraumzeiger erfasst werden. Das lässt sich mit einer Raumzeigerabfolge erreichen, wie im Bild 8.14 skizziert. Eine Einprägung in zwei Richtungen, die nicht um 180° phasenverschoben sind, würde allerdings im Mittel einen Störstrom erzeugen, dessen Gleichanteil ungleich Null ist. Daher werden die Anregungsraumzeiger nicht in die Hauptachsenrichtungen der Raumzeigerebene

---

[25] Damit wird der Sollwertsortierer im Bild 8.8 zum Addierer.

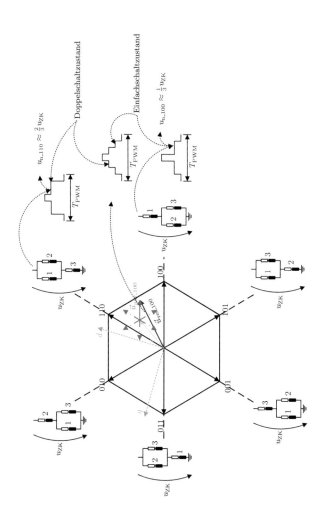

Bild 8.13: Skizze der gleichzeitigen Einprägung des Anregungs- und des Regelungsraumzeigers. Die dargestellten Schaltungen an den Hauptachsenraumzeigern der Raumzeigerebene skizzieren die Verschaltung der Maschinenklemmen während des jeweiligen aktiven Schaltzustands innerhalb der entsprechenden PWM-Periode, wenn ein Raumzeiger in eine der Hauptachsen zeigt. Wenn ein Raumzeiger wie dargestellt zwischen die Hauptachsen gelegt wird, dann werden während einer PWM-Periode die beiden Hauptachsenraumzeiger des entsprechenden Segments durchlaufen. Für den skizzierten Raumzeiger gilt: $\vec{u}_{\mathrm{res\_100}} = \vec{u}_{\mathrm{reg}} + \vec{u}_{\mathrm{anr\_100}}$.

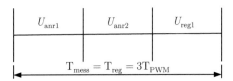

Bild 8.14: Anregungsmodus 2: Für die Bestimmung der Nullspannungsraumzeigers werden innerhalb von zwei PWM-Perioden seriell zwei Anregungsraumzeiger angelegt. Die dritte PWM-Periode wird für die Einprägung des Reglersollwertes verwendet.

gelegt[26]), sondern in die Bereiche dazwischen, die auch komplementär zu einander sind. Die dadurch erzeugten Raumzeiger setzen sich unter anderem auch aus den Raumzeigern in vier der sechs Hauptachsenrichtungen[27]) der Raumzeigerebene zusammen (s. Bild 8.15), so dass innerhalb einer PWM-Periode seriell zwei benachbarte aktive Schaltzustände angenommen werden (s. Bild 8.16). Mit dem geschilderten Verfahren werden innerhalb von drei PWM-

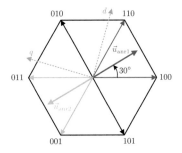

Bild 8.15: Darstellung der Anregungsraumzeiger in zwei komplementäre Richtungen zwischen den Hauptachsen der Raumzeigerebene.

Perioden die Lage des Rotorflusses bestimmt und der Reglersollwert eingeprägt. Dabei bleibt der durch die Anregung verursachte Störstrom nahezu mittelwertfrei (s. Bild 8.17) und die gewonnene Rotorlage liegt redundant vor, so dass der Signal-Rausch-Abstand der Lagebestimmung weiter erhöht werden kann. Die Redundanz resultiert aus der Anregung sowohl eines Einfach-[28]) als auch eines Doppelschaltzustands[29]) in jeder Anregungs-PWM-

---

[26])Die Hauptachsenrichtungen sind stets um 120° phasenverschoben.

[27])Die den aktiven Schaltzuständen innerhalb einer PWM-Periode entsprechen.

[28])Entspricht einem Zustand, bei dem nur eine der drei Halbbrücken ein u_{zk}-Potenzial am Ausgang aufweist.

[29])Entspricht einem Zustand, bei dem gleichzeitig zwei der drei Halbbrücken ein u_{zk}-Potenzial am Ausgang aufweisen.

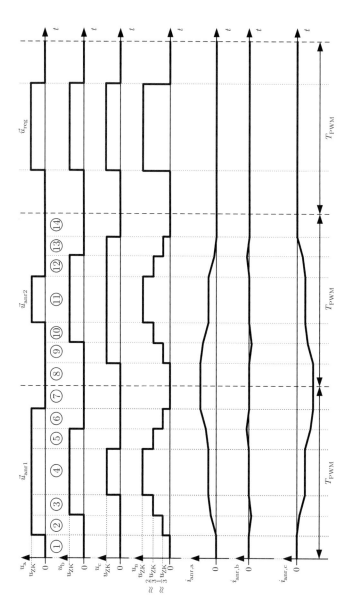

Bild 8.16: Beispiel für PWM-Muster, die sich aus der Einprägung der Anregungsraumzeiger entsprechend dem Bild 8.15 ergeben. In dem abgebildeten Beispiel liegt der Reglersollraumzeiger zur besseren Übersicht bei Null.

Periode, so dass sich nach Abschluss der beiden Anregungs-PWM-Perioden insgesamt vier u_{00_xxx}-Werte ergeben, die die Bildung von zwei entgegengesetzten $\vec{u}_{00}$-Raumzeigern erlauben. Wenn der durch die Anregung resultierende Störstrom unbeachtet bleiben kann, dann

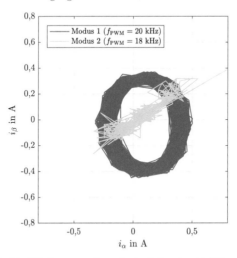

Bild 8.17: Verlauf des Störstromraumzeigers, der durch die unterschiedlichen Anregungsmodi in der Motorwicklung verursacht wird. Es ist erkennbar, dass die Störung im Modus 2 im Gegensatz zum Modus 1 keine Drehstromanteile mehr aufweist. Im Mittel unterscheiden sich die maximalen Auslenkungen des Störstromes jedoch nicht wesentlich.

reicht zur Generierung des $\vec{u}_{00}$-Raumzeigers auch die Anregung in die Mitte nur eines der Sextanten der Raumzeigerebene, wie in [38] beschrieben. Wie in Gl. (8.4) zusammengefasst ist das aufgrund der generellen 180°-Phasenverschiebung der u_{00}-Spannungsverläufe, die aus den Einfachschaltzuständen resultieren, gegenüber denen aus den Doppelschaltzuständen hervorgehenden möglich:

$$
\begin{aligned}
u_{00\_100} &= -u_{00\_011} \\
u_{00\_010} &= -u_{00\_101} \\
u_{00\_001} &= -u_{00\_110}.
\end{aligned}
\tag{8.4}
$$

Damit lässt sich ein $\vec{u}_{00}$-Raumzeiger beispielhaft wie folgt in Drehstromkoordinaten generieren

$$
\vec{u}_{00} = \begin{pmatrix} u_{00\_100} \\ -(u_{00\_100} - u_{00\_110}) \\ -u_{00\_110} \end{pmatrix},
\tag{8.5}
$$

der den Einfluss der u_{zk}-Schwankungen auf die Genauigkeit der darauf fußenden Rotorlagebestimmung verringert.

Daher wird in [38] einem zweistufigen Ansatz nachgegangen. Zunächst werden die durch den

Regler erzeugten Sollspannungsraumzeiger direkt für die Bestimmung der $\vec{u}_{00}$-Raumzeiger herangezogen und somit auf eine zusätzliche Anregung weitgehend verzichtet. Allerdings ist zu erwarten, dass dabei nur unter folgenden Randbedingungen zufriedenstellende Resultate erreicht werden:

- Die Länge des Regler-Sollraumzeigers ist ausreichend lang, so dass die entstehenden Signale in den beiden Sternpunkten[30] messtechnisch noch erfasst werden können.

- Der Regler-Sollraumzeiger zeigt weitgehend in die Mitte eines Sextantenbereichs der Raumzeigerebene. Wenn der Spannungsraumzeiger genau in eine der sechs Richtungen der aktiven Schaltzustandsraumzeiger zeigt, dann kann daraus allein kein Raumzeiger $\vec{u}_{00}$ gewonnen werden.

Daher wird ein zusätzlicher Anregungsraumzeiger vor allem im Leerlauf und in der Initialisierungsphase notwendig. Dazu wird in [38] eine zweite Anregungsstufe herangezogen (s. Bild 8.18). Dabei werden innerhalb einer PWM-Periode die Schaltzustände eingeprägt, wie sie im Anregungsmodus 2 (s. Bild 8.16) innerhalb von zwei PWM-Perioden angenommen werden. Dementsprechend ist auch bei dieser Schaltstrategie der resultierende Störstrom mittelwertfrei. Dabei ist die mittlere Mindestzeitdauer für jeden aktiven Schaltzustand innerhalb einer PWM-Periode im Verfahren nach [38] kürzer als im Anregungsmodus 2 und damit zusammenfassend die Störstromfrequenz höher und die Störstromamplitude kleiner. Allerdings bedarf es dazu einer Anpassung des Modulatorverhaltens, so dass bei Verwendung einer Sinus-Dreieckmodulation der Aussteuergrad in allen drei Phasen identisch bleibt und stattdessen die Modulationsdreiecke der Phasen zeitlich versetzt werden.

Zusammenfassung

Die in dem Abschnitt vorgestellten Anregungsansätze sind zusammenfassend in der Tabelle 8.2 dargestellt und anhand von fünf wesentlichen Kriterien bewertet. Daraus geht hervor, dass die Verwendung der regulären Reglerraumzeiger vorzuziehen aber nicht immer einsetzbar ist. Daher ist zusätzlich das Verfahren nach [38] in den Bereichen zu verwenden, in denen der Reglerraumzeiger nicht die notwendigen Eigenschaften aufweist und wenn eine schnelle Umschaltung des Modulatorverhaltens möglich ist. Bei einer starren Modulatorarchitektur bietet sich dagegen die Kombination aus dem Reglerraumzeiger und bei Bedarf aus der Anregung mit dem Modus 2 an.

8.4 Messtechnische Erfassung des Nullspannungssignals

Nachdem in dem vorherigen Abschnitt die Möglichkeiten zur Einprägung eines vorteilhaften Anregungssignals beleuchtet wurden, wird hier der Frage nach den Methoden zur messtechnischen Ermittlung des aus der Anregung resultierenden Nullspannungsverlaufs nachgegangen. Wie bereits im Abschnitt 4.3 erläutert, stellt die zu erfassende Messgröße eine Potentialdifferenz zwischen dem Verlauf der Sternspannung bei einer ideal symmetrischen und dem Verlauf bei der tatsächlichen, asymmetrischen Sternschaltung dar (s.

---

[30] virtuell und an der Maschine

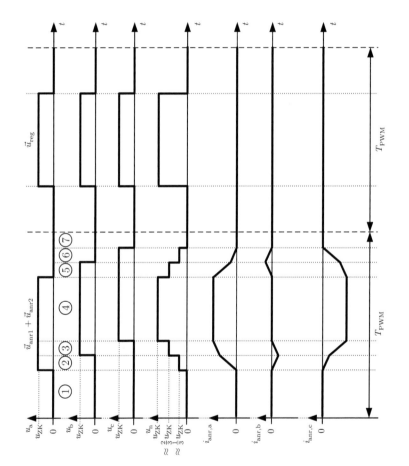

Bild 8.18: Verlauf des PWM-Musters bei Anwendung des Ansaztzes von [38].

Tabelle 8.2: Vergleich der untersuchten Anregungsmodi.

Anregungsansatz	Modus 1 (s. Bild 8.13)	Modus 2 (s. Bild 8.15)	regulärer Reglerraum-zeiger	Ansatz nach [38] (s. Bild 8.18)
Anregungsdauer	−−	−	+	0
Störstromanteil	−−	−	+	0
Störung des Regelungs-zeigers	−−	−	+	0
Verfügbarkeit in jedem Betriebszustand	+	+	−−	+
Notwendigkeit zur Mo-dulatoranpassung	+	+	+	−

Bild 8.19). Beim Design der Messanordnung zur Erfassung der gesuchten Potentialdifferenz müssen zunächst folgende Aspekte berücksichtigt werden.

- Aufgrund der Impedanzunterschiede zwischen der Maschinen- und der virtuellen Sternschaltung weisen die resultierenden Sternspannungen Abweichungen während der Einschwingvorgänge bei jedem Spannungsschaltvorgang auf. Das führt zu störenden Einkopplungen in die Rotorlageabhängigkeit des Nullspannungsverlaufs (s. Bilder 8.22 und 8.23).

- In der untersuchten Anordnung liegt die gesuchte Potentialdifferenz im Bereich von rund 2Vpp während die beiden Sternspannungsverläufe Werte von −5 V bis zu 24 V[31] aufweisen (s. Bild 8.20).

- Die Sternspannungen weisen steile Schaltflanken auf, so dass zum Beispiel die differentiellen Messeingänge über eine hohe CM[32]-Dämpfung mit weiter Bandbreite und über hohe Anstiegsgeschwindigkeiten verfügen müssen. In dem vorliegenden Fall werden beispielhaft Messsysteme mit Anstiegsgeschwindigkeiten von über 50 V/µs benötigt.

- Das zu messende Signal tritt nur in bestimmten zeitlichen Abschnitten innerhalb der PWM-Periode auf, so dass eine Synchronisation der Messdatenerfassung mit den Sternpunktschaltflanken in jeder Periode nötig ist (s. Bild 8.20).

- Um die erfasste Nullspannung dem zugehörigen Anregungsraumzeiger zuordnen zu können, ist auch eine Synchronisation der Messung mit der Anregungsraumzeigerge-nerierung erforderlich.

Dazu sind mehrere Messlösungsansätze denkbar, von denen einige anhand der folgenden Bewertungskriterien gegenübergestellt werden:

---

[31] Während der Schaltvorgänge treten aufgrund der parasitären Elemente in den Kommutierungszellen der Halbbrücken Unter- und Überspannungsspitzen auf.

[32] Common-Mode: Gleichtakt

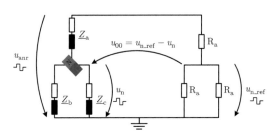

Bild 8.19: Skizze der Möglichkeiten zur Messung der Nullspannung u_{00}.

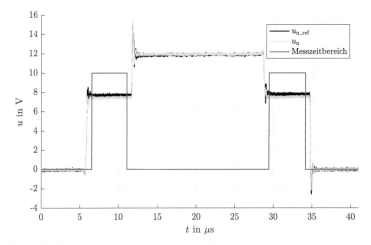

Bild 8.20: Verlauf der Sternpunktspannungen bei Einprägung des Anregungsraumzeigers $-\vec{\underline{u}}_a$ und nach einer Vorfilterung entsprechend dem Bild 8.21. Die roten Linien markieren die Zeitbereiche, in denen der Schaltzustand 011 eingeprägt wird und die beispielhaft für die Bestimmung der Nullspannungswerte herangezogen werden.

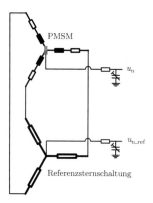

Bild 8.21: Skizze der Vorfilterung der zu erfassenden Sternpunktverläufe, wie sie im Bild 8.20 dargestellt sind. Die auf dem Markt erhältlichen Trimmkondensatoren liegen im pF-Bereich, so dass der Filtereffekt nur bei Schwingungsanteilen mit Frequenzen von über 100 MHz seine Wirkung entfaltet, wenn die Widerstände nicht entsprechend groß gewählt werden.

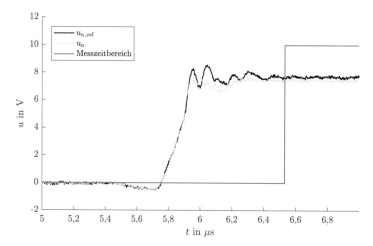

Bild 8.22: Schaltverläufe des virtuellen und des Maschinensternpunktes. Die Anstiegsgeschwindigkeit liegt bei 37,5 V/µs. Der negative Wert vor der Schaltflanke ist den parasitären Induktivitäten in den Kommutierungszellen der Halbbrücken geschuldet.

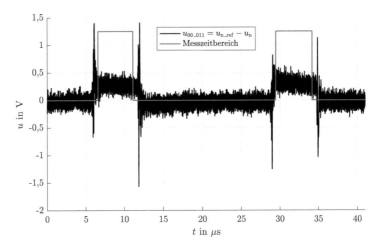

Bild 8.23: Verlauf der resultierenden Nullspannung beim Vorliegen von Sternspannungen entsprechend dem Bild 8.20. Der abgebildete Spannungsverlauf stellt die Situation bei einem bestimmten Winkel des Rotors dar und beschreibt nicht die maximal erreichbaren Spannungswerte zur Messung der Rotorlage.

- Signal-Rausch-Abstand des ausgegebenen Signals

- Entkopplung des Gleichtaktstörsignals[33]

- Simplizität der Schaltungstopologie

- Anforderungen an die Güte der einzelnen Bauteile der Schaltung

- Anforderungen an die Abtastung des Wertes durch die übergeordnete Antriebsregelung

Messtopologie 1

Bei diesem Ansatz erfolgt eine Anbindung der beiden Sternpunkte über ohmsche Spannungsteiler an die Analog-Digital-Umsetzer der Umrichtersteuerung und Bildung der gesuchten Potentialdifferenz in der Software (s. Bild 8.24). Der Vorteil des einfachen Aufbaus kann jedoch die zahlreichen Nachteile des Ansatzes nicht aufwiegen, die im folgenden aufgelistet werden.

- Da die Analog-Digital-Umsetzer mit großer Bandbreite und Auflösung meistens Eingangsspannungswerte von nur 3,3 V aufweisen, müssen im vorliegenden Fall die Sternspannungswerte und somit auch das gesuchte Nutzsignal in Form der Differenz zwischen den Spannungen um den Faktor 4 verkleinert und die Schaltspannungspeaks gefiltert werden. Die Skalierung des Signals reduziert zusätzlich die erreichbare Genauigkeit.

---

[33] Das Kriterium ist auch als Common-Mode-Rejection-Ratio (CMRR) bekannt.

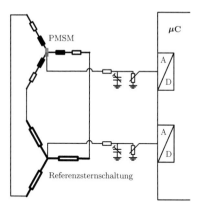

Bild 8.24: Messtopologie 1: Differenzmessung direkt über zwei Analog-Digital-Umsetzer.

- Für die Einhaltung einer Lagemessgenauigkeit von $0,5^{\circ}_{\text{el.}}$ wäre unter den genannten Umständen eine Auflösung von mindestens 13bit erforderlich, was die Kosten für die Komponenten erhöht und die Auswahlbandbreite der möglichen Lieferanten verringert.

- Durch die Verwendung von zwei Analog-Digital-Umsetzern verdoppeln sich auch die Quantisierungsfehler. Es wäre zwar denkbar, auf die Abtastung des Referenzsignals zu verzichten und stattdessen als Referenz die Werte $\frac{u_{\text{zk}}}{3}$ und $\frac{2u_{\text{zk}}}{3}$ heranzuziehen. Dabei wäre wiederum die Abtastung des u_{zk}-Wertes zum relevanten Zeitpunkt erforderlich, was wieder einen zweiten Analog-Digital-Umsetzer bedingt und zur zusätzlichen Einkopplung der Störeinflüsse durch das nichtlineare, temperatur- und stromabhängige Schalt- und Durchlassverhalten der Leistungshalbleiter führt.

Damit erfüllt die Messtopologie 1 die gestellten Anforderungen nur unzureichend, auch wenn sie auf den ersten Blick vorteilhaft erscheinen mag.

Messtopologie 2

Ein weiterer Ansatz besteht in der Kombination eines langsamen aber hochpräzisen Operationsverstärkers mit einer SC[34]-Schalteranordnung [111] (s. Bilder 8.25 und 8.26). Die darauf fußende und im Rahmen der Arbeit umgesetzte Schaltung (s. Bild 8.29) lässt sich wie folgt in drei Abschnitte unterteilen.

- Im ersten Abschnitt werden beim Auftreten des gesuchten Sternspannungsbereichs die beiden Sternpunkte mit Hilfe der Schaltlogik über einem Kondensator miteinander

---

[34]Switched-Capacitor

verbunden. Während dessen lädt sich der angelegte Kondensator über die Potential-differenz der beiden Sternpunkte auf und der Eingang des Operationsverstärkers vor dem Analog-Digital-Umsetzer liegt am Massepotenzial, so dass der Digital-Analog-Umsetzer keine Spannung erfasst und nicht durch die Schaltvorgänge gestört werden kann.

Dabei erfolgt die Verbindung der Analogschalter mit dem Abtastkondensator an die Sternpunkte über Impedanzwandler. Damit wird die potentielle Störung des Antriebs durch die Kopplung der beiden Sternpunkte und eine Verzerrung des zu messenden Spannungsverlaufs während der Abtastung durch den Kondensator verringert. Aufgrund der hohen Steilheit der Sternpunktschaltflanken werden dazu entsprechend schnelle Operationsverstärker herangezogen. Des Weiteren müssen sie einen ausreichenden Ausgangsstrom bei dem Durchlasswiderstand des Analogschalters aufweisen. Die Hauptkriterien für die Auswahl des Analogschalters sind die zulässige Eingangsspannungshöhe, eine ausreichende Anzahl an steuerbaren Einpol-Zweiwege-Schaltern und eine möglichst hohe Schaltgeschwindigkeit. Bei der Auswahl der Komponenten für die Schaltlogik ist die Reaktionsgeschwindigkeit von entscheidender Bedeutung, so dass hier Logikbausteine mit einer Totzeit im Nanosekundenbereich und Schaltgeschwindigkeiten von über $1{,}5\,\mathrm{V/ns}$ in Betracht kommen.

- Der zweite Abschnitt wird aktiv, sobald der relevante Sternspannungsbereich nicht mehr anliegt. Dabei erfolgt eine Entkopplung des Kondensators von den beiden Sternpunkten. Im gleichen Zug wird der Kondensator mit dem Ausgangsoperationsverstärker verbunden und das damit verstärkte Signal an den Analog-Digital-Umsetzer-Eingang angelegt. Hier ist die Frequenzbandbreite des Operationsverstärkers weniger relevant als die Rauscharmut, geringe Übertragungsverzerrungen und hohe Eingangsimpedanz, so dass der Ladezustand des aufgeladenen Abtastkondensators am Analogschalter bis zur Auswertung durch die Analog-Digital-Umsetzer der übergeordneten Antriebssteuerung weitgehend ungestört bleibt.

- Im letzten Abschnitt wird der gewonnene Wert beim Auftreten des Messtriggersignals von einem Analog-Digital-Umsetzer abgetastet.

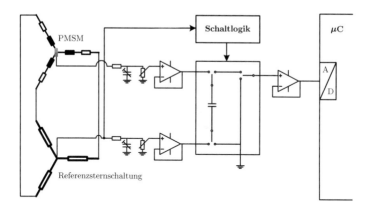

Bild 8.25: Messtopologie 2: Differenzmessung über den Switched-Capacitor-Ansatz.

Durch den Einsatz der geschilderten Struktur ergeben sich folgende Vorteile:

- Hohe Gleichtaktunterdrückung.

- Hoher Signal-Rausch-Abstand, da der Kondensator für hochfrequente Spannungsanteile wie ein Kurzschluss wirkt und er daher diese Anteile nicht speichert.

- Die vom Kondensator erfasste Potentialdifferenz wird bis zur Abtastung durch den Analog-Digital-Umsetzer gespeichert, so dass der Abtastzeitpunkt flexibler gewählt und leichter in die Regelungsstruktur eingebunden werden kann (s. Bild 8.27).

- Damit muss auch die Abtastfrequenz nicht höher sein als die Reglerfrequenz.

Die beschriebene Messstruktur führt allerdings auch zu besonderen Herausforderungen an einige der verwendeten Komponenten wie die Logikschaltung, die Analogschalter und den Kondensator, auf die im folgenden näher eingegangen wird.

Logikgatter und Analogschalter Die Güte der Entkopplung von den Sternpunktschaltflanken hängt sowohl von der Geschwindigkeit der Analogschalter als auch von der Präzision und Schnelligkeit der Schaltlogik ab. Damit erfolgt eine Verlagerung der Anforderungsschwerpunkte weg von den Operationsverstärkern hin zu den Logikgattern und Analogschaltern. Für die Ermittlung des Schaltzeitpunkts kommen Logikschaltungen wie im Bild 8.26 in Frage. Bei der vorliegenden Messanordnung ist vor allem die Geschwindigkeit entscheidend, mit der die relevante Spannungsebene in den Sternpunkten erkannt und die Potentialdifferenz an den zugeschalteten Kondensator angelegt wird. Durch die verwendeten Bauteile ergeben sich die größten und für die Güte der Messung relevanten Verzögerungen in der Schaltlogik und in dem Analogschalter, die zusammen zu einer

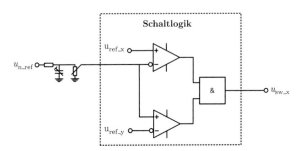

Bild 8.26: Skizze der verwendeten Logikstruktur zur Steuerung der Schaltzeitpunkte des Analogschalters entsprechend der Messtopologie 2.

Verzugszeit von rund 190 ns führen (s. Bild 8.28). Die Totzeit hat zwei Effekte zur Folge. Zum einen beträgt damit die minimale Zeitdauer, in der die relevante Spannungsebene für eine unverfälschte Messung vorliegen muss, deutlich über 190 ns und zum anderen werden dadurch auch unerwünschte Schwingungen beim Umschalten des Sternspannungswertes mit erfasst. Im vorliegenden Fall weisen die Schwingungen eine Frequenz von rund 5 MHz auf.

Kondensator   Durch die zuvor genannte minimale Messdauer und die zu filternden Schwingungen ergeben sich auch die wesentlichen Randbedingungen für die Auswahl des Kondensators am Analogschalter. Zum einen muss der Kondensator klein genug sein, um auf die zu messende Spannung aufgeladen werden zu können, und zum anderen groß genug, um die parasitären Schwingungen und das Rauschen der Analogschalter [111] weitgehend filtern zu können. Zusammen mit dem gesamten Durchlasswiderstand $R_{DS,on} = 120\,\Omega$ des Analogschalters und dem Kondensator ergibt sich ein RC-Glied mit der Zeitkonstanten

$$\tau = R_{DS,on} C. \tag{8.6}$$

Die nahezu vollständige Aufladung des Kondensators erfolgt dabei in $T_{Load} = 5\tau$. Damit ergibt sich bei Annahme der zulässigen Aufladezeit von 120 ns[35)] eine Kapazitätshöchstgrenze von

$$C_{max} = \frac{T_{load}}{5R_{DS,on}} = \frac{120 \cdot 10^{-9}}{5 \cdot 120} \frac{s}{\Omega} \approx 200\,pF. \tag{8.7}$$

Für eine ausreichende Filterung der Schwingungen wird die Grenzfrequenz f_c des RC-Glieds auf unter 3 MHz gelegt, was zum folgenden Mindestkapazitätswert führt.

$$C_{min} = \frac{1}{2\pi R_{DS,on} f_c} \approx 440\,pF \tag{8.8}$$

[35)] Die gesamte Minimalmessdauer würde somit unter Berücksichtigung der Ansprechverzögerung der Messanordnung $T_{mess} = 120 + 2 * 190\,ns = 500\,ns$ betragen.

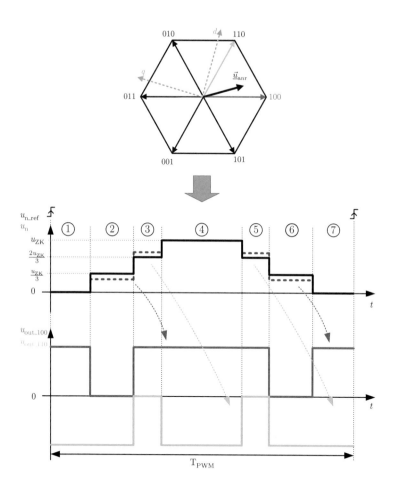

Bild 8.27: Skizze eines Anregungsraumzeigers und des daraus resultierenden Zeitverlaufs der Sternpunktspannungen und des Messschaltungsausgangs bei Auswertung sowohl der Einfach- als auch der Doppelschaltzustände. Die gestrichelte, blaue Linie markiert den Spannungsverlauf am Maschinensternpunkt. Die im Bereich 2 erfasste Potentialdifferenz während des Einfachschaltzustands wird in den Bereichen 3 bis 5 verstärkt und an den Ausgang der Messschaltung gelegt. Bei einer Abtastung der Messwerte zu Beginn einer PWM-Periode werden dabei nur die in den Bereichen 5 und 6 auftretenden Potentialdifferenzen durch den Lagebestimmungsalgorithmus der übergeordneten Antriebsregelung ausgewertet.

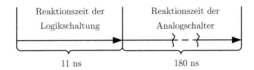

Bild 8.28: Verzugszeit der Messschaltung beim Detektieren und Reagieren auf die gesuchte Spannungsebene.

Unter der Berücksichtigung der genannten Rahmenbedingungen geht aus den Berechnungen hervor, dass für die Filterung ein größerer Kondensator erforderlich ist als für die Einhaltung der minimalen Messdauer. Im Rahmen der vorliegenden Arbeit wird die Filterung höher priorisiert und daher ein Kondensator mit $1{,}8\,\text{nF}$ gewählt. Damit vergrößert sich die einzuhaltende Messdauer und somit auch die minimale aktive Schaltzustandsdauer auf

$$T_{\text{load}} = T_{\text{mess,min}} = 5 \cdot 1{,}8\,\text{nF} \cdot 120\,\Omega + 2 \cdot 190\,\text{ns} \approx 1{,}5\,\mu\text{s}. \tag{8.9}$$

Damit resultiert im vorliegenden Fall folgender Zusammenhang:

$$\text{Schaltschwingungen} \Rightarrow C \Rightarrow T_{\text{load}} \Rightarrow \hat{u}_{\text{anr,min}} \Rightarrow \text{Anregungsstörungen}, \tag{8.10}$$

so dass zusammenfassend die Schaltschwingungen indirekt zu einer Erhöhung der Störungen durch das Anregungssignal bei der Anwendung des Verfahrens führen. Einen weiteren zu berücksichtigenden Aspekt stellt das nichtlineare Verhalten des Keramikkondensators in Abhängigkeit von der Spannung und der Temperatur dar. Um eine Verfälschung der Messung durch die beiden unerwünschten Effekte gering zu halten, empfiehlt sich der Einsatz von Klasse 1 Kondensatortypen nach „EIA $198 - 1; -2; -3$" [112]. Es handelt sich dabei um Kondensatoren mit einer niedrigen Dielektrizitätskonstanten, die sich vor allem durch folgende Eigenschaften auszeichnen.

- Lineare und geringe Abhängigkeit der Kapazität von der Temperatur.

- Weitgehende Unabhängigkeit der Kapazität von der Spannung.

Die kleine Dielektrizitätskonstante des Kondensatortyps stellt kein Hindernis dar, da ein Kapazitätswert von unter $2\,\text{nF}$ erforderlich ist, so dass ein SMD[36]-Chip-Keramikkondensator vom Typ „C0G" eingesetzt werden kann. Um mit dem erläuterten Messansatz gleichzeitig sowohl die Einfach- als auch die Doppelschaltzustände entsprechend dem Bild 8.27 erfassen zu können, wird die im Bild 8.25 skizzierte Messanordnung doppelt aufgebaut und entsprechend den Spannungsebenen der beiden Schaltzustandstypen eingestellt. Damit ergibt sich eine Messschaltung nach Bild 8.30.

---

[36]Surface-Mounted Device

ADCMP 600

- Totzeit: 4 ns
- Anstiegszeit: 1250 V/μs
- Arbeitsbereich: 2,5 V - 5,5 V
- einstellbare Hysterese

74ACT08

- Totzeit: 7 ns
- Arbeitsbereich: 0 V - 6 V

AD 8599

- geringe Übertragungsverzerrungen
- geringes Rauschen
- Gleichtaktstörunterdrückungsrate: 120 dB
- Arbeitsbereich: ±15 V
- aber eine Anstiegszeit von nur 14 V/μs

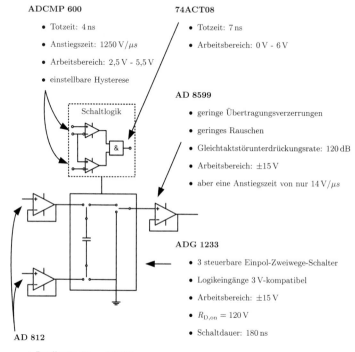

ADG 1233

- 3 steuerbare Einpol-Zweiwege-Schalter
- Logikeingänge 3 V-kompatibel
- Arbeitsbereich: ±15 V
- $R_{\mathrm{D,on}} = 120$ V
- Schaltdauer: 180 ns

AD 812

- Bandbreite: bis zu 145 MHz
- Anstiegsgeschwindigkeit: bis zu 1600 V/μs
- Arbeitsbereich: ±15 V
- Optimiert für $R_{\mathrm{L}} = 150\,\Omega$
- Ausgangsstrom: bis zu 50 mA

Bild 8.29: Skizze mit den wesentlichen Angaben zu den verwendeten Bauteilen für die Erfassung entweder von Einfach- oder Doppelschaltzuständen.

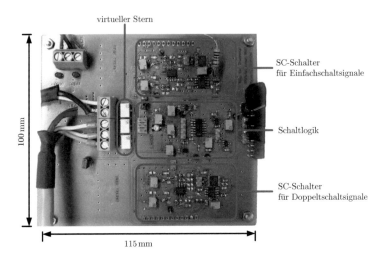

Bild 8.30: Aufgebaute Schaltung zur Erfassung der Nullspannungswerte mit dem SC-Ansatz.

Zusammenfassung

Für die Ermittlung einer geeigneten Messanordnung zur Erfassung des gesuchten Nullspannungswerts werden zunächst die Eigenschaften des zu messenden Signals beleuchtet. Darauf fußend werden zwei Ansätze vorgestellt und einer Bewertung unterzogen, von denen sich die Methode des geschalteten Kondensators als vorteilhaft erweist. Abschließend folgt eine Schilderung der Kriterien für die Auswahl der einzelnen Komponenten der favorisierten Schaltung.

8.5 Bildung des Nullspannungsraumzeigers aus den Messdaten

Sowohl der Anregungsmodus 2 als auch der Ansatz nach [38] ergeben den gleichen Messdatensatz zur Bestimmung des $\vec{u}_{00}$-Raumzeigers. Zur Rekonstruktion der $\vec{u}_{00}$-Werte aus den Messungen während der Einfach- und Doppelschaltanregungssignale müssen die erfassten Messwerte den zugehörigen Anregungsraumzeigern aus der vorhergehenden PWM-Periode zugeordnet und zwischengespeichert werden. Nachdem alle notwendigen Messergebnisse entsprechend vorliegen, erfolgt die Erstellung des $\vec{u}_{00}$-Raumzeigers. Aufgrund des komplementären Verhaltens der $\vec{u}_{00\_x00}$-Raumzeiger, die aus den Einfachschaltzuständen entstehen, und der $\vec{u}_{0\_xx0}$-Raumzeiger, die aus den Doppelschaltzuständen resultieren, bietet sich die Bildung eines Differenzraumzeigers entsprechend der Gl. (8.11), der größere Amplituden und einen besseren Signal-Rausch-Abstand aufweist (s. Bild 9.2), an. Dazu sind insgesamt vier u_{00}-Messwerte erforderlich.

$$\Delta \vec{u}_{00,\text{abc}} = \vec{u}_{00\_\text{x00,abc}} - \vec{u}_{00\_\text{xx0,abc}} = \begin{pmatrix} u_{00\_100} \\ -(u_{00\_100} + u_{00\_001}) \\ u_{00\_001} \end{pmatrix} - \begin{pmatrix} u_{00\_011} \\ -(u_{00\_011} + u_{00\_110}) \\ u_{00\_110} \end{pmatrix}$$

(8.11)

Bei Anwendung einer amplitudeninvarianten Transformation in αβ0-Koordinaten und der Approximationen gemäß dem Abschnitt 3.2.2 ergibt sich daraus folgender Zusammenhang.

$$\Delta \vec{u}_{00,\alpha\beta0} = \begin{pmatrix} u_{00\_100} - u_{00\_011} \\ \frac{1}{\sqrt{3}}[2(u_{00\_110} - u_{00\_001}) + (u_{00\_011} - u_{00\_100})] \\ 0 \end{pmatrix}$$

(8.12)

$$= \frac{4}{3} u_{\text{zk}} \frac{\Delta L_0}{\Delta L^2 - \Sigma L^2} \begin{bmatrix} \Sigma L \cos(-2\theta) + \Delta L \cos(4\theta) \\ \Sigma L \sin(-2\theta) + \Delta L \sin(4\theta) \\ 0 \end{bmatrix}$$

(8.13)

Der so aufbereitete Raumzeiger kann anschließend zur Extraktion der Rotorlageinformation zum Beispiel mit einer HANN-basierten Analyse herangezogen werden, wie sie in Kapitel 6 erläutert ist und im Rahmen der Arbeit umgesetzt wurde.

8.6 Zusammenfassung

In dem vorliegenden Kapitel werden die Aspekte der praktischen Umsetzung des Verfahrens beleuchtet. Dazu wird zunächst die Struktur des verwendeten Versuchsaufbaus geschildert und auf die einzelnen Komponenten des Aufbaus näher eingegangen. Anschließend erfolgt die Untersuchung der Möglichkeiten zur Injektion der Anregungssignale. Ein zusammenfassender Vergleich der Injektionsmethoden kann der Tabelle 8.2 entnommen werden. Dabei wird vor allem deutlich, dass die Mitnutzung der vom Regler erzeugten Raumzeiger für die Anregung der erforderlichen Spannungssignale nicht in allen Betriebspunkten möglich ist, so dass die zusätzlichen und vom Reglereinfluss befreiten Anregungsraumzeiger unentbehrlich bleiben.

Nach der Bewertung der Anregungsmodi folgt die Erläuterung eines möglichen und in der vorliegenden Arbeit umgesetzten Ansatzes zur messtechnischen Erfassung der gesuchten Nullspannungssignale. Dazu wird eine SC-basierte Schaltungstopologie herangezogen und die dabei verwendeten Auslegungskriterien für die jeweiligen Schaltungskomponenten geschildert. Daraus geht auch hervor, dass die zu berücksichtigenden Effekte bei der messtechnischen Erfassung der gesuchten Nullspannungswerte zu einer nicht unerheblichen Komplexität der Messschaltung führen, die allerdings weniger aufwendig erscheint, als bei einer Strommesskette mit vergleichbarer Bandbreite und identischem Signal-Rausch-Abstand.

Abschließend wird ein Ansatz zur Bildung des Nullspannungsraumzeigers aus den Messdaten vorgestellt, in dem die vorliegende Information möglichst umfassend genutzt und der Signal-Rausch-Abstand weiter erhöht wird. Der Grundgedanke dazu fußt darauf, dass die

Nullkomponente des $\vec{u}_{00}$-Raumzeigers für die Bestimmung der Rotorlage bedeutungslos ist.

9 Betriebsverhalten des Verfahrens

Nach der Beleuchtung der technischen Aspekte bei der Umsetzung des Verfahrens in dem vorhergehenden Kapitel werden nachfolgend die mit dem Versuchsaufbau gewonnenen Messresultate vorgestellt und einer Bewertung unterzogen. Damit sollen die zuvor hergeleiteten analytischen Beschreibungen der Zusammenhänge und die Güte (stationäre und dynamische Genauigkeit) der umgesetzten Messarchitektur bei unterschiedlichen Betriebspunkten verifiziert werden. Neben der Evaluation der geberlosen Rotorlagebestimmung selbst wird auch der geregelte Betrieb mit dem geschätzten Lagewert einem Vergleich mit dem resolverbasierten Betrieb unterzogen. Dabei wird der Tatsache Rechnung getragen, dass jedes Antriebssystem in Abhängigkeit von der Zielanwendung und dem daraus resultierenden Belastungsprofil unterschiedliche Anforderungen an die Güte der Lageerfassung stellt und daher die Betrachtung allein der Genauigkeit des Lagebestimmungsverfahrens nicht zielführend ist. Die aus der Analyse der Messergebnisse gewonnenen Erkenntnisse sollen anschließend auch der Erarbeitung von Maßnahmen zur Optimierung des Verfahrens dienen, die im Ausblick der Arbeit zusammengefasst werden.

Als Grundlage zur Bewertung der geberlosen Lagemessgenauigkeit wird die Abweichung des gewonnenen Wertes vom resolverbasierten Messergebnis herangezogen, da zum einen die Resolvermesskette die Antriebssystemanforderungen erfüllt und zum anderen die Genauigkeit der geberlosen Messung die der resolverbasierten nicht übersteigen wird. Sollte jedoch die Notwendigkeit zur Bewertung des Absolutfehlers der geberlosen Lageerfassung bestehen, dann muss zum Relativfehler noch die Abweichung des Referenzgebers von $1\,°_{el.}$ hinzuaddiert werden, wie den Untersuchungen des Resolvers im Abschnitt 8 entnommen werden kann

Zur Durchführung der messtechnischen Untersuchungen wird ein Versuchsaufbau eingesetzt, der bereits im Abschnitt 8.1 detailliert erläutert worden und im Bild 9.1 dargestellt ist. Der Prüfling wird stets drehzahl- und die Last drehmomentgeregelt betrieben. Dabei wird jeder Betriebspunkt einmal unter Verwendung des Resolvers und einmal mit dem entwickelten geberlosen Verfahren als Rotorwinkelquelle angefahren, um die Auswirkung der beiden Messverfahren auf das Antriebssystem in Relation zu einander betrachten zu können. Dem Drehzahlregler des Prüflings wird jedoch die aus den Resolverdaten gewonnene Drehzahl zugeführt. Damit soll erlaubt werden, den Einfluss der geberlosen Lagebestimmung getrennt von dem der geberlosen Drehzahlerfassung betrachten zu können.

Die Gliederung der im Folgenden beschriebenen Analysen richtet sich nach der Komplexität der Umsetzung und Auswertung der jeweiligen Betriebspunkte, angefangen mit den stationären und endend mit den transienten Zuständen.

© Springer Fachmedien Wiesbaden GmbH, ein Teil von Springer Nature 2018
T. Werner, *Geberlose Rotorlagebestimmung in elektrischen Maschinen*,
https://doi.org/10.1007/978-3-658-22271-0_9

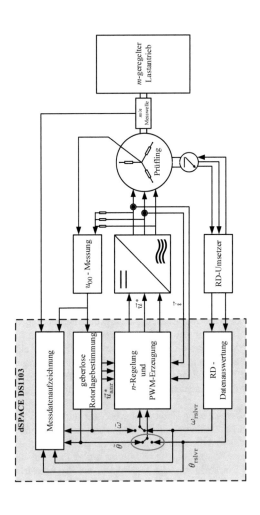

Bild 9.1: Struktur des Versuchsaufbaus zur messtechnischen Bewertung des Verfahrens. Während der nachfolgenden Untersuchungen wird zwischen der geberlos ermittelten und der resolverbasierten Rotorlageerfassung umgeschaltet, wie durch den rot umrandeten Schalter markiert. Für den drehzahlgeregelten Betrieb wird stets die Drehzahl aus dem Resolvermesswert herangezogen.

9.1 Stationäres Verhalten

Als stationär werden eingeschwungene Antriebssystemzustände mit konstanten Drehzahl-
und Drehmomentsollwerten bezeichnet. Im folgenden werden zunächst die Messergebnisse aus dem Leerlauf bei unterschiedlichen Drehzahlen beleuchtet, um den Einfluss der
drehzahlabhängigen Störungen prüfen zu können. Anschließend erfolgt eine Analyse der
Sättigungseinflüsse im Motor, in dem bei einer konstanten Solldrehzahl nahe Stillstand
unterschiedliche aber konstante Lastmomente eingeprägt werden.

9.1.1 Leerlauf

In diesem Abschnitt erfolgt die Auswertung der Messungen im lastfreien Betrieb des
Prüflings bei konstanten Solldrehzahlen im Bereich von $n^*/n_N = 0,12\,\%$ bis $24\,\%$.
Bevor auf die Ergebnisse bei unterschiedlichen Drehzahlen eingegangen wird, sollen hier
zunächst anhand des Betriebs mit einer bestimmten konstanten Drehzahl die einzelnen
Nullspannungszeiger beleuchtet werden, die aus den Einfach- und Doppelschaltzuständen
hervorgehen und die mit dem entwickelten Verfahren gleichzeitig erfasst werden. Damit
sollen zum einen die wesentlichen harmonischen Anteile und zum anderen die Verhältnisse
der Nullspannungszeiger zueinander verifiziert werden, die bereits im Abschnitt 8.3 durch
theoretische Überlegungen aufgezeigt und in Gl. (8.4) zusammengefasst wurden.
Im Leerlauf ergeben die Messungen Verläufe, wie sie dem Bild 9.2 entnommen werden
können. Daraus wird erkennbar, dass sowohl die Einfach- als auch die Doppelschaltzustände
zu Nullspannungszeigern führen, die haupsächlich Harmonische -2ter und 4ter Ordnung
bezogen auf die elektrische Grundschwingungsfrequenz aufweisen, womit die zuvor aufgezeigten analytischen Herleitungen bestätigt werden. Des Weiteren wird auch erkennbar,
dass die Differenz zwischen den Einfach- und Doppelschaltzustand-Nullspannungszeigern
aufgrund des komplementären Verhaltens zu einander eine Verdoppelung der Signalamplitude erlaubt. Dabei wird auch der Signal-Rausch-Abstand (SNR[37]) vergrößert. Allgemein
lässt er sich in dem vorliegenden Fall entsprechend der Gl. (9.1) [113], [114] formulieren.

$$\text{SNR} = 10\log_{10}\left(\frac{\left|\vec{u}_{-2}\right|^2 + \left|\vec{u}_4\right|^2}{\left(\sum_{-\infty}^{\infty}\left|\vec{u}_i\right|^2\right) - \left(\left|\vec{u}_{-2}\right|^2 + \left|\vec{u}_4\right|^2\right)}\right)\text{dB} \qquad (9.1)$$

Dazu wäre allerdings eine unendlich hohe Abtastfrequenz des Messsystems erforderlich.
Die im Bild 9.2 dargestellten Verläufe entstanden bei Verwendung des Anregungsmodus
2 (s. Bild 8.14). Dabei werden zwar die Analog-Digital-Umsetzer mit einer Frequenz
von $f_{SH} = f_{PWM}$ getaktet aber die Nullspannungszeigerwerte können erst nach Ablauf
von 3 PWM-Takten aktualisiert werden, wie bereits im Abschnitt 8.3 erläutert. Daher
ergibt sich eine effektive Nullspannungszeiger-Messfrequenz von $f_{mess} = \frac{1}{3}f_{PWM}$. Unter
Berücksichtigung der kleinsten Frequenz der Nullspannungszeiger, die der zweifachen
Frequenz der Grundschwingung entspricht, können somit Harmonische bis zur folgenden

---

[37]Signal-to-Noise-Ratio

Ordnung eindeutig bestimmt werden.

$$idx = \frac{1}{20} \frac{f_{\mathrm{PWM}}}{3} \frac{1}{f_1} \tag{9.2}$$

Für den im Bild 9.2 geschilderten Fall von $f_1 = 0{,}1\,\mathrm{Hz}$ ergibt sich damit ein Wert von

$$idx = 3000. \tag{9.3}$$

Somit ist eine Approximation entsprechend der Gl. (9.4) möglich.

$$\mathrm{SNR} \approx 10 \log_{10} \left(\frac{|\vec{u}_{-2}|^2 + |\vec{u}_4|^2}{(\sum_{-3000}^{3000} |\vec{u}_i|^2) - (|\vec{u}_{-2}|^2 + |\vec{u}_4|^2)} \right) \mathrm{dB} \tag{9.4}$$

Unter Verwendung der geschilderten Approximation des Signal-Rausch-Verhältnisses beträgt der Nullspannungszeigerstörabstand aus den Einfach- und Doppelschaltzuständen rund 20 dB und der Nullspannungszeiger aus der Differenz der beiden weist dabei eine Erhöhung auf rund 24 dB auf.

Eine Gegenüberstellung der bei unterschiedlichen Drehzahlen gewonnenen Differenz-Nullspannungsraumzeiger (s. Bild 9.3) verdeutlicht, dass in dem für das Verfahren relevanten Drehzahlbereich von $n^*/n_{\mathrm{N}} = 0\,\%$ bis 20 % bei der verwendeten Maschine weder die Amplitude der beiden maßgeblichen Harmonischen noch deren Verhältnis zu einander eine nennenswerte Drehzahlabhängigkeit aufweisen. Allerdings ist eine Zunahme von anderen Störharmonischen mit steigender Drehzahl erkennbar, die im Frequenzbereich um die -2- und 4-Ordnung liegen und somit nicht herausgefiltert werden können, ohne die Nutzharmonische zu beeinträchtigen. Aufgrund der hohen Abtastfrequenz gegenüber der Frequenz der Grundschwingung und der harmonischen Anteile kann die Zunahme an Störharmonischen nicht durch den Aliasing-Effekt verursacht worden sein.
Die Analyse der Abweichung des geberlos ermittelten Winkels von dem Referenzwinkel entsprechend dem Bild 9.4 zeigt bei Drehzahlen nahe Stillstand im wesentlichen Störungen der 6ten-Ordnung auf, die hauptsächlich aus dem Schätzfehler des HANN-Trackers resultieren, wie den simulationsbasierten Untersuchungen im Abschnitt 6 (s. Bilder 6.5 und 6.6) entnommen werden kann. Mit zunehmender Drehzahl nimmt die Winkelabweichung 6ter-Ordnung wie erwartet ab, aber dafür nehmen die Störungen 2ter- und 1ter-Ordnung zu. Sie resultieren aus dem Zusammenspiel der drehzahlabhängigen Störungen in den Nullspannungszeigern mit dem HANN-basierten Auswerteverfahren, das ausschließlich auf die Elimination der -4ten-Ordnung abgestimmt ist.
Damit erscheint es plausibel, dass das entwickelte Verfahren die besten Resultate in dem Drehzahlbereich von $n^*/n_{\mathrm{N}} = 1\,\%$ bis 10 % aufweist, wie dem Bild 9.4 entnommen werden kann. Der dabei dargestellte Verlauf der Variable $\hat{\delta}_{\mathrm{mess}}$ beschreibt die Amplitude der Fehlerschwankung, die von über 99 % der gemessenen Fehlerwerte $\tilde{\theta} - \theta_{\mathrm{rslvr}}$ im gegebenen Betriebspunkt nicht überschritten wird. Der Bestwert liegt dabei bei rund $\hat{\delta}_{\mathrm{mess}} = 2{,}6\,°_{\mathrm{el.}}$.
Trotz des größeren Fehlers gegenüber dem des verwendeten Referenzreluktanzresolvers führt der drehzahlgeregelte Betrieb mit dem geberlos ermittelten Winkel zu keiner Vergrößerung des Drehmomentrippels, wie im Bild 9.5 zu sehen.

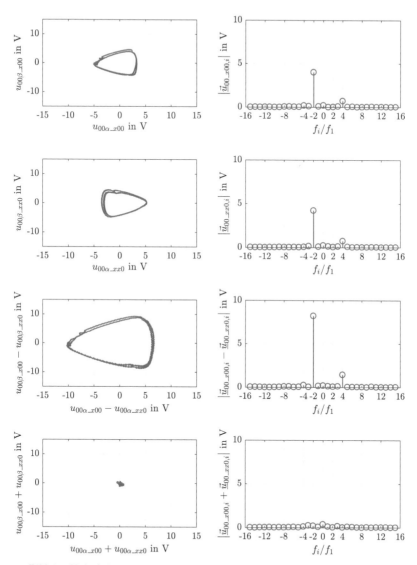

Bild 9.2: Verlauf der messtechnisch gewonnenen $\vec{u}_{00}$-Raumzeiger bei Anwendung des Anregungsmodus 2. Die Ergebnisse stammen aus dem drehzahlgeregelten Betrieb des Motors bei Anwendung eines konventionellen Reluktanzgebers und bei $n^*/n_\mathrm{N} = 0{,}12\,\%$ ($f = 0{,}1\,\mathrm{Hz}$), $M = 0\,\mathrm{Nm}$ und $f_\mathrm{PWM} = 18\,\mathrm{kHz}$. Der entsprechende Prüfstandsaufbau ist in Bild 9.1 skizziert.

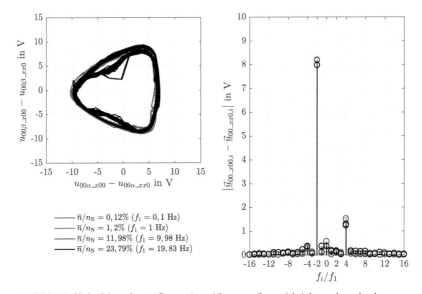

Bild 9.3: Verlauf des erfassten Raumzeigers ($\vec{\underline{u}}_{00\_x00} - \vec{\underline{u}}_{00\_xx0}$) bei Anwendung des Anregungsmodus 2 und bei unterschiedlichen stationären Drehzahlen im Leerlauf.

9.1.2 Konstanter Betrieb unter Last

In diesem Abschnitt werden die Messungen bei einer konstanten Drehzahl von $n^*/n_N = 1{,}2\,\%$ ($f_1 = 1\,\text{Hz}$) und mit unterschiedlichen konstanten Lastmomenten einer Analyse unterzogen. Das Ziel liegt dabei in der Evaluation des Einflusses der strangstrombedingten Sättigung der Eisenwege auf die entwickelte geberlose Lageschätzung. Da die Zielanwendung eine Antriebsregelung im unteren Drehzahlbereich ist und somit eine Feldschwächung nicht erforderlich ist, erfolgt nachfolgend die Untersuchung ausschließlich der i_q-Einwirkung. Dabei werden Drehmomentwerte von $M_{\text{Last}}/M_N = 0{,}66\,\%$ bis $M_{\text{Last}}/M_N = 28{,}75\,\%$ eingeprägt. Wie dem Bild 9.6 entnommen werden kann, bleibt die Harmonische -2-Ordnung im erfassten Drehmomentbereich weitgehend unverändert im Gegensatz zu der 4-Ordnung, die mit steigendem Drehmoment abnimmt. Dafür treten vermehrt weitere Randharmonische auf, die nah an der -2-Ordnung liegen und deren Elimination nicht ohne Störung des Nutzsignals möglich ist. Bemerkenswert ist dabei, dass sowohl die Amplitude als auch der Mittelwert der Abweichung des geberlos ermittelten Winkelwertes zum Resolverwert mit steigendem Drehmoment abnimmt (s. Bild 9.7). Dabei entfaltet sich die Fehlerharmonische 6-Ordnung als die Hauptkomponente der Abweichung $\tilde{\theta} - \theta_{\text{rslvr}}$. Die Amplitude $\hat{\delta}_{\text{mess}}$ verringert sich auf bis zu $1{,}3\,^\circ_{\text{el.}}$ und der Mittelwert auf bis zu $0\,^\circ_{\text{el.}}$. Unter Berücksichtigung des Fehlers des Referenzreluktanzresolvers von rund $1\,^\circ_{\text{el.}}$ ergibt sich in dem Fall ein Absolutfehler des Verfahrens von $2{,}3\,^\circ_{\text{el.}}$. Es ist jedoch auch erkennbar, dass auch hier ein Optimum existiert, das mit steigendem Lastmoment wieder verlassen wird, weil der Sättigungseinfluss in dem Nullspannungsraumzeiger zunehmend zu einer Vielzahl von

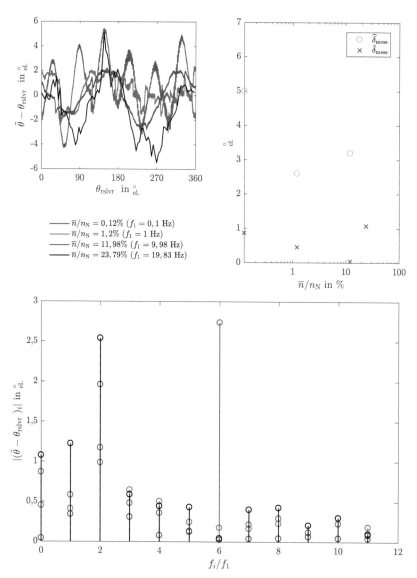

Bild 9.4: Analyse der Abweichung des geberlos ermittelten vom resolverbasierten Winkelverlauf bei unterschiedlichen Drehzahlen im Leerlauf. $\hat{\delta}_{\text{mess}}$ beschreibt die Schwankungsamplitude, die von über 99 % der Messwerte nicht überschritten wird.

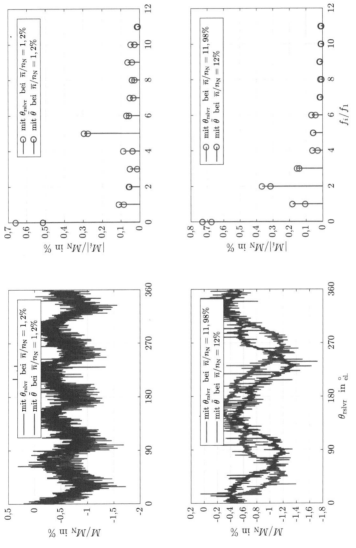

Bild 9.5: Verlauf des gemessenen Drehmoments beim Betrieb im Leerlauf und mit unterschiedlichen stationären Drehzahlen. Die Betriebs-punkte werden einmal auf Grundlage des resolverbasierten Winkels und einmal auf Grundlage des geberlos ermittelten Winkels angefahren.

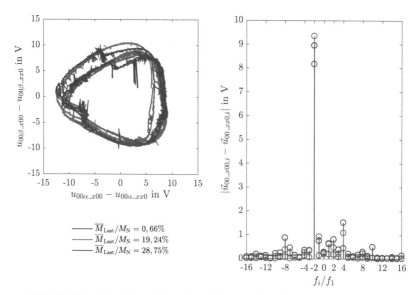

Bild 9.6: Verlauf des erfassten Raumzeigers ($\vec{u}_{00\_x00} - \vec{u}_{00\_xx0}$) bei Anwendung des Anregungsmodus 2 und bei unterschiedlichen stationären Lastmomenten. Die Solldrehzahl beträgt dabei konstant $n^*/n_N = 1,2\,\%$ ($f_1 = 1\,\mathrm{Hz}$).

störenden Oberharmonischen um die −2-Harmonische herum führt. Die mit dem Verfahren erreichte Genauigkeit führt auch in dem geschilderten Betriebsbereich zu einer Güte, die sich von dem resolverbasierten Betrieb nicht unterscheidet (s. Bild 9.8). Des Weiteren wird auch erkennbar, dass der Leerlauf nicht immer den optimalen Betriebspunkt für die geberlose Lagebestimmung darstellt.

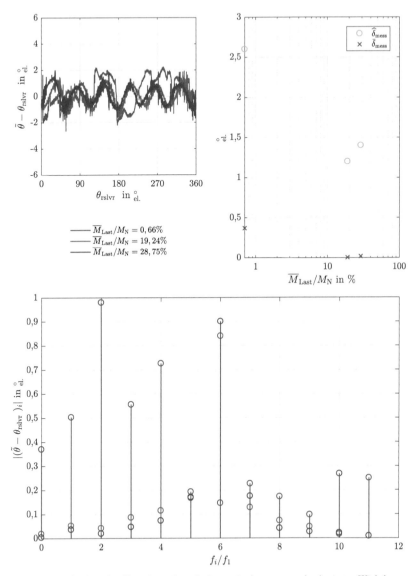

Bild 9.7: Analyse der Abweichung des geberlos ermittelten vom resolverbasierten Winkel-verlauf bei unterschiedlichen Drehmomenten und einer konstanten Solldrehzahl von $n^*/n_\mathrm{N} = 1{,}2\,\%$. $\hat{\delta}_\mathrm{mess}$ beschreibt die Schwankungsamplitude der Abweichung zum Resolverwert, die von über 99 % der Messwerte nicht überschritten wird.

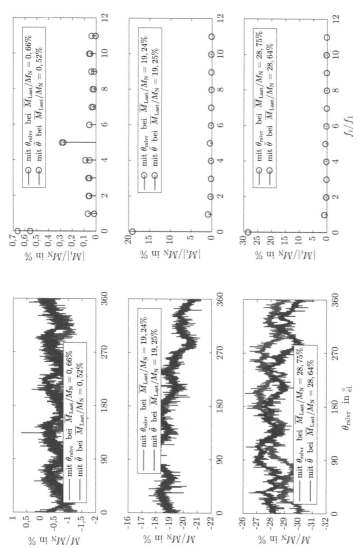

Bild 9.8: Verlauf des gemessenen Drehmoments beim Betrieb mit unterschiedlichen Lastmomenten und einer stationären Drehzahl von $n^*/n_N = 1,2\%$. Die Betriebspunkte werden einmal auf Grundlage des resolverbasierten Winkels und einmal auf Grundlage des geberlos ermittelten Winkels angefahren.

9.2 Transientes Verhalten

Im Folgenden wird das Verfahren zur geberlosen Lageerfassung einer Analyse in dynamischen Betriebszuständen unterzogen. Dabei gliedert sich die Untersuchung in zwei Abschnitte. Im ersteren wird das Verhalten bei Drehzahlsprüngen im lastfreien Fall beleuchtet und im zweiten Abschnitt der Einfluss der Drehmomentsprünge bei konstanten Solldrehzahlen evaluiert. Damit soll zum einen die Beeinträchtigung durch die beschleunigungsabhängigen Störanteile und zum anderen die Störung durch die Stromänderung gesondert untersucht werden können. Wie zuvor bei konstanten Betriebspunkten wird auch hier der Prüfling drehzahlgeregelt betrieben, wobei dazu stets die resolverbasierte Drehzahl verwendet wird.

9.2.1 Drehzahlsprung

Im Bild 9.9 ist der Drehzahlsprung zwischen Stillstand und $n^*/n_\mathrm{N} = 20\,\%$ geschildert. Es ist erkennbar, dass im Drehzahlverlauf kein deutlicher Unterschied zwischen dem Betrieb mit dem Reluktanzresolver und der geberlosen Lageerfassung in Erscheinung tritt, auch wenn die Analyse der Abweichung des geberlos ermittelten Winkels zum Referenzgeber während der Drehzahländerung Werte von bis zu $30\,^\circ_\mathrm{el.}$ aufweist. Auffällig ist dabei auch eine bleibende Abweichung im Stillstand, da dann das HANN-Verfahren die Störung nicht mehr eliminieren kann, wie bereits zuvor in Kapitel 6 auf Grundlage von Simulationen aufgezeigt. Das führt wie erwartet zu einem bleibenden Fehler in der Einprägung des i_q-Wertes, der jedoch zu klein ist, um einen Einfluss auf die Bewegung des Motorläufers auszuüben, wie anhand des Drehzahl- und Drehmomentverlaufs erkennbar. Allerdings kann in dem Fall von einer Verschlechterung des Antriebswirkungsgrads im Betrieb mit dem geberlosen Verfahren ausgegangen werden.

Inwieweit sich die im Bild 9.9 aufgezeigten Störungen im Bereich des Stillstands verändern, wenn der Versuch wiederholt wird, aber nun mit einem Sprung zwischen $n^*/n_\mathrm{N} = 0{,}12\,\%$ und $20\,\%$, kann dem Bild 9.10 entnommen werden. Dabei wird erkennbar, dass im Drehzahlbereich nahe dem Stillstand statt der konstanten Abweichung, wie sie im Bild 9.9 zu sehen ist, nun eine Schwingung des Fehlers in Erscheinung tritt, die ebenfalls auf den Eingriff des HANN-Trackers zurückgeführt werden kann, wie bereits in Kapitel 6 anhand von Simulationen beleuchtet. Somit wird der Fehler auch nahe Stillstand nicht vollständig beseitigt aber die Filterung ist dennoch ausreichend, um die Abweichung des Querstroms auf einem hinnehmbaren Niveau halten zu können.

Zusammenfassend wird nach Analyse der geschilderten Messergebnisse deutlich, dass die Güte der geberlosen Lagebestimmung nicht nur anhand der Abweichung zu einem Referenzgeber sondern vielmehr im Hinblick auf die Auswirkung auf die zu regelnde Antriebssystemgröße, das Ziel-Drehmoment-Drehzahlprofil und auf den Wirkungsgrad bewertet werden sollte.

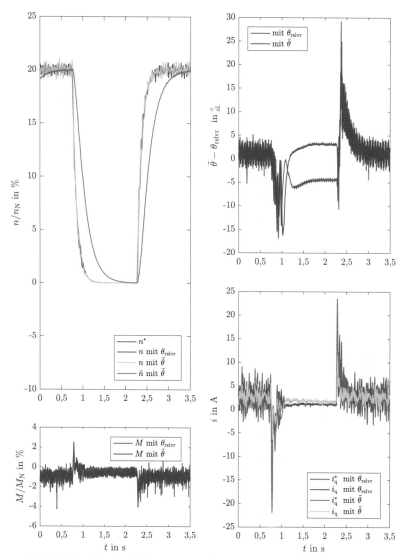

Bild 9.9: Verlauf des Drehzahlsprungs von $n^*/n_\mathrm{N} = 0\,\%$ auf $20\,\%$ bei $M_\mathrm{Last} = 0\,\mathrm{Nm}$ unter Verwendung des resolverbasierten bzw. des geberlos ermittelten Rotorlagewinkels. Der aus dem geberlos bestimmten Rotorlagewinkel gewonnene geschätzte Drehzahlverlauf wird nicht zur Drehzahlregelung herangezogen und illustriert nur die zu erwartende Reduktion der Antriebsdynamik bei Verwendung desselbigen.

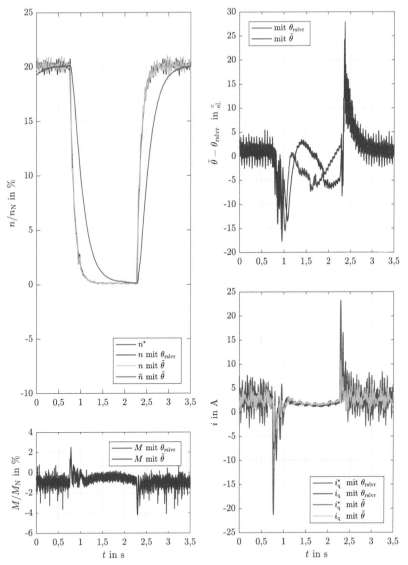

Bild 9.10: Verlauf des Drehzahlsprungs von $n^*/n_N = 0{,}12\,\%$ auf $20\,\%$ bei $M_{\text{Last}} = 0\,\text{Nm}$ unter Verwendung des resolverbasierten bzw. des geberlos ermittelten Rotorlagewinkels.

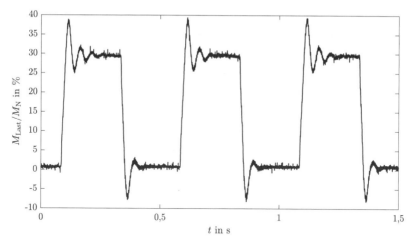

Bild 9.11: Verlauf der gemessenen Drehmomentsprünge, die für die Bewertung des transienten Verhaltens der geberlosen Lagebestimmung über die Lastmaschine eingeprägt werden.

9.2.2 Drehmomentsprung

Zur Verifikation der Stromänderungseinflüsse erfolgt in dem vorliegenden Abschnitt eine Analyse des Prüflingsverhaltens bei Einprägung von Drehmomentsprüngen über die Lastmaschine, wie im Bild 9.11 geschildert. Die Drehmomentsprünge werden dabei während unterschiedlicher konstanter Solldrehzahlen von $n^*/n_N = 0\,\%$ und $1{,}2\,\%$ wiederholt (s. Bild 9.12). Die gewählten Drehzahlen liegen nahe Stillstand, um den Einfluss der Drehzahl auf die Untersuchungsergebnisse vernachlässigen zu können.

Dabei kann dem Bild 9.12 eine deutliche Abweichung des Soll- und Iststromes während des Drehmomentsprungs entnommen werden, die vor allem aus der Einschränkung der Stellgröße durch die Anregung resultiert und die zu den entsprechenden Drehzahlspitzen führt. Bemerkenswert ist dabei, dass die Drehzahlverläufe mit und ohne Resolver als Lagesignalquelle nahezu identisches Verhalten aufweisen, obwohl die Differenz zwischen dem Resolversignal und dem geberlos ermittelten während des Drehmomentsprungs bis zu $35\,°_{el.}$ beträgt.

Zusammenfassend ist somit erkennbar, dass sich zum einem der gewählte Anregungsmodus nachteilig auf die Dynamik des Antriebs auswirkt und es einer weiteren Abstimmungsoptimierung zwischen dem Reglereingriff und der Anregung bedarf, und zum anderen nimmt der Fehler der geberlosen Lagebestimmung während der dynamischen Vorgänge deutlich zu. Eine Übersicht des Schätzfehlerwertes während der Drehmomentsprünge bei unterschiedlichen konstanten Solldrehzahlen weist keinen linearen Zusammenhang zwischen dem Schätzfehler und der Drehzahl auf, so dass in dem untersuchten Drehzahlbereich von der Drehmomentsprunggröße als der relevanteren Störgröße ausgegangen werden kann.

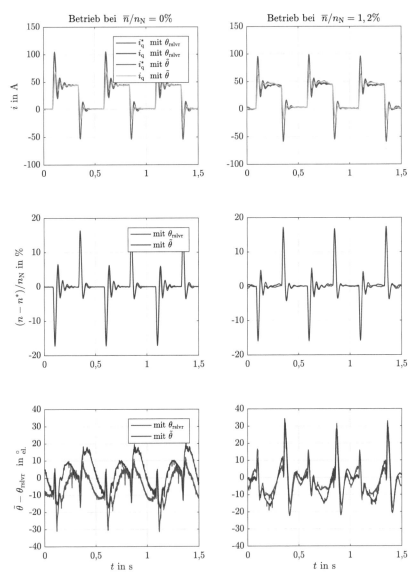

Bild 9.12: Verlauf der q-Ströme, der Drehzahlen und der geberlosen Lageermittlung während des Betriebs bei konstanten Solldrehzahlen.

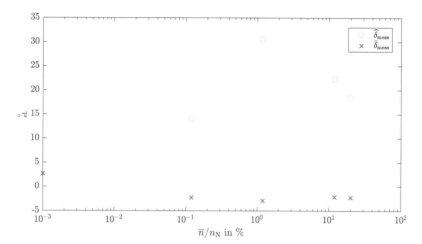

Bild 9.13: Schätzfehlerwerte bei Drehmomentsprüngen von rund $M_{\mathrm{Last}}/M_{\mathrm{N}} = 30\,\%$ in Abhängigkeit von konstanten Solldrehzahlen während der Sprünge. $\hat{\delta}_{\mathrm{mess}}$ beschreibt die Schwankungsamplitude, die von über $99\,\%$ der Messwerte nicht überschritten wird.

9.3 Zusammenfassung

In dem vorliegenden Kapitel werden die Ergebnisse der praktischen Verifikation des entwickelten Verfahrens zur geberlosen Lagebestimmung vorgestellt. Dazu erfolgt zunächst die Analyse des Antriebssystemverhaltens in stationären Betriebspunkten bei Einprägung von konstanten Drehzahlen und Drehmomenten. Anschließend wird das Verhalten bei Einprägung von Drehzahl- und Drehmomentsprüngen beleuchtet.

Bei Betrachtung der Messergebnisse aus dem Leerlaufbetrieb wird zunächst auf den erreichten Signal-Rausch-Abstand bei der Auswertung von Einfach-, Doppel- und Differenzschaltzustand-Nullspannungszeigern detailliert eingegangen. Der aus Differenzschaltzuständen generierte Nullspannungszeiger weist dabei eine Verbesserung des SNR-Wertes von $20\,\mathrm{dB}$ auf $24\,\mathrm{dB}$ gegenüber den beiden anderen Nullspannungszeigern auf.

Beim Vergleich der Ergebnisse im Leerlauf wird vor allem deutlich, dass der für das geberlose Verfahren optimale Drehzahlbereich zwischen $n^*/n_{\mathrm{N}} = 1{,}2\,\%$ und $12\,\%$ liegt. Bei Stillstand führt die HANN-basierte Signalfilterung zu keinem nutzbaren Ergebnis, da die Störung keine Schwingungen mehr aufweist, die gefiltert werden können, und bei höheren Drehzahlen nehmen die drehzahlabhängigen Störschwingungen in dem Nullspannungszeigerverlauf zu, die durch das HANN-Verfahren von der Nutzharmonischen -2ter Ordnung nicht vollständig separiert werden können.

Beim Betrieb unter konstanter Last und Drehzahl fällt vor allem auf, dass die Genauigkeit der geberlosen Winkelbestimmung nicht im Leerlauf sondern bei $M_{\mathrm{Last}}/M_{\mathrm{N}} = 19{,}24\,\%$ ihren Höchstwert erreicht. Bezogen auf den resolverbasierten Winkel als Referenzwert wird mit dem vorgestellten Verfahren dabei eine Genauigkeit von rund $1{,}3\,°_{\mathrm{el.}}$ erreicht. Der Vergleich des Antriebverhaltens zwischen dem resolverbasierten und dem geberlosen

Betrieb, während der Drehzahl- und Drehmomentsprünge und bei stets aktiver Anregung für geberlose Lagebestimmung, weist zwar auf eine Vergrößerung des Schätzfehlers gegenüber den Ergebnissen während der stationären Betriebspunkte hin, aber eine nennenswerte Abweichung in der Dynamik des Antriebs ist nicht erkennbar.

Wenn auch der Einfluss des Anregungsverfahrens zur Generierung der gesuchten Nullspannungszeiger mit berücksichtigt wird, so wird deutlich, dass durch damit einhergehende Stellgrößenbegrenzung auch die mögliche Dynamik des Regelkreises reduziert wird, wie der Abweichung zwischen den Soll- und Iststromwerten während der transienten Vorgänge entnommen werden kann.

10 Zusammenfassung und Ausblick

10.1 Zusammenfassung der Arbeit

Die vorliegende Arbeit widmet sich der lagegeber- und stromsensorlosen Erfassung der Rotorlage von permanentmagneterregten Synchronmaschinen vom Stillstand bis $n \approx n_{\mathrm{N}}/10$. Hierzu wird nach der Evaluation mehrerer möglicher Ansätze ein Verfahren vorgestellt, das auf der Auswertung der Sternpunktspannung einer im Stern geschalteten Motorwicklung fußt. Weitere Merkmale der erarbeiteten Methode sind die Anregung durch ein angepasstes PWM-Pulsmuster am Ausgang des Umrichters, eine Switched Capacitor-basierte Messschaltung und eine Extraktion des gesuchten Signals aus den Messdaten mit Hilfe des Harmonic Activated Neural Network (HANN) Ansatzes.

Unter Anwendung der zum Verständnis notwendigen Definitionen in Kapitel 2 und der Modellierung des Antriebssystems in Kapitel 3 erfolgt in Kapitel 4 eine analytisch begründete Evaluation und Gegenüberstellung von drei möglichen Orten der Spannungsmessung in einem Motor, die eine Umsetzbarkeit einer rein spannungsbasierten Rotorlagebestimmung versprechen. Daraus geht hervor, dass die Nutzung der Sternpunktspannung der Messung am offenen Strang oder der Erfassung von Spulenspannungen eines Stranges vorzuziehen ist, wenn die Reduktion des Implementierungsaufwandes und der Betrieb auch außerhalb der Blockstromtaktung eine stärkere Gewichtung unter den Entscheidungskriterien erfahren.

Um den rotorlageabhängigen Anteil in der Sternpunktspannung besser erfassen zu können, erweist sich die Nutzung der Potentialdifferenz zwischen der Sternpunktspannung des Motors und einem symmetrischen künstlichen Sternpunkt als vorteilhaft. Die beschriebene Potentialdifferenz wird als Nullspannung bezeichnet.

Zur Umsetzung der nullspannungsbasierten Rotorlagebestimmung in dem betroffenen Drehzahlbereich bedarf es einer geeigneten Signalanregungsstrategie. Dazu erfolgt in Kapitel 5 ein Vergleich der rotierenden, alternierenden und der gepulsten Injektion. Anhand der Untersuchungen wird deutlich, dass der Einsatz der pulsförmigen Injektion die beste Relation zwischen dem Auswertungsaufwand und der Verwendbarkeit des damit erzeugten Nutzsignals bietet, so dass sie als die einzig praktikable Lösung unter den analysierten Anregungsmethoden für nullspannungsbasierte Verfahren aufgefasst werden kann, wie in der Tabelle 5.8 dargestellt.

In dem Zusammenhang werden in Kapitel 5 auch die Auswirkungen der gewählten Anregungen auf die strom- und spannungsbasierten Methoden gegenübergestellt. Bei Verwendung pulsförmiger Anregung kann sowohl bei strom- als auch bei nullspannungsbasierten Verfahren ein Signalraumzeiger gewonnen werden, der eine weitgehende Entkopplung der Winkelbestimmung von den Schwankungen der Zwischenkreisspannung und von den Grundschwingungsverläufen der Ströme und Spannungen erlaubt. Bei strombasierten Ansätzen wird hierzu die INFORM-Methode eingesetzt, die allerdings maßgeblich von der Güte der Strommessung abhängt. Bei nullspannungsbasierten Verfahren führt die pulsbasierte

Injektion zu einem Raumzeiger, der im Gegensatz zu dem strombasierten Ergebnis einen Störanteil aufweist, der einer zusätzlichen Entkopplung bedarf. Der Einsatz sowohl der rotierenden als auch der alternierenden HF-Injektion ergibt bei Auswertung des Stromes im Gegensatz zu dem spannungsbasierten Ansatz stets einen Raumzeiger, der eine einfachere Bestimmung des gesuchten Winkels verspricht. Allerdings nimmt bei strombasierten Methoden die Amplitude des auswertbaren Signals mit steigender Anregungsfrequenz ab und bei Abnahme der Anregungsfrequenz nehmen die Störungen der Grundschwingungsverläufe im Motor zu. Sowohl bei strom- als auch bei spannungsbasierten Ansätzen ist dabei stets eine Abhängigkeit des Ergebnisses von den Nichtlinearitäten des Umrichters und den Schwankungen der Zwischenkreisspannung zu erwarten.

Nach der in Kapitel 5 begründeten Wahl der pulsbasierten Injektion für die Anwendung mit dem nullspannungsbasierten Verfahren werden in Kapitel 6 die Methoden zur Extraktion der Lageinformation aus den gemessenen Spannungssignalen erarbeitet und gegenübergestellt. Dabei geht hervor, dass in dem Zusammenhang die Arctan-basierte Winkelbestimmung deutlich fehleranfälliger ist als die HANN-gestützten Ansätze, die neben der höheren Genauigkeit auch eine bessere Rotorlageschätzdynamik bieten. Da der harmonische Fehleranteil eine geschwindigkeitsabhängige Frequenz aufweist, wird die HANN-basierte Methode um eine drehzahlabhängig angepasste Verstärkung, die auf dem Gradientenabstiegsverfahren fußt, erweitert. Trotz der erreichten Verbesserungen wird jedoch deutlich, dass im Stillstand keine Trennung zwischen dem Nutz- und dem Störsignal des sternspannungsbasierten Verfahrens möglich ist. Daraus geht hervor, dass der vorgestellte Ansatz vor allem für Anwendungen geeignet ist, die kein länger andauerndes hohes Moment im Stillstand erfordern, wenn die Amplitude des Störsignals nicht ausreichend klein gegenüber der Nutzsignalamplitude ist.

Um die Relation zwischen dem Nutz- und dem Störsignal durch eine Anpassung des Motordesigns optimieren zu können, werden in Kapitel 7 dazu fundamentale Anforderungen an die Induktivitätsverhältnisse erarbeitet. Dafür wird der Zusammenhang zwischen den relevanten Induktivitätsverhältnissen und den für den lagegeberlosen Betrieb eingesetzten Komponenten des Strangstroms und der Nullspannung einer Analyse unterzogen. Durch die gewählte Normierung der betrachteten Zusammenhänge wird ein Vergleich zwischen den Anforderungen an die strom- und die sternspannungsbasierten Verfahren ermöglicht. Daraus geht hervor, dass sowohl die strom- als auch die nullspannungsbasierte Rotorlagebestimmung weitgehend identische Anforderungen an die Induktivitätsverhältnisse eines Motors aufweisen. So soll der Gleichanteil der Gegeninduktivität stets möglichst klein sein und die Schwankung zweiter Ordnung der Selbstinduktivität den größten physikalisch möglichen Wert in Relation zu dem Gleichanteil der Selbstinduktivität annehmen. Lediglich das Verhältnis der Schwankung zweiter Ordnung der Gegen- zu der der Selbstinduktivität entscheidet darüber, ob der Motor eher für das strom- oder eher für das nullspannungsbasierte Verfahren geeignet ist. Die dabei gewonnenen Einblicke bieten Raum für den Entwurf von Motoren, die für einen redundanten Betrieb mit beiden Verfahren geeignet sind. Für eine bestmögliche Nutzbarkeit des jeweiligen Motors für den lagegeberlosen Betrieb kann er jedoch entweder nur für das strom- oder nur für das nullspannungsbasierte Verfahren ausgelegt werden. Dabei wird erkennbar, dass bei Verwendung des nullspannungsbasierten Ansatzes Motoren lagegeberlos betrieben werden können, die bisher weniger geeignet dafür erschienen.

Der Analyse der Anforderungen an das Motordesign schließt sich eine Evaluierung der technischen Umsetzbarkeit des spannungsbasierten Verfahrens an, der sich das Kapitel 8 widmet. Dazu erfolgt zunächst eine Gegenüberstellung der Möglichkeiten zur Erzeugung der notwendigen Anregungspulsspannung unter der Randbedingung, dass eine Veränderung der Modulatorstruktur des Umrichters weitgehend vermieden werden soll. Eine Mitnutzung der vom Regler erzeugten Spannungsraumzeiger bietet nicht in allen Betriebspunkten die notwendige Signalgüte, so dass die Einprägung von zusätzlichen und vom Reglereinfluss befreiten Signalen unentbehrlich bleibt.

Neben der Anregung ist auch das Messverfahren zur Erfassung der resultierenden Nullspannung von entscheidender Bedeutung. Nach der Auswertung mehrerer Messansätze erweist sich die Switched Capacitor-basierte Schaltungstopologie als besonders vorteilhaft gegenüber den anderen Ansätzen. Die zu berücksichtigenden Effekte bei der Erfassung des Nullspannungssignals führen zu einer nicht unerheblichen Komplexität der Messung, die jedoch weniger aufwendig ist, als die Umsetzung der Strommessung mit vergleichbarer Bandbreite und identischem Signal-Rausch-Abstand. Des Weiteren wird in dem Zuge auch ein Ansatz zur Erfassung eines Nullspannungszeigers vorgestellt, der eine weitere Erhöhung des Signal-Rausch-Abstandes mit sich bringt, ohne die Anforderungen an die Messung des Signals zu erhöhen.

Das geschilderte Verfahren wurde anschließend anhand einer permanentmagneterregten Synchronmaschine mit Zahnspulenwicklung einem Test unterzogen, wie in Kapitel 9 vorgestellt. Da im Stillstand die Störschwingung nicht von der Nutzschwingung unterschieden werden kann, erweist sich in stationären Betriebspunkten vor allem der Drehzahlbereich zwischen $n^*/n_N = 1{,}2\,\%$ und $12\,\%$ als besonders vorteilhaft für das umgesetzte Verfahren. Während der Drehzahl- und Drehmomentsprünge weist das Verfahren zwar geringe Unterschiede in der Dynamik im Vergleich zu dem resolverbasierten Betrieb auf, aber nach dem Erreichen der stationären Betriebspunkte nahe Stillstand sind keine Abweichungen in der Güte des Antriebsverhaltens in dem analysierten Drehmomentbereich mehr erkennbar.

10.2 Ausblick

Die vorgestellten Modelle und Untersuchungen beziehen sich auf Betriebspunkte, die weitgehend frei von strombedingten Sättigungseinflüssen im Motor sind. Das ist zum einen für den Aufbau eines fundamentales Verständnisses der Zusammenhänge beim lagegeberlosen Betrieb unter Anwendung der Nullspannung notwendig und zum anderen wird damit eine handhabbare Gegenüberstellung des nullspannungs- und des strombasierten Verfahrens ermöglicht. Des Weiteren erlaubt die geschilderte Methodik eine Aufstellung von ersten Kriterien an die Induktivitätsverhältnisse, mit Hilfe derer Möglichkeiten zur Definition von Zielfunktionen für eine automatisierte Suche nach dem geeigneten Motordesign für den lagegeberlosen Betrieb mit dem jeweiligen Medium, also Strom oder Spannung, eröffnet werden.

Mit den erarbeiteten Induktivitätsmodellen können die Analysen jedoch auch um die sättigungsbedingten Einflüsse erweitert werden, die Raum für weitere Forschungen bieten.

Literaturverzeichnis

[1] JIANG, Jinsheng: *Drehgeberlose feldorientierte Regelung für Asynchronmaschinen bei Ständerfrequenz Null*. Aachen and Wuppertal, Bergische Universität-GH Wuppertal, Dissertation, 2000

[2] VOGELSBERGER, M.A ; GRUBIC, S. ; HABETLER, T.G ; WOLBANK, T.M: Using PWM-Induced Transient Excitation and Advanced Signal Processing for Zero-Speed Sensorless Control of AC Machines. In: *IEEE Transactions on Industrial Electronics* 57 (2010), Nr. 1, 365–374. http://ieeexplore.ieee.org/stamp/stamp.jsp?arnumber=5210155. – ISSN 0278–0046

[3] BOJOI, R. ; PASTORELLI, M. ; BOTTOMLEY, J. ; GIANGRANDE, P. ; GERADA, C.: Sensorless control of PM motor drives — A technology status review. In: *IEEE Workshop on Electrical Machines Design Control and Diagnosis, WEMDCD*, 2013. – ISBN 978–1–4673–5656–5, 168–182

[4] KARSTEN WIEDMANN: *Positionsgeberloser Betrieb von permanentmagneterregten Synchronmaschinen*. Hannover, Gottfried Wilhelm Leibniz Universität Hannover, Dissertation, 2012

[5] BRIZ, F. ; DEGNER, M. W.: Rotor Position Estimation. In: *IEEE Industrial Electronics Magazine* 5 (2011), Nr. 2, 24–36. http://ieeexplore.ieee.org/stamp/stamp.jsp?arnumber=5876629

[6] PERASSI, Héctor D.: *Feldorientierte Regelung der permanenterregten Synchronmaschine ohne Lagegeber für den gesamten Drehzahlbereich bis zum Stillstand*. Ilmenau, Technische Universität Ilmenau, Dissertation, 2007

[7] SCHRÖDER, Dierk: *Elektrische Antriebe - Regelung von Antriebssystemen*. 3. Berlin and Heidelberg : Springer Berlin Heidelberg, 2009 http://dx.doi.org/10.1007/978-3-540-89613-5. – ISBN 978–3–540–89612–8

[8] HOLTZ, J.: Sensorless Control of Induction Machines - With or Without Signal Injection? In: *IEEE Transactions on Industrial Electronics* 53 (2006), Nr. 1, 7–30. http://ieeexplore.ieee.org/stamp/stamp.jsp?isnumber=33495&arnumber=1589362&punumber=41. – ISSN 0278–0046

[9] SCARCELLA, G. ; SCELBA, G. ; TESTA, A.: High performance sensorless controls based on HF excitation: A viable solution for future AC motor drives? In: *IEEE Workshop on Electrical Machines Design, Control and Diagnosis, WEMDCD*, 2015, 178–187

© Springer Fachmedien Wiesbaden GmbH, ein Teil von Springer Nature 2018
T. Werner, *Geberlose Rotorlagebestimmung in elektrischen Maschinen*,
https://doi.org/10.1007/978-3-658-22271-0

[10]   LINKE, M. ; KENNEL, R. ; HOLTZ, J.: Sensorless position control of permanent magnet synchronous machines without limitation at zero speed. In: *28th Annual Conference of the IEEE Industrial Electronics Society, IECON*, Bd. 1, 2002. – ISBN 0–7803–7474–6, 674–679

[11]   SCHRÖDL, Manfred: *Fortschritt-Berichte VDI : Reihe 21, Elektrotechnik*. Bd. 117: *Sensorless control of A.C. machines*. Düsseldorf : VDI-Verl, 1992. – ISBN 3181417211

[12]   HOLTZ, J.: Sensorless position control of induction motors-an emerging technology. In: *24th Annual Conference of the IEEE Industrial Electronics Society, IECON*, Bd. 1, 1998. – ISBN 0–7803–4503–7, I1-12

[13]   JANSEN, P.L ; LORENZ, R.D: Transducerless position and velocity estimation in induction and salient AC machines. In: *IEEE Industry Applications Society Meeting*, 1994. – ISBN 0–7803–1993–1, 488–495

[14]   CORLEY, M.J ; LORENZ, R.D: Rotor position and velocity estimation for a salient-pole permanent magnet synchronous machine at standstill and high speeds. In: *IEEE Transactions on Industry Applications* 34 (1998), Nr. 4, 784–789. http://ieeexplore.ieee.org/stamp/stamp.jsp?arnumber=703973. – ISSN 0093–9994

[15]   HOLTZ, J. ; HANGWEN, Pan: Elimination of saturation effects in sensorless position-controlled induction motors. In: *IEEE Transactions on Industry Applications* 40 (2004), Nr. 2, 623–631. http://ieeexplore.ieee.org/stamp/stamp.jsp?arnumber=1278643. – ISSN 0093–9994

[16]   JI, Hoon J. ; SEUNG, Ki S. ; YO, Chan S.: Current measurement issues in sensorless control algorithm using high frequency signal injection method. In: *38th Industry Applications Conference, IAS*, Bd. 2, 2003. – ISBN 0–7803–7883–0, 1134–1141

[17]   STAINES, C.S ; CARUANA, C. ; ASHER, G.M ; SUMNER, M.: Sensorless control of induction Machines at zero and low frequency using zero sequence currents. In: *IEEE Transactions on Industrial Electronics* 53 (2005), Nr. 1, 195–206. http://ieeexplore.ieee.org/stamp/stamp.jsp?arnumber=1589379. – ISSN 0278–0046

[18]   WOLBANK, T. M. ; MACHL, Juergen L. ; HAUSER, Hans: Current sensors for shaft-sensorless control of inverter fed induction machines industrially used sensors vs. new current derivative sensors. In: *20th IEEE Instrumentation and Measurement Technology Conference, IMTC*, Bd. 1, 2003. – ISBN 0–7803–7705–2, 595–599

[19]   WOLBANK, T. M. ; MACHL, Juergen L. ; HAUSER, Hans: Closed-loop compensating sensors versus new current derivative sensors for shaft-sensorless control of inverter fed induction machines. In: *IEEE Transactions on Instrumentation and Measurement* 53 (2004), Nr. 4, 1311–1315. http://ieeexplore.ieee.org/stamp/stamp.jsp?arnumber=1316022

[20] HAMMEL, W. ; KENNEL, R.M: High-resolution sensorless position estimation using delta-sigma-modulated current measurement. In: *IEEE Energy Conversion Congress and Exposition, ECCE*, 2011. – ISBN 978–1–4577–0542–7, 2717–2724

[21] DIETRICH, S. ; BRAUN, M. ; HAAG, J. ; ZIRN, O.: Speed sensorless detection of rotor flux position for induction machines at low speed and standstill. In: *7th IET International Conference on Power Electronics, Machines and Drives, PEMD*, 2014, 1–6

[22] ZHIXUN, Ma ; JIANBO, Gao ; KENNEL, R.: FPGA Implementation of a Hybrid Sensorless Control of SMPMSM in the Whole Speed Range. In: *IEEE Transactions on Industrial Informatics* 9 (2013), Nr. 3, 1253–1261. http://ieeexplore.ieee.org/stamp/stamp.jsp?arnumber=6317180

[23] LANDSMANN, P. ; PAULUS, D. ; DOTLINGER, A. ; KENNEL, R.: Silent injection for saliency based sensorless control by means of current oversampling. In: *IEEE International Conference on Industrial Technology, ICIT*, 2013. – ISBN 978–1–4673–4567–5, 398–403

[24] BRIZ, F. ; DEGNER, M.W ; GARCIA, P. ; LORENZ, R.D: Comparison of saliency-based sensorless control techniques for AC machines. In: *IEEE Transactions on Industry Applications* 40 (2004), Nr. 4, 1107–1115. http://ieeexplore.ieee.org/stamp/stamp.jsp?arnumber=1315804. – ISSN 0093–9994

[25] HOLTZ, J. ; JINSHENG, Jiang ; HANGWEN, Pan: Identification of rotor position and speed of standard induction motors at low speed including zero stator frequency. In: *23rd International Conference on Industrial Electronics, Control and Instrumentation, IECON*, Bd. 2, 1997. – ISBN 0–7803–3932–0, 971–976

[26] HOLTZ, J. ; HANGWEN, Pan: Acquisition of rotor anisotropy signals in sensorless position control systems. In: *IEEE Transactions on Industry Applications* 40 (2004), Nr. 5, 1379–1387. http://ieeexplore.ieee.org/stamp/stamp.jsp?isnumber=29491&arnumber=1337066&punumber=28. – ISSN 0093–9994

[27] BRIZ, F. ; DEGNER, M.W ; GARCIA, P. ; GUERRERO, J.M: Rotor position estimation of AC machines using the zero sequence carrier signal voltage. In: *IEEE Industry Applications Conference, 39th IAS Annual Meeting*, Bd. 2, 2004. – ISBN 0–7803–8486–5, 1305–1312

[28] BRIZ, F. ; DEGNER, M.W ; GARCIA, P. ; GUERRERO, J.M: Rotor position estimation of AC machines using the zero-sequence carrier-signal voltage. In: *IEEE Transactions on Industry Applications* 41 (2005), Nr. 6, 1637–1646. http://ieeexplore.ieee.org/stamp/stamp.jsp?arnumber=1542318. – ISSN 0093–9994

[29] CONSOLI, A. ; SCARCELLA, G. ; TESTA, A.: A new zero-frequency flux-position detection approach for direct-field-oriented-control drives. In: *IEEE Transactions on Industry Applications* 36 (2000), Nr. 3, 797–804. http://ieeexplore.ieee.org/stamp/stamp.jsp?arnumber=845055. – ISSN 0093–9994

[30] CONSOLI, A. ; SCARCELLA, G. ; TUTINO, G. ; TESTA, A.: Zero frequency rotor posi-
      tion detection for synchronous PM motors. In: *31st IEEE Annual Power Electronics
      Specialists Conference, PESC*, Bd. 2, 2000. – ISBN 0–7803–5692–6, 879–884

[31] CONSOLI, A. ; SCARCELLA, G. ; TESTA, A.: Speed- and current-sensorless field-
      oriented induction motor drive operating at low stator frequencies. In: *IEEE Tran-
      sactions on Industry Applications* 40 (2004), Nr. 1, 186–193. http://ieeexplore.
      ieee.org/stamp/stamp.jsp?arnumber=1268195. – ISSN 0093–9994

[32] TESTA, A. ; TRIOLO, D. ; CONSOLI, A. ; SCARCELLA, G. ; SCELBA, G.: Sensorless
      Airgap Flux Position Estimation by Injection of Orthogonal Stationary Signals.
      In: *36th IEEE Power Electronics Specialists Conference, PESC*, 2005. – ISBN
      0–7803–9033–4, 1567–1573

[33] MOREIRA, J. C.: Indirect sensing for rotor flux position of permanent magnet AC
      motors operating over a wide speed range. In: *IEEE Transactions on Industry
      Applications* 32 (1996), Nr. 6, 1394–1401. http://ieeexplore.ieee.org/
      stamp/stamp.jsp?arnumber=556643. – ISSN 0093–9994

[34] SCAGLIONE, O. ; MARKOVIC, M. ; PERRIARD, Y.: PM motor sensorless position
      detection based on iron B-H local hysteresis. In: *International Conference on Electrical
      Machines and Systems, ICEMS*, 2009. – ISBN 978–1–4244–5177–7, 1–6

[35] SCAGLIONE, Omar ; MARKOVIC, Miroslav ; PERRIARD, Yves: Exploitation of iron
      B-H local hysteresis for the rotor position detection of a PM motor. In: *IEEE
      International Electric Machines and Drives Conference, IEMDC*, 2009. – ISBN
      978–1–4244–4251–5, 1641–1646

[36] IWAJI, Y. ; KOKAMI, Y. ; KUROSAWA, M.: Position-sensorless control method at low
      speed for permanent magnet synchronous motors using induced voltage caused by
      magnetic saturation. In: *International Power Electronics Conference, IPEC*, 2010. –
      ISBN 978–1–4244–5394–8, 2238–2243

[37] IWAJI, Y. ; AOYAGI, S. ; TAKAHATA, R. ; TOBARI, K. ; SUZUKI, I. ; HANO, M.:
      Position sensorless control method at zero speed region for permanent magnet
      synchronous motors based on block commutation drive. In: *IEEE International
      Electric Machines & Drives Conference, IEMDC*, 2013. – ISBN 978–1–4673–4975–8,
      498–504

[38] IWAJI, Yoshitaka ; TAKAHATA, Ryoichi ; SUZUKI, Takahiro ; AOYAGI, Shigehisa:
      Position sensorless control method at zero speed region for permanent magnet
      synchronous motors using the neutral point voltage of stator windings. In: *IEEE
      Energy Conversion Congress and Exposition, ECCE*, 2014, 4139–4146

[39] THIEMANN, P. ; MANTALA, C. ; MUELLER, T. ; STROTHMANN, R. ; ZHOU, E.: PMSM
      sensorless control with Direct Flux Control for all speeds. In: *IEEE Symposium on
      Sensorless Control for Electrical Drives, SLED*, 2012. – ISBN 978–1–4673–2966–8,
      1–6

[40] XU, P. L. ; ZHU, Z.: Novel Carrier Signal Injection Method Using Zero Sequence Voltage for Sensorless Control of PMSM Drives. In: *IEEE Transactions on Industrial Electronics* (2015), Nr. 99, 1. http://ieeexplore.ieee.org/stamp/stamp.jsp?arnumber=7347412. – ISSN 0278–0046

[41] XU, P. L. ; ZHU, Z. Q. ; WU, D.: Carrier signal injection based sensorless control of permanent magnet synchronous machines without the need of magnetic polarity identification. In: *IEEE Energy Conversion Congress and Exposition, ECCE*, 2015, 837–844

[42] STULRAJTER, M. ; VITTEK, J. ; CARUANA, C. ; SCELBA, G.: Signal processing of zero sequence voltage technique. In: *European Conference on Power Electronics and Applications*, 2007. – ISBN 978–92–75815–10–8, 1–8

[43] XU, P. L. ; ZHU, Z. Q.: Comparison of carrier signal injection methods for sensorless control of PMSM drives. In: *IEEE Energy Conversion Congress and Exposition, ECCE, 2015*, 2015, 5616–5623

[44] PERSSON, Jan ; MARKOVIC, Miroslav ; PERRIARD, Yves: A New Standstill Position Detection Technique for Nonsalient Permanent-Magnet Synchronous Motors Using the Magnetic Anisotropy Method. In: *IEEE Transactions on Magnetics* 43 (2007), Nr. 2, 554–560. http://ieeexplore.ieee.org/stamp/stamp.jsp?arnumber=4069060. – ISSN 0018–9464

[45] CONSOLI, A. ; SCARCELLA, G. ; SCELBA, G. ; ROYAK, S. ; HARBAUGH, M. M.: Saturation Modulation in Voltage Zero Sequence-Based Encoderless Techniques - Part II: Implementation Issues. In: *IEEE International Conference on Electric Machines and Drives*, 2005. – ISBN 0–7803–8987–5, 2017–2023

[46] CONSOLI, A. ; SCARCELLA, G. ; BOTTIGLIERI, G. ; TESTA, A.: Harmonic Analysis of Voltage Zero-Sequence-Based Encoderless Techniques. In: *IEEE Transactions on Industry Applications* 42 (2006), Nr. 6, 1548–1557. http://ieeexplore.ieee.org/stamp/stamp.jsp?arnumber=4012281. – ISSN 0093–9994

[47] CONSOLI, A. ; SCARCELLA, G. ; SCELBA, G. ; ROYAK, S. ; HARBAUGH, M. M.: Implementation Issues in Voltage Zero Sequence-Based Encoderless Techniques. In: *IEEE Transactions on Industry Applications* 44 (2008), Nr. 1, 144–152. http://ieeexplore.ieee.org/stamp/stamp.jsp?arnumber=4439763. – ISSN 0093–9994

[48] RAU, Martin: *Nichtlineare modellbasierte prädiktive Regelung auf Basis lernfähiger Zustandsraummodelle*. München, Technische Universität München, Dissertation, 2003. http://tumb1.biblio.tu-muenchen.de/publ/diss/ei/2003/rau.pdf

[49] BIANCHI, N. ; BOLOGNANI, S. ; ZIGLIOTTO, M.: Design Hints of an IPM Synchronous Motor for an Effective Position Sensorless Control. In: *36th IEEE Power Electronics Specialists Conference, PESC*, 2005. – ISBN 0–7803–9033–4, 1560–1566

[50] BIANCHI, N. ; BOLOGNANI, S.: Influence of Rotor Geometry of an IPM Motor on
      Sensorless Control Feasibility. In: *IEEE Transactions on Industry Applications* 43
      (2007), Nr. 1, 87–96. http://ieeexplore.ieee.org/stamp/stamp.jsp?
      arnumber=4077184. – ISSN 0093–9994

[51] BIANCHI, N. ; BOLOGNANI, S. ; JI, Hoon J. ; SEUNG, Ki S.: Comparison of PM
      Motor Structures and Sensorless Control Techniques for Zero-Speed Rotor Position
      Detection. In: *IEEE Transactions on Power Electronics* 22 (2007), Nr. 6, 2466–2475.
      http://ieeexplore.ieee.org/stamp/stamp.jsp?arnumber=4359243

[52] BIANCHI, N. ; BOLOGNANI, S.: Sensorless-Oriented Design of PM Motors. In:
      IEEE Transactions on Industry Applications 45 (2009), Nr. 4, 1249–1257. http://
      ieeexplore.ieee.org/stamp/stamp.jsp?arnumber=4957033. – ISSN
      0093–9994

[53] BIANCHI, N. ; FORNASIERO, E. ; BOLOGNANI, S.: Effect of Stator and Rotor
      Saturation on Sensorless Rotor Position Detection. In: *IEEE Transactions on
      Industry Applications* 49 (2013), Nr. 3, 1333–1342. http://ieeexplore.ieee.
      org/stamp/stamp.jsp?arnumber=6482200. – ISSN 0093–9994

[54] FAGGION, A. ; FORNASIERO, E. ; BIANCHI, N. ; BOLOGNANI, S.: Sensorless Capability
      of Fractional-Slot Surface-Mounted PM Motors. In: *IEEE Transactions on Industry
      Applications* 49 (2013), Nr. 3, 1325–1332. http://ieeexplore.ieee.org/
      stamp/stamp.jsp?arnumber=6482614. – ISSN 0093–9994

[55] JUNG, Ik H. ; OHTO, M. ; JI, Hoon J. ; SEUNG, Ki S.: Design and selection of AC
      machines for saliency-based sensorless control. In: *Industry Applications Conference,
      37th IAS Annual Meeting*, Bd. 2, 2002. – ISBN 0–7803–7420–7, 1155–1162

[56] JI, Hoon J. ; SEUNG, Ki S. ; JUNG, Ik H. ; OHTO, M. ; IDE, K.: Analysis of permanent
      magnet machine for sensorless control based on high frequency signal injection. In:
      Industry Applications Conference, 38th IAS Annual Meeting, Bd. 1, 2003. – ISBN
      0–7803–7883–0, 592–598

[57] SEUNG, Hee C. ; BYEONG, Hwa L. ; JUNG, Pyo H. ; SEUNG, Ki S. ; SANG, Min K.:
      Design of IPMSM having high power density for position sensorless operation with
      high-frequency signal injection and the method of calculating inductance profile. In:
      International Conference on Electrical Machines and Systems, ICEMS, 2011. – ISBN
      978–1–4577–1044–5, 1–5

[58] DIN DEUTSCHES INSTITUT FÜR NORMUNG E.V.: *Stromsysteme: Begriffe, Größen,
      Formelzeichen (DIN 40108:2003-06)*. 06.2003

[59] DIN DEUTSCHES INSTITUT FÜR NORMUNG E.V.: *Elektrische Energietechnik –
      Modale Komponenten in Drehstromsystemen – Größen und Transformationen (IEC
      62428:2008); Deutsche Fassung EN 62428:2008*. 2008

[60] OSWALD, Bernd R.: *Berechnung von Drehstromnetzen: Berechnung stationärer
      und nichtstationärer Vorgänge mit symmetrischen Komponenten und Raumzeigern;*

mit 57 Tabellen und 32 durchgerechneten Beispielen. 2., korrigierte und erw. Aufl. Wiesbaden : Springer Vieweg, 2013 (Lehrbuch). http://dx.doi.org/10.1007/978-3-8348-2621-3. – ISBN 9783834826206

[61] DIN DEUTSCHES INSTITUT FÜR NORMUNG E.V.: *Komponenten in Drehstromnetzen.* 09.1980

[62] CLARKE, Edith: *Circuit Analysis of A-C power systems.* New York : Wiley [u.a.] (General electric Series)

[63] JENNI, Felix ; WÜEST, Dieter: *Steuerverfahren für selbstgeführte Stromrichter.* Zürich and Stuttgart : vdf-Hochschulverl. an der ETH Zürich [u.a.] and Teubner, 1995. – ISBN 3-519-06176-7

[64] PARK, R. H.: Two-reaction theory of synchronous machines generalized method of analysis-part I. In: *Transactions of the American Institute of Electrical Engineers* 48 (1929), Nr. 3, 716–727. http://ieeexplore.ieee.org/stamp/stamp.jsp?arnumber=5055275. – ISSN 0096–3860

[65] HOCHRAINER, August: *Symmetrische Komponenten in Drehstromsystemen.* Berlin, Heidelberg : Springer Berlin Heidelberg, 1957 http://dx.doi.org/10.1007/978-3-642-50201-9. – ISBN 9783642502026

[66] SEILMEIER, Markus: *Lagegeberlose Regelung der permanenterregten Synchronmaschine mit Zwei-Freiheitsgrade-Struktur.* München : Dr. Hut, 2016 (Regelungstechnik). http://www.dr.hut-verlag.de/978-3-8439-2424-5.html. – ISBN 9783843924245

[67] RAUTE, R. ; CARUANA, C. ; STAINES, C.S ; CILIA, J. ; SUMNER, M. ; ASHER, G.: Inverter non-linearity effects on a sensorless PMSM drive without additional test signal injection and zero speed operation. In: *IEEE International Symposium on Industrial Electronics, ISIE,* 2008. – ISBN 978-1-4244-1665-3, 552–557

[68] WOLBANK, T. M. ; VOGELSBERGER, M. A. ; RIEPLER, M.: Identification and compensation of inverter dead-time effect on zero speed sensorless control of AC machines based on voltage pulse injection. In: *IEEE Power Electronics Specialists Conference, PESC,* 2008. – ISBN 978-1-4244-1667-7, 2844–2849

[69] GUERRERO, J. M. ; LEETMAA, M. ; BRIZ, F. ; ZAMARRON, A. ; LORENZ, R. D.: Inverter nonlinearity effects in high-frequency signal-injection-based sensorless control methods. In: *IEEE Transactions on Industry Applications* 41 (2005), Nr. 2, 618–626. http://ieeexplore.ieee.org/stamp/stamp.jsp?arnumber=1413531. – ISSN 0093–9994

[70] TESKE, N. ; ASHER, G. M. ; BRADLEY, K. J. ; SUMMER, M.: Analysis and suppression of inverter clamping saliency in sensorless position controlled induction machine drives. In: *IEEE Industry Applications Conference, 36th IAS Annual Meeting,* Bd. 4, 2001. – ISBN 0-7803-7114-3, 2629–2636

[71] ALBERTI, L. ; BIANCHI, N. ; BOLOGNANI, S.: High-Frequency Model of Synchronous Machines for Sensorless Control. In: *IEEE Transactions on Industry Applications* 51 (2015), Nr. 5, 3923–3931. http://ieeexplore.ieee.org/stamp/stamp.jsp?arnumber=7098379. – ISSN 0093–9994

[72] ARNOLD, E. ; LA COUR, J. L.: *Die Transformatoren.* Berlin, Heidelberg : Springer Berlin Heidelberg, 1920. – ISBN 978–3–662–34314–2

[73] VASKE, Paul (Hrsg.): *Elektrische Maschinen und Umformer.* Wiesbaden : Vieweg+Teubner Verlag, 1976. – ISBN 978–3–519–16401–2

[74] GUILLERY, Paul ; HEZEL, Rudolf ; REPPICH, Bernd: *Werkstoffkunde für die Elektrotechnik: Für Studenten der Elektrotechnik und der Werkstoffwissenschaften ab 1. Semester.* 6., durchgesehene Auflage. Wiesbaden : Vieweg+Teubner Verlag, 1983 http://dx.doi.org/10.1007/978-3-322-83237-5. – ISBN 978–3–322–83237–5

[75] REIGOSA, D. D. ; AKATSU, K. ; LIMSUWAN, N. ; SHIBUKAWA, Y. ; LORENZ, R. D.: Self-Sensing Comparison of Fractional Slot Pitch Winding Versus Distributed Winding for FW- and FI-IPMSMs Based on Carrier Signal Injection at Very Low Speed. In: *IEEE Transactions on Industry Applications* 46 (2010), Nr. 6, 2467–2474. http://ieeexplore.ieee.org/stamp/stamp.jsp?arnumber=5565474. – ISSN 0093–9994

[76] HAHN, Ingo: Einfluss der höheren Harmonischen der induzierten Spannung auf das Betriebsverhalten von Motoren mit konzentrierten Wicklungen. In: *VDI-Tagung für Elektrisch-mechanische Antriebssysteme, 6.-7. Oktober, 2004, Fulda*, S. 235–252

[77] MICHEL, Robert: *Kompensation von sättigungsbedingten Harmonischen in den Strömen feldorientiert geregelter Synchronmotor: Untersuchungen am Beispiel einer permanentmagneterregten Maschine mit Einzelzahnwicklung: Tech. Univ., Diss.-Dresden, 2009.* 1. Aufl. Wiesbaden : Vieweg + Teubner, 2009 (Vieweg + Teubner Research). – ISBN 9783834809087

[78] SEILMEIER, Markus ; EBERSBERGER, Sebastian ; PIEPENBREIER, Bernhard: Identification of high frequency resistances and inductances for sensorless control of PMSM. In: *IEEE International Symposium on Sensorless Control for Electrical Drives and Predictive Control of Electrical Drives and Power Electronics, SLED/PRECEDE*, 2013. – ISBN 978–1–4799–0680–2, 1–8

[79] ALBERTI, L. ; BIANCHI, N. ; BOLOGNANI, S.: High frequency d-q model of synchronous machines for sensorless control. In: *IEEE Energy Conversion Congress and Exposition, ECCE*, 2014, 4147–4153

[80] CONSOLI, A. ; SCARCELLA, G. ; TESTA, A.: A new zero frequency flux position detection approach for direct field oriented control drives. In: *IEEE Industry Applications Conference, 34th IAS Annual Meeting*, Bd. 4, 1999. – ISBN 0–7803–5589–X, 2290–2297

[81] KÜPFMÜLLER, Karl ; MATHIS, Wolfgang ; REIBIGER, Albrecht: *Theoretische Elektrotechnik: Eine Einführung*. 19., aktual. Aufl. 2013. Berlin, Heidelberg and s.l. : Springer Berlin Heidelberg, 2013 (Springer-Lehrbuch). http://dx.doi.org/10.1007/978-3-642-37940-6. – ISBN 978–3–642–37940–6

[82] LEUCHTMANN, Pascal: *Einführung in die elektromagnetische Feldtheorie*. Bafög-Ausg., [Repr. der Ausg. 2005]. München : Pearson Studium, 2007 (et - Elektrotechnik). – ISBN 9783827371447

[83] KALLENBACH, Eberhard ; EICK, Rüdiger ; QUENDT, Peer ; STRÖHLA, Tom ; FEINDT, Karsten ; KALLENBACH, Matthias: *Elektromagnete: Grundlagen, Berechnung, Entwurf und Anwendung ; mit 34 Tabellen*. 3. Wiesbaden : Vieweg + Teubner, 2008 http://www.springerlink.com/content/t03746/?p=8e4d32f67ddf402dbfe32c703269ebc6&pi=0. – ISBN 978–3–8351–0138–8

[84] KELLNER, Sven L.: *Parameteridentifikation bei permanenterregten Synchronmaschinen*. 1. Aufl. München : Verl. Dr. Hut, 2013. – ISBN 978–3–8439–0845–0

[85] SEINSCH, Hans O.: *Oberfelderscheinungen in Drehfeldmaschinen: Grundlagen zur analytischen und numerischen Berechnung*. Stuttgart : Teubner, 1992. – ISBN 3–519–06137–6

[86] GARBE, E. ; HELMER, R. ; PONICK, B.: Modelling and fast calculating the characteristics of synchronous machines with the finite element method. In: *18th International Conference on Electrical Machines, ICEM*, 2008. – ISBN 978–1–4244–1735–3, 1–6

[87] SEILMEIER, Markus ; PIEPENBREIER, Bernhard: Identification of steady-state inductances of PMSM using polynomial representations of the flux surfaces. In: *39th Annual Conference of the IEEE Industrial Electronics Society, IECON*, 2013, 2899–2904

[88] ORLIK, T. ; KLOCK, J. ; SCHUMACHER, W.: Influence of magnetic saturation on sensorless-controlled interior permanent magnet synchronous motors. In: *15th European Conference on Power Electronics and Applications, EPE*, 2013, 1–10

[89] MERZIGER, Gerhard ; WIRTH, Thomas ; MERZIGER-WIRTH: *Repetitorium der höheren Mathematik: Bachelor, Diplom, Lehramt; Fachhochschulen, Universitäten; Ingenieure, Mathematiker, Physiker; über 1200 Beispiele und Aufgaben*. 5. Springe : Binomi-Verl, 2006. – ISBN 3–923923–33–3

[90] KRONE, Tobias: *Untersuchung neuer Ansätze zur geberlosen Rotorlageerfassung einer permanentmagneterregten Synchronmaschine im Stillstand: Studienarbeit*. www.ial.uni-hannover.de

[91] BODE, Cornelius: Methoden zur Induktivitätsberechnung. In: *Jahresbericht 2009, IMAB, TU Braunschweig* (2009). http://www.iem.ing.tu-bs.de/

[92] SCHRÖDL, Manfred ; EILENBERGER, Andreas ; DEMMELMAYR, Florian: Effizienter, kurzschlussfester Direktantrieb mit Außenläufer-PSM für geberlosen Betrieb

einschließlich Stillstand und Überlast. In: KREUSEL, J. (Hrsg.): *Internationaler ETG-Kongress 2009* Bd. 118/119, CD-ROM. Berlin : VDE-Verl, 2009 (ETG-Fachbericht). – ISBN 978–3–8007–3195–4

[93] KREMSER, Andreas: *Elektrische Maschinen und Antriebe: Grundlagen, Motoren und Anwendungen ; mit 14 Tabellen, 17 Beispielaufgaben und Lösungen*. 4. Wiesbaden : Springer Vieweg, 2013 (Lehrbuch). – ISBN 9783834820297

[94] MOREIRA, J. C. ; LIPO, T. A. ; BLASKO, V.: Simple efficiency maximizer for an adjustable frequency induction motor drive. In: *IEEE Transactions on Industry Applications* 27 (1991), Nr. 5, 940–946. http://ieeexplore.ieee.org/stamp/stamp.jsp?arnumber=90351. – ISSN 0093–9994

[95] SCHROEDL, M.: Operation of the permanent magnet synchronous machine without a mechanical sensor. In: *4th International Conference on Power Electronics and Variable-Speed Drives*, 1990, 51–56

[96] SCHROEDL, M.: Sensorless control of AC machines at low speed and standstill based on the INFORM method. In: *Conference Record of the IEEE Industry Applications Conference, 31st IAS Annual Meeting, IAS,* Bd. 1, 1996. – ISBN 0–7803–3544–9, 270–277

[97] JUNG, Ik H.: Voltage Injection Method for Three-Phase Current Reconstruction in PWM Inverters Using a Single Sensor. In: *IEEE Transactions on Power Electronics* 24 (2009), Nr. 3, 767–775. http://ieeexplore.ieee.org/stamp/stamp.jsp?arnumber=4810170

[98] XIAOCAN, Wang ; KENNEL, R. ; ZHIXUN, Ma ; JIANBO, Gao: Analysis of permanent-magnet machine for sensorless control based on high-frequency signal injection. In: *7th International Power Electronics and Motion Control Conference, IPEMC,* Bd. 4, 2012. – ISBN 978–1–4577–2085–7, 2367–2371

[99] XU, Peilin ; ZHU, Z.: Carrier Signal Injection Based Sensorless Control for Permanent Magnet Synchronous Machine Drives Considering Machine Parameter Asymmetry. In: *IEEE Transactions on Industrial Electronics* (2015), S. 1. – ISSN 0278–0046

[100] WIEDMANN, K. ; WALLRAPP, F. ; MERTENS, A.: Analysis of inverter nonlinearity effects on sensorless control for permanent magnet machine drives based on High-Frequency Signal Injection. In: *13th European Conference on Power Electronics and Applications, EPE,* 2009. – ISBN 978–1–4244–4432–8, 1–10

[101] GARCIA, P. ; BRIZ, F. ; DEGNER, M.W ; DIAZ REIGOSA, D.: Accuracy, Bandwidth, and Stability Limits of Carrier-Signal-Injection-Based Sensorless Control Methods. In: *IEEE Transactions on Industry Applications* 43 (2007), Nr. 4, 990–1000. http://ieeexplore.ieee.org/stamp/stamp.jsp?arnumber=4276849. – ISSN 0093–9994

[102] HAMMEL, W. ; KENNEL, R.M: Position sensorless control of PMSM by synchronous injection and demodulation of alternating carrier voltage. In: *First Symposium on*

Sensorless Control for Electrical Drives, SLED, 2010. – ISBN 978–1–4244–7035–8, 56–63

[103] INFINEON TECHNOLOGIES AG: *Datasheet TLE6280GP*. http://www.infineon.com/

[104] DSPACE GMBH: *Product Information: DS1103 PPC Controller Board*. http://www.dspace.com/de/gmb/home/products/hw/singbord/ppcconbo.cfm

[105] HEIMBÜRGER, Sebastian: *Analyse der Stromabhängigkeit des Schaltverhaltens bestimmter MOSFET - Topologien bei Einsatz von unterschiedlichen Treibersystemen und Lastimpedanzen: Diplomarbeit*. www.ial.uni-hannover.de

[106] LENZE SE HOLDING: *Produktinformation Servo-Synchronmotor Typ MCS 14D36*. https://dsc.lenze.de

[107] KISTLER HOLDING AG: *Datasheet 4503A 050L A1B10D1: Drehmomentsensor mit Zwei-Bereichs-Option*. http://www.kistler.com/de/de/produkte/komponenten/drehmomentsensoren/

[108] ANALOG DEVICES INC.: *Circuit Note CN-0276. High Performance, 10-Bit to 16-Bit Resolver-to-Digital Converter*. http://www.analog.com/en/design-center/reference-designs/hardware-reference-design/circuits-from-the-lab/CN0276.html#rd-overview. Version: 2015

[109] ANALOG DEVICES INC.: *Datasheet AD2S1210: Variable Resolution, 10-Bit to 16-Bit R/D-Converter with Reference Oscillator*. http://www.analog.com/en/search.html?q=AD2S1210. Version: Rev. A

[110] ANALOG DEVICES INC.: Precision Resolver-to-Digital Converter Measures Angular Position and Velocity. http://www.analog.com/library/analogdialogue/archives/48-03/resolver.html. In: *Analog Dialogue , March (2014)* Bd. 48

[111] DR. SCHMID, Hanspeter ; DR. HUBER, Alex: Switched-Capacitor-Schaltungen – elektronische Eimerketten. In: *Polyscope* 2012 (2012), Nr. 5, S. 36–38

[112] STINY, Leonhard: *Handbuch passiver elektronischer Bauelemente: Aufbau, Funktion, Eigenschaften, Dimensionierung und Anwendung*. Poing : Franzis, 2007 (Elektronik). – ISBN 9783772354304

[113] FRANZ, Joachim: *EMV: Störungssicherer Aufbau elektronischer Schaltungen*. 5., erweiterte und überarb. Aufl. Wiesbaden : Springer Vieweg, 2013 (SpringerLink : Bücher). – ISBN 3834822116

[114] HUSAR, Peter: *Biosignalverarbeitung*. Berlin, Heidelberg : Springer-Verlag Berlin Heidelberg, 2010. – ISBN 9783642126567

[115] ZIEGLER, S. ; WOODWARD, R.C ; IU, H.H C. ; BORLE, L.J: Current Sensing Techniques: A Review. In: *IEEE Sensors Journal* 9 (2009), Nr. 4, 354–376. `http://ieeexplore.ieee.org/stamp/stamp.jsp?arnumber=4797906`

[116] PATEL, A.M ; FERDOWSI, M.: Advanced Current Sensing Techniques for Power Electronic Converters. In: *IEEE Vehicle Power and Propulsion Conference, VPPC*, 2007. – ISBN 978–0–7803–9760–6, 524–530

[117] PATEL, A. ; FERDOWSI, M.: Current Sensing for Automotive Electronics - A Survey. In: *IEEE Transactions on Vehicular Technology* 58 (2009), Nr. 8, 4108–4119. `http://ieeexplore.ieee.org/stamp/stamp.jsp?arnumber=4907108`

[118] WRANA, Michael: *Untersuchung und Entwicklung von Stromsensorkonzepten für Leistungsbauelemente mit lateralem und vertikalem Stromfluß*. Bremen, Universität Bremen, Dissertation, 2001

[119] SCHRÖDER, Dierk: *Elektrische Antriebe*. Bd. 3: *Leistungselektronische Bauelemente*. 2. Berlin and Heidelberg : Springer, 2006. – ISBN 9783540287285

[120] JAHNS, Thomas M. ; WILDI, Eric J.: *Integrated current sensor configurations for AC motor drives*. 1988

[121] CHAKRABARTI, S. ; JAHNS, T.M ; LORENZ, R.D: A Current Control Technique for Induction Machine Drives Using Integrated Pilot Current Sensors in the Low-Side Switches. In: *IEEE Transactions on Power Electronics* 22 (2007), Nr. 1, 272–281. `http://ieeexplore.ieee.org/stamp/stamp.jsp?arnumber=4052401`

Anhang

1 Stromsensorik

In diesem Abschnitt soll ein Überblick über den aktuellen Stand der wesentlichen Stromsensortechniken gegeben werden, der eine Zusammenfassung der Analysen von [97], [115], [116], [117] und [118] darstellt. Dabei sei besonders auf [119] verwiesen, wo unter anderem auch eine Zusammenfassung der praxisrelevanten Strommessprobleme gegeben ist und die Möglichkeiten zu deren Beseitigung aufgezeigt werden.

Tabelle 1: Überblick über die am häufigsten genutzten physikalischen Messprinzipien zur Bestimmung des Stromes in elektrischen Antriebssystemen.

Methode	Vorteile	Nachteile
Shunt (Ohmsches Gesetz)		
	• kostengünstig	• aufwendige Auswertung
	• hohe Genauigkeit (0,1 %-2 %)	• keine galvanische Trennung vom gemessenen System (EMV-Probleme)
		• zusätzliche Durchlassverluste
		• Gefahr der dauerhaften Zerstörung des Sensors bei Überstrom
Hall-Sensor (Hall-Effekt)		
	• galvanische Trennung der Messung	• Überhitzungsgefahr bei hohen Stromfrequenzen
	• geringe Verluste	• Offsets bei Überströmen
		• thermisch bedingte Drifteffekte

© Springer Fachmedien Wiesbaden GmbH, ein Teil von Springer Nature 2018
T. Werner, *Geberlose Rotorlagebestimmung in elektrischen Maschinen*,
https://doi.org/10.1007/978-3-658-22271-0

Tabelle 1: Überblick über die am häufigsten genutzten physikalischen Messprinzipien zur Bestimmung des Stromes in elektrischen Antriebssystemen.

Methode	Vorteile	Nachteile
Rogowski Spule (Induktionsgesetz)	• galvanische Trennung der Messung • geringe Verluste	• aufwendige Auswertung • hoher Platzbedarf • ungenau bei kleinen Stromamplituden • keine Messung von Gleichströmen • Erhöhung der Wicklungszahl reduziert die Bandbreite
AMR, GMR, CMR, TMR (magnetoresistive Effekte)	• sehr kompakter Aufbau • keine Remanenzeffekte • hohe Messempfindlichkeit	• begrenzte Bandbreite aufgrund von Skin-Effekten und der magnetischen Trägheit der genutzten Legierung • Anfällig für magnetische Störfelder • thermischer Drift
faseroptische Stromsensoren (Farraday-Effekt)	• verlustfreie Messung • keine EMV-Probleme • hohe Genauigkeit (0,1 %-1 %)	• sehr groß und teuer • nutzbar ab 1 kA • aufwendige Auswertung • mechanisch sensibler Aufbau

Tabelle 2: Überblick über die geläufigsten Positionierungen der Stromsensoren in elektrischen Antriebssystemen.

Sensorposition	Vorteile	Nachteile
GND-Seite des Spannungszwischenkreises	• nur ein Sensor nötig	• liefert den Gesamtstrom, der auf die jew. Stränge umgerechnet werden muss • es kann nicht die gesamte Raumzeigerebene genutzt werden [97]
Source-Pin der Low-Side-MOS-FETs	• GND als Bezugspotential	• liefert zunächst nur den Halbbrückenstrom, der umgerechnet werden muss • Nutzbarkeit abhängig von der PWM-Strategie • Überstrommessung aufwendig • mindestens zwei dedizierte Sensoren erforderlich
Nutzung des R_{DS_on} der Low-Side-MOS-FETs	• keine zusätzlichen Verluste im System • kein zusätzlicher Bauraumbedarf	• starke Temperaturschwankungen • Auswertung von U_{DS} im mV-Bereich • ist den Prozessstreuungen der Bauteile stark unterworfen

Tabelle 2: Überblick über die geläufigsten Positionierungen der Stromsensoren in elektrischen Antriebssystemen.

Sensorposition	Vorteile	Nachteile
in den Strängen		
	• liefert den gesamten aktuellen Stromverlauf in den Strängen	• erhöhter Bauraumbedarf • mindestens zwei dedizierte Sensoren erforderlich
PILOT-Sensoren [120], [121] in den Halbleiterschaltern		
	• linear	• teurere Halbleiterschalter
	• temperaturstabil	• Messsignal nur verfügbar, wenn der Strom durch die aktiv geschalteten Low-Side-MOS-FETs fließt und nicht durch deren Body-Diode

2 Weitere Kenndaten der untersuchten Beispielmotoren

In dem vorliegenden Kapitel werden weitere Induktivitätsverläufe und -analysen der drei Beispielmotoren entsprechend dem Bild 1 vorgestellt, die aus den numerischen Berechnungen mit dem Softwarepaket „FEMAG" hervorgehen. Zu jedem der Motoren werden jeweils vier Bilder dargestellt. Dabei werden zuerst die Verläufe der Gleichstrominduktivitäten in Abhängigkeit von der Rotorlage und dem i_q-Wert bei $i_d = 0\,\text{A}$ einmal unter Berücksichtigung voller und einmal unter der Annahme einer schwacher Permanentmagnetinduktion gezeigt. Anschließend erfolgt die Darstellung der Ergebnisse der Fouriertransformation der Induktivitäten bei $I = 0\,\text{A}$ in Drehstrom- und $d''q''0$-Koordinaten.

Zusätzlich kann dem Bild 13 ein Vergleich der Amplitudenwerte der Induktivitätsharmonischen entnommen werden, die aus der Fourierzerlegung in $d''q''0$-Koordinaten der Motoren M1 und M3 resultieren. Das bietet einen direkten Einblick in den Einfluss der Rotordesignunterschiede auf die Induktivitätsverhältnisse.

(a) Rotor des Motors 1: Oberflächenmagnettyp mit $\mu \approx 1$ zwischen den Polen

(b) Rotor des Motors 2: mit Taschenmagneten und einer sinuspolähnlichen Polkontur

(c) Rotor des Motors 3: Oberflächenmagnettyp mit eingelassenen Magneten und somit höherer Induktivität in Querrichtung

Bild 1: Rotorquerschnitte der Beispielmotoren, die im Rahmen der Arbeit zur messtechnisch und numerisch basierten Verifikation der Modelle herangezogen werden. Während die Motoren M1 und M2 physikalisch vorliegen, stellt der Motor M3 eine Abwandlung des Motors M1 dar, die nur numerisch mit Hilfe des Programms „FEMAG" untersucht wird.

2.1 Motor M1

Die Verläufe der Gleichstrominduktivitäten des Motors M1 in Abhängigkeit von der Rotorlage und dem i_q-Wert unter der Annahme von $i_d = 0\,\mathrm{A}$ und voller Induktion durch den Permanentmagnetfluss können dem Bild 2 entnommen werden. Das Verhalten der Induktivitäten bei schwacher Induktion durch den Permanentmagnetfluss ist im Bild 3 dargestellt.

Die Fouriertransformation der Induktivitäten in d″q″0-Koordinaten und bei $I = 0\,\mathrm{A}$ zeigt die Amplituden der Harmonischen auf, wie sie im Bild 4 zu sehen sind. Das entsprechende Ergebnis in Drehstromkoordinaten kann dem Bild 5 entnommen werden.

2.2 Motor M2

Die Verläufe der Gleichstrominduktivitäten des Motors M2 in Abhängigkeit von der Rotorlage und dem i_q-Wert unter der Annahme von $i_d = 0\,\mathrm{A}$ und voller Induktion durch den Permanentmagnetfluss können dem Bild 6 entnommen werden. Das Verhalten der Induktivitäten bei schwacher Induktion durch den Permanentmagnetfluss ist im Bild 7 dargestellt.

Die Fouriertransformation der Induktivitäten in d″q″0-Koordinaten und bei $I = 0\,\mathrm{A}$ zeigt die Amplituden der Harmonischen auf, wie sie im Bild 8 zu sehen sind. Das entsprechende Ergebnis in Drehstromkoordinaten kann dem Bild 9 entnommen werden.

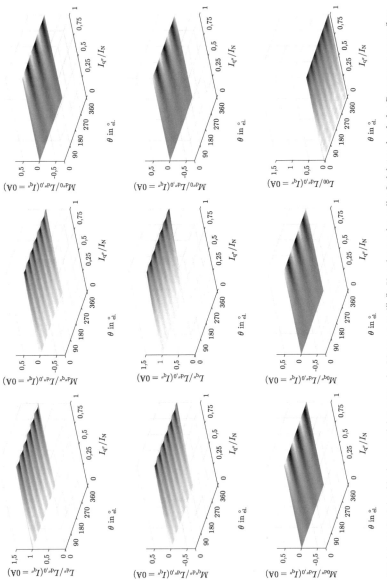

Bild 2: Verlauf der Gleichstrominduktivitäten des Motors 1 in $d''q''0$-Koordinaten bei voller Induktion durch den Permanentmagnetfluss. Die Werte sind normiert auf den Gleichanteil der Eigeninduktivität $L_{d''}$ ($I = 0\,\mathrm{A}, \psi_{\mathrm{PM}} = \psi_{\mathrm{PM,N}}$).

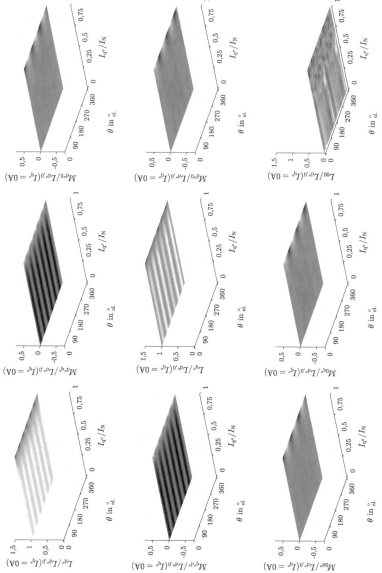

Bild 3: Verlauf der Gleichstrominduktivitäten des Motors 1 in d″q″0-Koordinaten bei vernachlässigbar kleiner Induktion durch den Permanentmagnetfluss. Die Werte sind normiert auf den Gleichanteil der Eigeninduktivität $L_{d''}(I = 0\,\mathrm{A}, \psi_{\mathrm{PM}} \approx 0\,\mathrm{Wb})$.

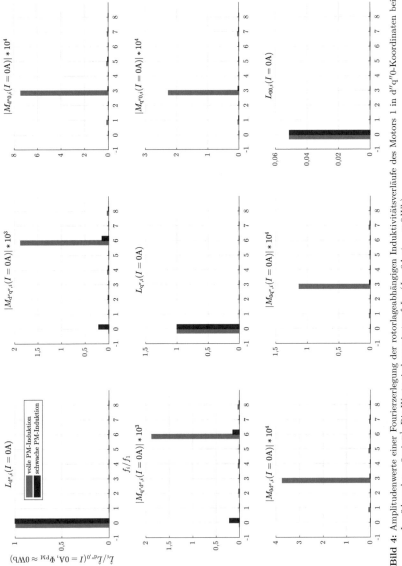

Bild 4: Amplitudenwerte einer Fourierzerlegung der rotorlageabhängigen Induktivitätsverläufe des Motors 1 in d″q″0-Koordinaten bei $I = 0\,\mathrm{A}$ und $n = 0\,\mathrm{min}^{-1}$. Die Werte sind normiert auf $L_{\mathrm{a},0}(I = 0\,\mathrm{A}, \psi_{\mathrm{PM}} \approx 0\,\mathrm{Wb})$.

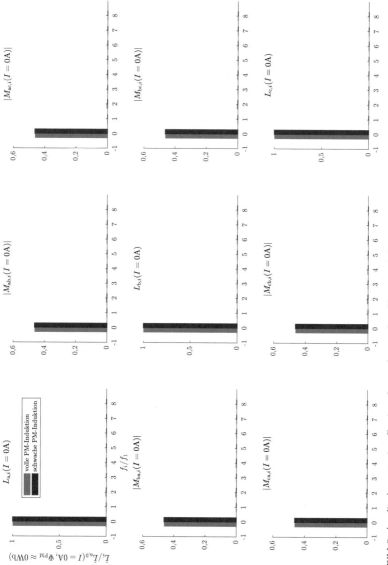

Bild 5: Amplitudenwerte einer Fourierzerlegung der rotorlageabhängigen Induktivitätsverläufe des Motors 1 in Drehstromkoordinaten bei $I = 0\,\text{A}$ und $n = 0\,\text{min}^{-1}$. Die Werte sind normiert auf $L_{a,0}(I = 0\,\text{A}, \psi_{PM} \approx 0\,\text{Wb})$.

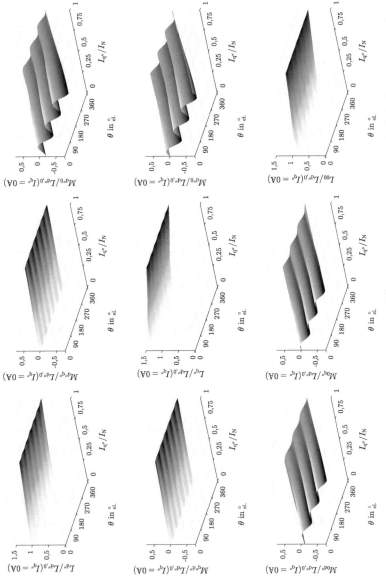

Bild 6: Verlauf der Gleichstrominduktivitäten des Motors 2 in d″q″0-Koordinaten bei voller Induktion durch den Permanentmagnetfluss. Die Werte sind normiert auf den Gleichanteil der Eigeninduktivität $L_{d''}$ ($I = 0\,\mathrm{A}$, $\psi_{PM} = \psi_{PM,N}$).

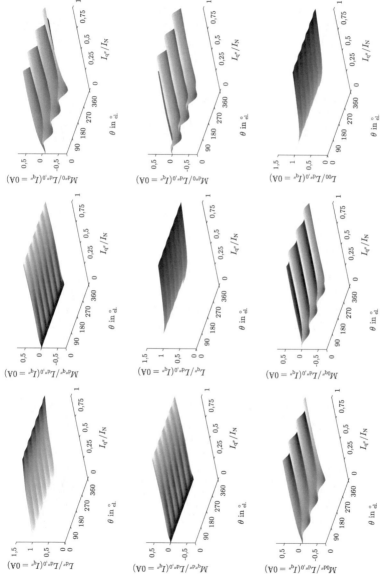

Bild 7: Verlauf der Gleichstrominduktivitäten des Motors 2 in d″q″0-Koordinaten bei vernachlässigbar kleinen Induktion durch den Permanentmagnetfluss. Die Werte sind normiert auf den Gleichanteil der Eigeninduktivität $L_{d''}(I = 0\,\mathrm{A}, \psi_{\mathrm{PM}} \approx 0\,\mathrm{Wb})$.

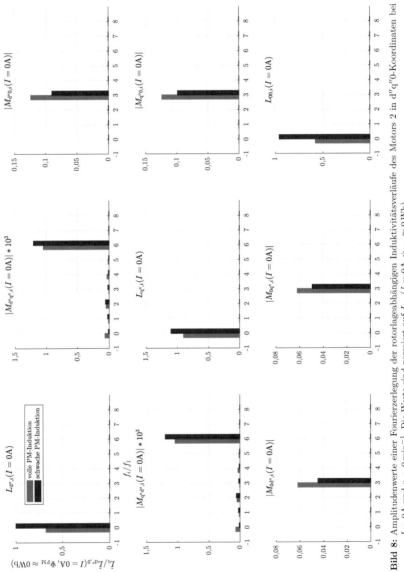

Bild 8: Amplitudenwerte einer Fourierzerlegung der rotorlageabhängigen Induktivitätsverläufe des Motors 2 in $d''q''0$-Koordinaten bei $I = 0\,\mathrm{A}$ und $n = 0\,\mathrm{min}^{-1}$. Die Werte sind normiert auf $L_{a,0}(I = 0\,\mathrm{A}, \psi_{\mathrm{PM}} \approx 0\,\mathrm{Wb})$.

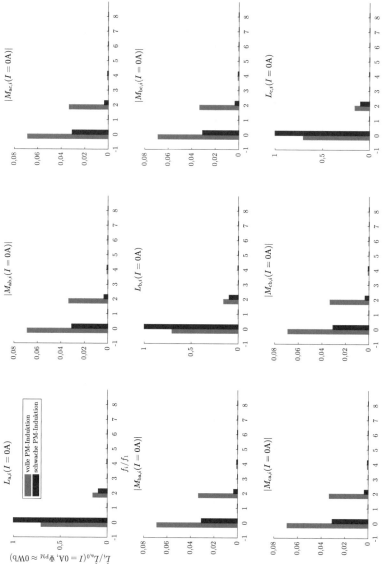

Bild 9: Amplitudenwerte einer Fourierzerlegung der rotorlageabhängigen Induktivitätsverläufe des Motors 2 in Drehstromkoordinaten bei $I = 0\,\text{A}$ und $n = 0\,\text{min}^{-1}$. Die Werte sind normiert auf $L_{a,0}(I = 0\,\text{A}, \psi_{\text{PM}} \approx 0\,\text{Wb})$.

2.3 Motor M3

Die Verläufe der Gleichstrominduktivitäten des Motors M3 in Abhängigkeit von der Rotorlage und dem i_q-Wert unter der Annahme von $i_d = 0$ A und voller Induktion durch den Permanentmagnetfluss können dem Bild 10 entnommen werden. Das Verhalten der Induktivitäten bei schwacher Induktion durch den Permanentmagnetfluss ist im Bild 11 dargestellt.

Die Fouriertransformation der Induktivitäten in d″q″0-Koordinaten und bei $I = 0$ A zeigt die Amplituden der Harmonischen auf, wie sie im Bild 12 zu sehen sind. Das entsprechende Ergebnis in Drehstromkoordinaten kann dem Bild 14 entnommen werden.

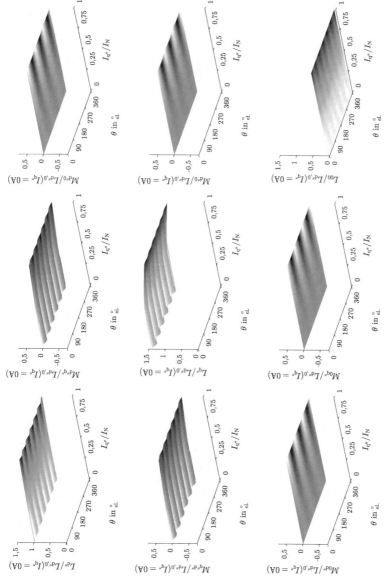

Bild 10: Verlauf der Gleichstrominduktivitäten des Motors 3 in d″q″0-Koordinaten bei voller Induktion durch den Permanentmagnetfluss. Die Werte sind normiert auf den Gleichanteil der Eigeninduktivität $L_{d''}(I = 0\,\mathrm{A}, \psi_{\mathrm{PM}} = \psi_{\mathrm{PM,N}})$.

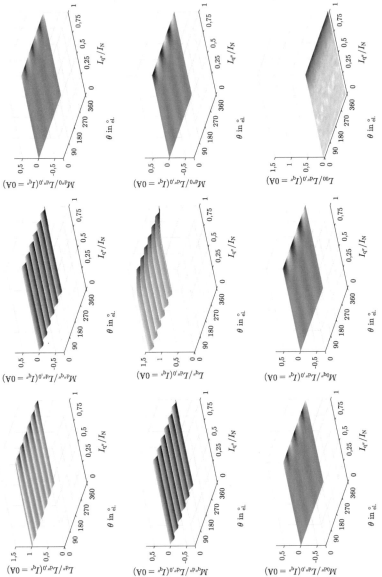

Bild 11: Verlauf der Gleichstrominduktivitäten des Motors 3 in d″q″0-Koordinaten bei vernachlässigbar kleiner Induktion durch den Permanentmagnetfluss. Die Werte sind normiert auf den Gleichanteil der Eigeninduktivität $L_{d''}(I = 0\,\mathrm{A}, \psi_{\mathrm{PM}} \approx 0\,\mathrm{Wb})$.

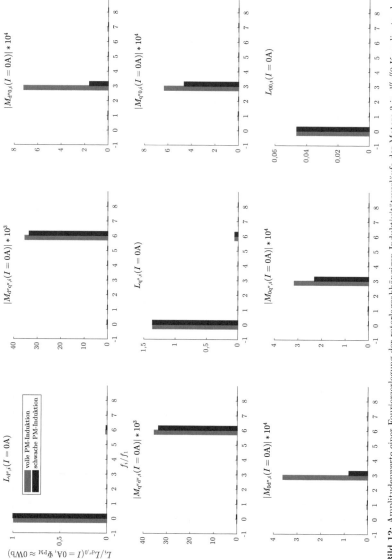

Bild 12: Amplitudenwerte einer Fourierzerlegung der rotorlageabhängigen Induktivitätsverläufe des Motors 3 in $d''q''0$-Koordinaten bei $I = 0\,\mathrm{A}$ und $n = 0\,\mathrm{min}^{-1}$. Die Werte sind normiert auf $L_{d'',0}(I = 0\,\mathrm{A}, \psi_{\mathrm{PM}} \approx 0\,\mathrm{Wb})$.

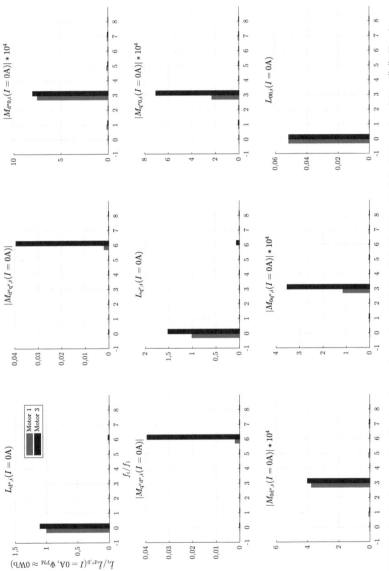

Bild 13: Amplitudenwerte einer Fourierzerlegung der rotorlageabhängigen Induktivitätsverläufe der Motoren 1 und 3 in d″q″0-Koordinaten bei $I = 0\,\mathrm{A}$ und $n = 0\,\mathrm{min}^{-1}$. Die Werte sind normiert auf $L_{d,0}(I = 0\,\mathrm{A})$ des Motors 1.

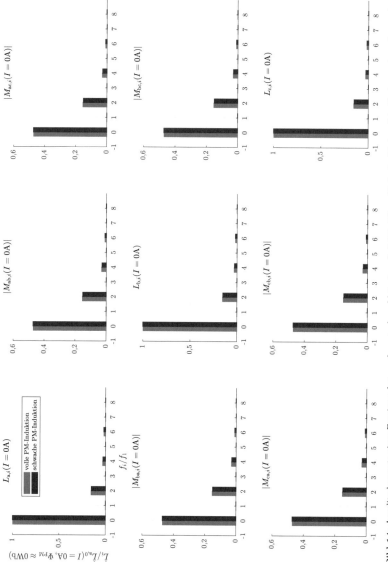

Bild 14: Amplitudenwerte einer Fourierzerlegung der rotorlageabhängigen Induktivitätsverläufe des Motors 3 in Drehstromkoordinaten bei $I = 0\,\mathrm{A}$ und $n = 0\,\mathrm{min}^{-1}$. Die Werte sind normiert auf $L_{a,0}(I = 0\mathrm{A}, \psi_{\mathrm{PM}} \approx 0\,\mathrm{Wb})$.

Printed in the United States
By Bookmasters